普通高等教育土建学科专业"十二五"规划教材
国家示范性高职院校工学结合系列教材

建筑工程施工准备与项目管理

（建筑工程技术专业）

安沁丽　陈年和　主编

中国建筑工业出版社

图书在版编目（CIP）数据

建筑工程施工准备与项目管理/安沁丽，陈年和主编. —北京：
中国建筑工业出版社，2016.8

普通高等教育土建学科专业"十二五"规划教材. 国家示范性高职
院校工学结合系列教材（建筑工程技术专业）

ISBN 978-7-112-19577-0

Ⅰ.①建… Ⅱ.①安…②陈… Ⅲ.①建筑工程-施工组织-高等职业
教育-教材②建筑工程-工程项目管理-高等职业教育-教材 Ⅳ.①TU71

中国版本图书馆CIP数据核字（2016）第154388号

本教材以单位工程的施工组织设计为项目载体，以完成项目的实际工作为学习
单元，基于完成单元中的任务进行教学单元的分解和建构，并据此进行教学设计、
组织和实施。本书共8个学习情境，分别是施工现场项目经理部的建立、施工图的
自审和会审、施工进度计划的编制方法、单位工程施工组织设计的编制、施工现场
准备及管理、施工项目进度管理、施工项目成本管理和施工项目质量管理。

本教材既可作为建筑工程技术专业教材，也可作为相关技术人员参考用书。

为更好地支持本课程的教学，我们向使用本书的教师免费提供教学课件，有需
要者请与出版社联系，邮箱：jzsgjskj@163.com。

责任编辑：朱首明 李 明 刘平平
责任设计：李志立
责任校对：李美娜 刘梦然

普通高等教育土建学科专业"十二五"规划教材
国家示范性高职院校工学结合系列教材
建筑工程施工准备与项目管理
（建筑工程技术专业）
安沁丽 陈年和 主编

*

中国建筑工业出版社出版、发行（北京西郊百万庄）
各地新华书店、建筑书店经销
北京红光公司制版
北京建筑工业印刷厂印刷

*

开本：787×1092毫米 1/16 印张：21 插页：1 字数：457千字
2016年8月第一版 2020年1月第二次印刷
定价：**40.00**元（赠课件）
ISBN 978-7-112-19577-0
（29091）

前　言

本教材根据土建类专业指导性教学计划及教学大纲，按照高职高专"建筑工程技术专业"教学需求编写的，其目的是使学生系统地掌握如何根据具体的工程条件，以最优的方案解决建筑施工准备工作的问题，即如何根据拟建工程的性质和规模、施工季节和环境、工期的长短、工人的素质和数量、机械的装备程度、材料供应情况等各种技术经济条件和技术统一的全局出发，从许多可行的方案中选定最优的方案，编制可行的施工组织设计，并在施工组织设计贯彻实施的过程中，做好施工技术管理、进行成本、进度、和质量控制，从而具备从事建筑工程项目组织与管理的基本能力。

本教材在编写过程，坚持"以综合素质培养为基础，以能力培养为主线"原则，进行了企业人才需求基本情况的调研和论证，对典型工作任务进行分析，将课程内容按照项目实施的先后顺序重新编排，科学设计教学情景，认真选取教学内容，既注重理论知识的应用，更体现教材的实践性。为了更好地引导学生，明确教学目标，引入典型案例，在编写中还设计了知识链接和提示，提供了大量的教学实训、练习和思考题。

本教材以单位工程的施工组织设计为项目载体，以完成项目的实际工作为作为学习单元，基于完成单元中的任务进行教学单元的分解和建构，并据此进行教学设计、组织和实施。本书共8个学习情境，分别是施工项目经理部的建立、施工图的自审和会审、施工进度计划的编制方法、单位工程施工组织设计的编制、施工现场的准备及管理、施工项目进度管理、施工项目成本管理和施工项目质量管理。本教材由安沁丽、陈年和主编，王磊编写学习情境1、学习情境5和学习情境8，郭东芹编写学习情境2和学习情境7，安沁丽编写学习情境3和学习情境6，陈年和编写学习情境4。

本教材既可作为建筑工程技术专业、建设工程监理专业学生的教材，也可作为相关专业技术人员的参考书。

本教材大量引用了有关专业文献和资料，未在书中一一注明出处，在此对有关文献的作者表示感谢。限于编者水平有限，加之时间仓促，本教材难免存在疏漏和不妥之处，恳请读者、同行专家批评指正。

目　　录

施工现场项目经理部的建立

引　言

　　施工现场项目经理部是企业临时性的基层施工管理机构，建立项目经理部的目的是为了使施工现场更具有生产组织功能，更好地实现施工项目管理的总目标。

学习目标

　　1. 熟悉项目经理部的组织形式；

　　2. 掌握项目经理的职责、权限和任务；

　　3. 熟悉项目经理部各岗位职责。

任务引入

　　某大型地铁工程项目，由 A、B、C 三个标段组成，采用施工总承包方式。经评标后，某建筑公司中标，该公司确定了项目经理，在施工现场设立了项目经理部。项目经理部下设投资控制部、进度控制部、质量控制部、合同控制部、信息管理部五个职能部门，设立 A、B、C 三个项目管理部。

　　思考：为了充分发挥职能部门和施工管理组的作用，使项目经理部具有机动性，应选择何种组织形式的项目经理部，并绘出项目经理部组织结构示意图。

学习单元 1　项目经理部

1.1.1　项目经理部概述

施工现场设置项目经理部，有利于各项管理工作顺利进行。因此，大中型施工项目，施工方必须在施工现场设立项目经理部，并根据目标控制和管理的需要设立专业职能部门，小型施工项目，一般也应设立项目经理部，但可简化。

1. 项目经理部的概念

项目经理部是组织设置的项目管理机构，承担项目实施的管理任务和目标实现的全面责任。项目经理部由项目经理领导，接受组织职能部门的指导、监督、检查、服务和考核，并负责对项目资源进行合理使用和动态管理。

提示：项目经理部应在项目启动前建立，并在项目竣工验收、审计完成后或按合同约定解体。

2. 项目经理部的作用

项目经理部是由企业授权，并代表企业履行工程承包合同，进行项目管理的工作班子。施工项目经理部的作用有：

(1) 施工项目经理部是企业在某一工程项目上的一次性管理组织机构，由企业委任的施工项目经理领导。

(2) 施工项目经理部对施工项目从开工到竣工的全过程实施管理，对作业层负有管理和服务的双重职能，其工作质量好坏将对作业层的工作质量有重大影响。

(3) 项目经理部是代表企业履行工程承包合同的主体，是对最终建筑产品和建设单位全面负责、全过程负责的管理实体。

(4) 项目经理部是一个管理组织体，要完成项目管理任务和专业管理任务；凝聚管理人员的力量，调动其积极性，促进合作；协调部门之间、管理人员之间的关系，发挥每个人的岗位作用，为共同目标进行工作；贯彻组织责任制，搞好管理；及时沟通部门之间、项目经理部与作业层之间、与公司之间、与环境之间的信息。

1.1.2　项目经理部的设置

1. 项目经理部的设置原则

(1) 根据所选择的项目组织形式组建

不同的组织形式决定了企业对项目的不同管理方式，提供的不同管理环境，以及对项目经理授予权限的大小。同时对项目经理部的管理力量配备、管理职责也有不同的要求，要充分体现责权利的统一。

（2）根据项目的规模、复杂程度和专业特点设置

如大型施工项目的项目经理部要设置职能部、处；中型施工项目的项目经理部要设置职能处、科；小型施工项目的项目经理部只要设置职能人员即可。在施工项目的专业性很强时，可设置相应的专业职能部门，如水电处、安装处等。项目经理部的设置应与施工项目的目标要求相一致，便于管理，提高效率，体现组织现代化。

（3）根据施工工程任务需要调整

项目经理部是弹性的一次性的工程管理实体，不应成为一级固定性组织，不应有固定的作业队伍。应根据施工的进展，业务的变化，实行人员选聘进出，优化组合，及时调整，动态管理。

（4）适应现场施工的需要

项目经理部人员配置可考虑设专职或兼职，功能上应满足施工现场的计划与调度、技术与质量、成本与核算、劳务与物资、安全与文明施工的需要。不应设置经营与咨询、研究与发展、政工与人事等与项目无关的人员。

（5）应建立有益于组织运转的管理制度

2. 项目经理部的规模

项目经理部的规模等级，国家尚无具体规定，结合有关企业推行施工项目管理的实际，一般按项目的性质和规模划分。只有当施工项目的规模达到以下要求时才实行项目管理：1 万 m² 以上的公共建筑、工业建筑、住宅建设区及其他工程项目投资在500 万元以上的，均实行项目管理。表 1-1 给出了试点的项目经理部规模等级的划分标准，供参考。

施工项目经理部规模等级　　　　　　　　　　表 1-1

施工项目经理部等级	施工项目规模		
	群体工程建筑面积（万 m²）	单体工程建筑面积（万 m²）	各类工程项目投资（万元）
一级	15 及以上	10 及以上	8000 及以上
二级	10～15	5～10	3000～8000
三级	2～10	1～5	500～3000

建筑面积在 2 万 m² 以下的群体工程，或面积在 1 万 m² 以下的单体工程，按照项目经理负责制有关规定，实行栋号承包。以栋号长为承包人，直接与公司（或工程部）经理签订承包合同。

3. 项目经理部的部门设置和人员配置

项目经理部是市场竞争的核心、企业管理的重心、成本管理的中心。为此，施工项目经理部应优化设置部门、配置人员，全部岗位职责能覆盖项目施工的全方位、全过程，人员应素质高、一专多能、有流动性。项目经理部的部门设置和人员配置与施

工项目的规模和类型有关，应能满足施工全过程的项目管理，成为履行合同的主体。表 1-2 列出了不同等级的项目经理部部门设置和人员配置要求，可供参考。

项目经理部的部门设置和人员配置参考 表 1-2

项目经理部等级	人数	项目领导	职能部门	主要工作
一级 二级 三级	30~45 20~30 15~20	项目经理 总工程师 总经济师 总会计师	经营核算部门	预算、资金收支、成本核算、合同、索赔、劳动分配等
			工程技术部门	生产调度、施工组织设计、进度控制、技术管理、劳动力配置计划、统计等
			物资设备部门	材料工具询价、采购、计划供应、运输、保管、管理、机械设备租赁及配套使用等
			监控管理部门	施工质量、安全管理、消防、保卫、文明施工、环境保护等

1.1.3 项目经理部的组织形式

项目经理部的组织形式是指施工项目管理组织中处理管理层次、管理跨度、部门设置和上下级关系的组织结构的类型。项目经理部的组织形式多种多样，随着社会生产力水平的提高和科学技术的发展，还将不断产生新的结构。这里介绍几种典型的基本形式。

1. 直线式

在军事组织系统中，组织纪律非常严谨，军、师、旅、团、营、连、排和班的组织关系是指令按逐级下达，一级指挥一级和一级对一级负责。线性组织结构就是来自于这种十分严谨的军事组织系统。在线性组织结构中，每一个工作部门只能对其直接的下属部门下达工作指令，每一个工作部门也只有一个直接的上级部门，因此，每一个工作部门只有唯一一个指令源，避免了由于矛盾的指令而影响组织系统的运行（图1-1）。

图 1-1 直线式组织结构示意图

直线式组织机构的主要优点是结构简单、权力集中、易于统一指挥、隶属关系明确、职责分明、决策迅速。但由于未设职能部门，项目经理没有参谋和助手，就要求领导者通晓各种业务，成为"全能式"人才。无法实现管理工作专业化，不利于项目管理水平的提高。在一个特大组织系统中，由于直线制组织结构模式的指令路径过长，有可能会造成组织系统在一定程度上运行的困难。所以这种组织形式比较适合于中小型项目。

2. 职能式

职能组织结构是一种传统的组织结构模式。职能式组织机构是在各管理层次之间设置职能部门，各职能部门分别从职能角度对下级执行者进行业务管理。在职能式组织机构中，各级领导不直接指挥下级，而是指挥职能部门。各职能部门可以在上级领导的授权范围内，就其所辖业务范围向下级执行者发布命令和指示。职能式组织结构示意图如图1-2所示。

职能式组织机构的主要优点是强调管理业务的专门化，注意发挥各类专家在项目管理中的作用。由于管理人员工作单一，易于提高工作质量，同时可以减轻领导者的负担。但是，在职能组织结构中，每一个职能部门可根据它的管理职能对其直接和非直接的下属工作部门

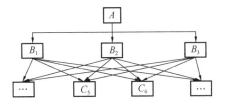

图 1-2　职能式组织结构示意图

下达工作指令。因此，每一个工作部门可能得到其直接和非直接的上级工作部门下达的工作指令，它就会有多个矛盾的指令源，使下级执行者接受多方指令，容易造成职责不清。一个工作部门的多个矛盾的指令源会影响企业管理机制的运行。我国多数的企业、学校、事业单位目前还沿用这种传统的组织结构模式。许多建设项目也采用这种传统的组织结构模式，在工作中常出现交叉和矛盾的工作指令关系，严重影响了项目管理机制的运行和项目目标的实现。

3. 直线职能式

直线职能式是吸收了直线式和职能式两种组织机构的优点而形成的一种组织结构形式。与职能式组织结构形式相同的是，在各管理层次之间设置职能部门，但职能部门只作为本层次领导的参谋，在其所管辖范围内从事管理工作，不直接指挥下级，与下一层次的职能部门构成业务指导关系。职能部门的指令，必须经过同层次领导的批准才能下达。各管理层次之间按直线式原理构成直接上下级关系。直线职能式的组织结构示意图如图1-3所示。

图 1-3　直线职能式组织结构示意图

直线职能式组织结构既保持了直线式统一指挥的特点，又满足了职能式对管理工作专业化分工的要求。其主要优点是集中领导、职责清楚，有利于提高管理效率。但这种组织机构中各职能部门之间的横向联系差，信息传递路线长，职能部门与指挥部门之间容易产生矛盾。这种组织形式适合于大规模综合性施工项目。

4. 矩阵式

矩阵式组织机构是将按职能划分的部门与按工程项目（或产品）设立的管理机构，依照矩阵方式有机地结合起来的一种组织机构形式。这种组织机构以工程项目为对象设置，各项目管理机构内的管理人员从各职能部门临时抽调，归项目经理统一管理，待工程完工交付后又回到原职能部门或到另外工程项目的组织机构中工作。矩阵式组织结构示意图如图 1-4 所示。

图 1-4　矩阵式组织结构示意图

矩阵式组织结构的优点是能根据工程任务的实际情况灵活地组建与之相适应的管理机构，具有较大的机动性和灵活性。它实现了集权与分权的最优结合，有利于调动各类人员的工作积极性，使工程项目管理工作顺利地进行。但是，矩阵式组织结构经常变动，稳定型差，尤其是业务人员的工作岗位频繁调动。此外，矩阵中的每一个成员都受项目经理和职能部门经理的双重领导，如果处理不当，会造成矛盾，产生扯皮现象。

当纵向和横向工作部门的指令发生矛盾时，由该组织系统的最高指挥者（部门），即如图 1-5(a) 所示的 A 进行协调或决策。在矩阵组织结构中为避免纵向和横向工作部门指令矛盾对工作的影响，可以采用以纵向工作部门指令为主（1-5(b)）或以横向工作部门指令为主（1-5(c)）的矩阵组织结构模式，这样也可减轻该组织系统的最高指挥者的协调工作量。矩阵组织结构适宜用于大的组织系统，在上海地铁和广州地铁一号线建设时都采用了这种组织结构模式。矩阵组织结构模式也适用于同时承担多个施工项目管理的企业。在这种情况下，各项目对专业技术人才和管理人员都有需求，加在一起数量较大，采用矩阵式组织可以充分利用有限的人才对多个项目进行管理，特别有利于发挥优秀人才的作用。

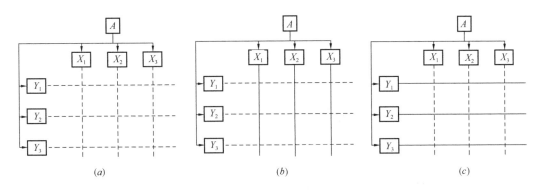

图 1-5　矩阵式组织结构

1.1.4　项目经理部的运行和解体

1. 项目经理部的工作内容

项目经理部的工作内容主要有如下几个方面：

1）在项目经理领导下制定《施工项目管理实施规划》及项目管理的各项规章制度。

2）对进入项目的资源和生产要素进行优化配置和动态管理。

3）有效控制项目工期、质量、成本和安全等目标。

4）协调企业内部、项目内部以及外部各系统之间的关系，增进项目各部门之间的沟通，提高工作效率。

5）对施工项目目标和管理行为进行分析、考核和评价，对各类责任制度的执行结果实施奖罚。

2. 项目经理部的解体

施工项目经理部解体的条件：

1）工程项目已经竣工验收。工程项目已经经过建设的相关各方（包括政府建设主管部门、项目业主、监理单位、设计单位等）的联合验收确认并形成书面材料。

2）与各分包单位已经结算完毕。

3）已协助企业管理层与项目业主签订了《工程质量保修书》。

4）《施工项目管理目标责任书》已经履行完成，并经过企业管理层审计合格。

5）施工项目经理部在解体之前应与企业管理层办妥各种交接手续。

6）项目经理部在解体之前应做好现场清理工作。

施工项目经理部在完成以上工作后，进一步办理解体手续。

学习单元 2　建筑工程项目经理

1.2.1　项目经理地位和作用

建筑施工项目经理是指受企业法定代表人委托对工程项目施工过程全面负责的项目管理者，是建筑施工企业法定代表人在工程项目上的代理人。一个称职的施工项目经理必须在政治水平、知识结构、业务技能、管理能力、身心健康等诸方面具备良好的素质。

提示：项目经理应为合同当事人所确认的人选，并在专用合同条款中明确项目经理的姓名、职称、注册执业证书编号、联系方式及授权范围等事项，项目经理经承包人授权后代表承包人负责履行合同。项目经理应是承包人正式聘用的员工，承包人应向发包人提交项目经理与承包人之间的劳动合同，以及承包人为项目经理缴纳社会保险的有效证明。承包人不提交上述文件的，项目经理无权履行职责，发包人有权要求更换项目经理，由此增加的费用和（或）延误的工期由承包人承担。项目经理应常驻施工现场，且每月在施工现场时间不得少于专用合同条款约定的天数。项目经理不得同时担任其他项目的项目经理。项目经理确需离开施工现场时，应事先通知监理人，并取得发包人的书面同意。

1. 项目经理的地位

施工项目经理是施工项目目标的全面实现者，既要对建设单位的成果性目标负责，又要对施工企业的效率性目标负责，他的中心地位体现如下：

（1）施工项目经理是建筑业企业法定代表人在施工项目上负责管理和合同履行的委托代理人，是施工项目实施阶段的第一责任人。从企业内部看，施工项目经理是施工项目实施过程中所有工作的总负责人，是项目动态管理的体现者，是生产要素合理投入和优化组合的组织者；从对外方面看，作为企业法定代表人的项目经理，不直接对每个项目业主负责，而是由施工项目经理在委托授权范围内对建设单位直接负责。

（2）施工项目经理是协调各方面关系，使之相互协作、密切配合的桥梁和纽带。施工项目经理对项目管理目标的实现承担着全部责任，即合同责任，履行合同义务，执行合同条款，处理合同纠纷，受法律的约束和保护。

（3）施工项目经理对施工项目的实施进行控制，是各种信息的集散中心。所有信息通过各种渠道汇集到施工项目经理处，施工项目经理通过对各种信息进行汇总分析，及时做出应对决策，并通过指令、计划和协议等形式，对上反馈信息，对下、对外发布信息。通过信息的集散和处理达到对施工项目进行控制的目的。

（4）施工项目经理是施工项目责、权、利的主体。施工项目经理是项目总体的组织管理者，是项目中人、财、物、技术、信息等所有生产要素的组织管理人。他不同于技术、财务等专业的总负责人，施工项目经理必须把组织管理职责放在首位。首先，施工项目经理必须是项目实施阶段的责任主体，是项目目标的最高责任者，而且目标实现还应该不超出限定的资源条件。责任是施工项目经理责任制的核心，它构成了施工项目经理工作的压力和动力，是确定施工项目经理利益的依据。其次，施工项目经理必须是项目的权力主体，因为权力是确保施工项目经理能够承担起责任的条件与前提，所以权力的范围，必须视施工项目经理所承担的责任而定。如果没有必要的权力，施工项目经理就无法对工作负责。最后，施工项目经理还必须是施工项目的利益主体。利益是施工项目经理工作的动力，是因施工项目经理负有相应的责任而得到的报酬，所以利益的形式及利益的大小须与施工项目经理的责任对等。如果没有相应的利益，施工项目经理就不愿承担相应的责任，也不会认真行使相应的权力，也难以处理好与施工项目经理部、国家、企业和职工之间的利益关系。

2. 项目经理的作用

项目经理在施工企业中的作用主要表现在以下几个方面：

（1）顺应企业发展方向与目标，并组织实施。

（2）建立精干高效的组织管理机构，并顺应形势与环境的变化及时做出调整。

（3）合理配置资源，将企业资金同其他生产要素有效地结合起来，使各种资源都充分发挥作用，创造更多利润。

（4）协调各方面的利害关系，包括投资者、劳动者和社会各方面的利益关系，使各得其所，调动各方面的积极性，实现企业总体目标。

3. 项目经理的要求

高素质的项目经理是施工企业立足市场谋求发展之本，是施工企业竞争取胜的重要砝码。项目经理的个性不同，爱好也不一样，但在项目管理中，对项目经理的基本要求则是相同的。这不仅是指项目经理要取得某个级别的资质证书，而且要求项目经理应具备一定的基本能力。

（1）能力要求

1）合同履约能力

现代企业的项目经理应该是履行合同的专家。项目经理应该会谈判，善谈判，会签合同，更会履行合同并在合同履行过程中依法索赔。

2）风险控制能力

做项目经理是要担风险的。工程项目不是凭口号凭决心就能建成的。建设过程本身就存在风险。施工过程要采取各种手段预防、降低和转移风险。

3）科学的组织领导能力

项目上虽有人、财、物等多种因素，但项目经理最主要的还是和人打交道，所以项目经理要发挥自己的人格魅力，用爱构筑起一个团结、和谐的战斗群体。

4）程序优化能力

任何工作都有个先后程序，要按科学的程序进行安排，要学会应用统筹法、网络计划技术等现代化的科学管理方法和手段，找出主要矛盾点，找准影响工期、质量的关键工序，制定相应措施，就一定能确保项目的工期和质量。

5）环境协调能力

现在的工地是企业面向社会的窗口，和顾客的关系，和竞争对手、合作伙伴的关系，和周围百姓的关系，和当地政府管理部门的关系等都要协调处理好，这也是市场经济竞争的一方面。

6）以法维权的能力

作为一个现代企业的项目经理要学法、懂法、懂制度、懂规章。一方面避免自己犯法，另一方面也学会正确运用法律维护自己的权益和利益。

7）提炼总结能力

一个项目经理要会总结，善于总结。一个项目完成了，要把经验教训都总结出来，要经过认真思考，提炼总结出有价值的东西，以指导今后的工作。

(2) 项目经理的素质要求

1）政治素质

施工项目经理是建筑施工企业的重要管理者，应具备较高的政治素质，必须具有思想觉悟高、政策观念强的道德品质，在施工项目管理中能认真执行党和国家的方针、政策，遵守国家的法律和地方法规，执行上级主管部门的有关决定，自觉维护国家的利益，保护国家财产，正确处理国家、企业和职工三者的利益关系。

2）领导素质

施工项目经理是一名领导者；应具有较高的组织领导工作能力，应该博学多识，通情明理；多谋善断，灵活机变；知人善任，善与人同；公道正直，以身作则；铁面无私，赏罚严明。

3）知识素质

施工项目经理应具有大中专以上相应学历和文凭，懂得建筑施工技术知识、项目管理基本知识等，还应取得建设部认定的相应的资质证书。

4）实践经验

每个项目经理，必须具有一定的施工实践经历和按规定经过一段实际锻炼。只有具备了实践经验，才能灵活自如地处理各种可能遇到的实际问题。

5）身体素质

施工现场生活条件和工作条件都因现场性强而相当艰苦，因此，必须具有健康的身体，以保持充沛的精力和旺盛的斗志。

1.2.2　项目经理责任制

1. 项目经理责任制的概念

(1) 项目经理责任制的含义

项目经理责任制，是指以项目经理为责任主体的项目管理目标责任制，用以确立项目经理部与企业、职工三者之间的责权利关系。它是以工程项目为对象，以项目经理全面负责为前提，以项目目标责任书为依据，以创优质工程为目标，以求得项目产品的最佳经济效益为目的，实行从项目开工到竣工、验收、交工的一次性全过程的管理。

(2) 项目经理责任制的主体与重点

1) 项目管理是项目经理全面负责，项目管理班子集体参与的管理。工程项目管理不仅仅是项目经理个人的功劳，项目管理班子是一个集体，没有集体的团结协作就不会取得成功。由于领导班子明确了分工，使每个成员都分担了一定的责任，大家一致对责国家和企业负责，共同享受企业的利益。但是，由于责任不同，承担风险也不同，比如质量项目经理要承担终身责任，所以，项目经理责任制的主体必然是项目经理。

2) 项目经理责任制的重点在于管理。管理是科学，是规律性的活动。项目经理责任制的重点必须放在管理上。如果说企业经理是战略家，那么项目经理就应当是战术家。

2. 项目经理责任制的作用

项目经理责任制的作用主要体现在以下几点：

(1) 利于明确项目经理与企业和职工三者之间的责权利效关系。

(2) 利于项目规范化、科学化管理和提高产品质量。

(3) 利于运用经济手段强化对项目的法制管理。

(4) 利于促进和提高企业项目管理的经济效益和社会效益，不断解放和发展生产力。

3. 实行项目经理责任制的条件

实行项目经理责任制必须具备下列条件：

(1) 项目任务落实，开工手续齐全，具有切实可行的项目管理规划大纲或施工组织设计。

(2) 图纸、工程技术资料、劳动力配备、主材落实，能按计划提供。

(3) 组织一个精干、得力、高效的项目管理班子，有一批懂技术、会管理、敢负责并掌握项目管理技术的人才。

(4) 建立了企业业务工作系统化管理，企业具有为项目经理部提供人力资源、材料、设备及生活设施等各项服务的功能。

1.2.3　项目经理的任务

项目经理往往是一个施工项目施工方的总组织者、总协调者和总指挥者，他所承担的管理任务不仅依靠所在的项目经理部的管理人员来完成，还依靠整个企业各职能管理部门的指导、协作、配合和支持。

项目经理的任务包括项目的行政管理和项目管理两个方面，其在项目管理方面的主要任务是：

(1) 施工安全管理；

(2) 施工成本控制；

(3) 施工进度控制；

(4) 施工质量控制；

(5) 工程合同管理；

(6) 工程信息管理；

(7) 工程组织与协调等。

1.2.4　项目经理的责任

1. 项目经理的职责

(1) 项目管理目标责任书规定的职责；

(2) 主持编制项目管理实施规划，并对项目目标进行系统管理；

(3) 对资源进行动态管理；

(4) 建立各种专业管理体系，并组织实施；

(5) 进行授权范围内的利益分配；

(6) 收集工程资料，准备结算资料，参与工程竣工验收；

(7) 接受审计，处理项目经理部解体的善后工作；

(8) 协助组织进行项目的检查、鉴定和评奖申报工作。

2. 项目经理的权限

(1) 参与项目招标、投标和合同签订；

(2) 参与组建项目经理部；

(3) 主持项目经理部工作；

(4) 决定授权范围内的项目资金的投入和使用；

(5) 制定内部计酬办法；

(6) 参与选择并使用具有相应资质的分包人；

(7) 参与选择物资供应单位；

(8) 在授权范围内协调与项目有关的内、外部关系；

(9) 法定代表人授予的其他权力。

3. 项目经理的利益

施工项目经理最终利益是项目经理行使权力和承担责任的结果，也是市场经济条件下责、权、利相互统一的具体体现。施工项目经理应享有以下利益：

(1) 获得工资和奖励。

(2) 项目完成后，按照《施工项目管理目标责任书》的规定，工程竣工验收结算后，接受企业的考核和审计，除按规定获得物质奖励外，还可获得表彰、记功、优秀项目经理等荣誉称号及其他精神奖励。

(3) 经考核和审计，未完成《施工项目管理目标责任书》确定的责任目标或造成亏损的，按有关条款承担责任，并接受经济或行政处罚。

4. 项目经理的责任

项目经理应承担施工安全和质量的责任，要加强对建筑业企业项目经理市场行为的监督管理，对发生重大工程质量安全事故或市场违法违规行为的项目经理，必须依法予以严肃处理。

项目经理对施工项目承担全面管理的责任：工程项目施工应建立以项目经理为首的生产经营管理系统，实行项目经理负责制。项目经理在工程项目施工中处于中心地位，对工程项目施工负有全面管理的责任。

项目经理由于主观原因，或由于工作失误有可能承担法律责任和经济责任。政府主管部门将追究的主要是其法律责任。企业将追究的主要是其经济责任。但是，如果由于项目经理的违法行为而导致企业的损失，企业也有可能追究其法律责任。

而在国际上，由于项目经理是施工企业内的一个工作岗位，项目经理的责任则由企业领导根据企业管理的体制和机制，以及根据项目的具体情况而定。

1.2.5 项目经理的工作性质

(1) 大、中型工程项目的项目经理必须由取得建造师注册证书的人员担任；但取得建造师注册证书的人员是否担任工程项目施工的项目经理，由企业自主决定。

(2) 项目经理岗位是保证工程项目建设质量、安全、工期的重要岗位。

(3) 施工项目经理是指受企业法定代表人委托对工程项目施工过程全面负责的项目管理者，是建筑施工企业法定代表人在工程项目上的代表人。

(4) 建造师是一种专业人士的名称，而项目经理是一个工作岗位的名称，应注意这两个概念的区别和关系。

(5) 承包人需要更换项目经理的，应提前14天书面通知发包人和监理人，并征得发包人书面同意。

提示：在国际上，施工企业项目经理的地位和作用及其特征：

① 项目经理是企业任命的一个项目的项目管理班子的负责人（领导人），但他并不一定是（多数不是）一个企业法定代表人在工程项目上的代表人，因为一个企业法

定代表人在工程项目上的代表人在法律上赋予的权限范围太大。

②他的任务权限主要是项目管理工作,其主要任务是项目目标的控制和组织协调。

③在有些文献中明确界定,项目管理不是一个技术岗位,而是一个管理岗位。

④他是一个组织系统中的管理者,至于他是否有用人权、财权和物资采购权等管理权限,则由其上级确定。

【知识链接】建造师的级别

建造师分为一级建造师和二级建造师,在施工管理中,一级注册建造师可以担任"建筑业企业资质等级标准"中规定的特级,一级企业资质项目施工的项目经理,二级注册建造师只能担任二级及二级以下企业资质项目施工的项目经理。

1.2.6 项目部其他主要管理人员及其岗位职责

项目经理部是项目管理的工作班子,其项目经理部是项目管理的工作班子,其主要领导包括工程项目经理、工程项目总工程师。下设各种具体工作部门,包括财务部、材料设备部、质量安全部、专业工程部和综合办公室等。

在不同的施工项目中,各部门的设置根据其规模大小而有所不同,但人员职责大致相同。主要有施工员、质检员、安全员、材料员及资料员等,其岗位职责分工如下。

1. 项目副经理

(1)认真贯彻执行党和国家的方针、政策以及本企业颁发的施工安全生产管理制度。

(2)在项目经理的领导下,负责所管工程项目的施工生产、安全、质量及工程进度,按照施工工组织设计,进行施工组织安排,落实各项工作,向项目经理负责。

(3)根据建设方要求及投标承诺,参与编制与下达年、季、月度施工生产计划,并组织实施,不断改善现场劳动组织,挖掘内部潜力,坚持劳动定额和材料消耗定额;组织现场生产,开展作业队、班组的经济核算工作。

(4)依靠广大职工,采取一切措施,建立安全、质量保证体系,确保工程质量和人身安全,杜绝各类事故的发生,负责一般事故以上的调查分析并及时上报处理。

(5)按照有关规定,协同有关业务人员办理征购工程用地、青苗赔偿和房屋建筑物的拆迁手续。

(6)参加办理变更设计申请手续,参与工程验收、竣工文件编制与移交、工程验工计价等工作。

(7)定期向项目经理汇报工作,接受上级业务部门的工作检查和职工民主管理监督。

(8)负责按时提出施工封闭要点计划与车皮计划,主要料、大堆料的到达情况,并组织调动车辆的运输。

（9）负责组织职工及民工队伍的施工技术、业务培训工作。

（10）办理公司及项目经理交办的其他各项工作。

2. 项目总工程师

（1）在项目经理领导下，负责本项目的全面技术管理工作。

（2）主持设计文件审核，主持复测、控测及竣工测量，督促并检查工程技术人员做好技术交底工作。

（3）负责编制本标段的施工组织设计，参与重大方案的制定，审核单项工程的施工组织设计。

（4）主持并审核施工计划、物资计划、设备、调度、统计、验工报表的编制。

（5）负责收集项目的差、错、漏项及不可预见的因素所引起工程变更方面的有关资料。

（6）主持本项目部竣工文件编制。

（7）负责本项目质量计划贯彻执行。

（8）领导技术人员研究商讨本项目施工难题。按照有关技术规范、规则，解决项目技术问题，推广新技术、新材料、新设备、新工艺在工程施工中的应用。

（9）负责收集工程技术资料，编制所承担项目的技术总结。

（10）完成领导分配的其他各项工作。

3. 施工员

（1）在项目经理的领导下，对主管的分部分项工程施工进度和质量负责。

（2）参加编制与贯彻单位工程的施工组织设计，制定单位工程施工方案，认真熟悉施工图纸、技术规程和工艺标准。

（3）负责抓好施工前的准备工作，协调各工种之间的配合，合理组织、计划、安排、及时协助班组长解决存在的问题。

（4）制订每天的施工计划，协同质检员检查班组长对当天施工的各项工程质量措施落实情况，坚持逐日认真填写施工日记。

（5）组织施工人员学习规范标准，并检查施工技术措施的落实情况及建筑材料、构配件、半成品的质量控制情况。

（6）经常检查施工人员执行质量、安全操作规程的情况，坚决制止违章操作蛮干行为。

（7）强化施工质量、安全的管理，认真贯彻工程技术质量检验标准及安全规范标准，坚持循环检查制度和交接班检查制度。

4. 质检员

（1）熟悉图纸，了解设计要求，熟悉施工规范，技术规程，熟悉质量标准。

（2）参加图纸会审、施工组织设计审查、施工技术措施和质量要求的交底。

（3）作好进场材料的复检工作；制止使用不合格的原材料、半成品；制止安装无出厂合格证的机械设备。

（4）在施工班组自检并提出自检记录的基础的上配合工序、中间交接和交工验收，认真进行检查签证。

（5）参加工程交工验收，参加质量等级评定。

（6）参加质量事故分析、坚持事故处理"四不放过"的原则，对质量事故进行分析处理。

（7）记好质量检查工作日记，发现质量事故的苗头，要及时向有关领导和部门反映以便采取措施及时预防。

（8）协助公司推行全面质量管理，开展创优活动。

5. 安全员

（1）在公司有关部门领导下，督促项目部认真贯彻执行国家颁布的安全生产法律、法规及公司制定的安全规章制度，发现问题及时制止纠正和向领导及时汇报。

（2）指导项目生产班组安全员开展安全工作。

（3）协助有关部门做好项目部安全生产宣传教育和培训，总结和推广安全生产的先进经验，组织项目部开展经常性安全性活动，安全竞赛、达标等。

（4）检查并指导项目部填写安全资料。

（5）负责监督检查项目安全技术措施方案及安全技术交底的落实情况。

（6）深入现场每道工序，掌握安全重点部位的情况，检查各种防护设施，制止违章指挥，冒险蛮干，执罚要以理服人，坚持原则，秉公办事。

（7）定期对施工现场的安全进行检查，做好检查记录，负责组织项目部有关人员进行安全自检评定，并督促项目部限期整改安全问题，发现安全隐患及时制止。

（8）督促项目部有关人员按规定及时分发和正确使用个人防护用具、保健食品和清凉饮料。

（9）协助有关部门做好防尘毒、防暑降温和女工保护工作。

（10）发生工伤事故，要保护好现场，及时上报公司领导，参与工伤事故的调查，不隐瞒事故情节，真实地向有关领导汇报情况。

6. 材料员

（1）深入现场了解情况，根据施工现场生产任务需要，做好料具采购，运输供应工作。

（2）熟悉各种材料的规格和验收标准，进场材料除应有产品说明书或材料合格证外，还要对原材料进行试验，否则禁止使用。

（3）实行定额储备，计划用料。按施工平面堆放材料，加强对现场材料的管理和使用。

（4）掌握施工进度，做好材料的分批采购，进场工作每月用书面向项目部汇报材料的储备情况。调查材料余缺，处理积压料具，做好废旧料具的回收和修理工作。

（5）及时掌握市场信息，搞好成本核算，提高经济效益。

7. 资料员

（1）保证所有与质量有关的文件和资料处于受控状态，各使用场所能获得所需文件的有效版本，防止使用失效或作废文件。

（2）负责文件的登记、标识、编目、收发、查阅、保管更改、复制和作废文件的处理、并做好记录、负责归档。

（3）配合质检员及时准确做好隐蔽工程检查、验收、记录和签证；作好质量安全事故处理调查验收记录和签证；作好质量安全事故处理、调查和记录；负责办理分部分项工程验收的各方签证工作。

（4）负责制作和送检材料试验，及时整理检验记录和材料复验报告。

本 章 小 结

本章详细介绍了项目经理部的组织形式和施工项目经理。项目组织结构的建立以及组织形式的选择不是随意的，必须按照项目的规模和特点进行比较、筛选；明确项目经理部及项目经理的责任是组织的核心。在学习本章内容时应注意采用对比的方法，进行四种项目经理部组织形式的比较，还应注意借助图形理解有关内容。

本 章 实 训

一、任务名称：选派项目经理并组建项目经理部

二、时间安排：4 学时

三、背景资料

2016 年 2 月，某施工企业中标某写字楼工程施工任务。该写字楼坐落在市区，建筑面积 29800m²，地下一层、二层为停车场，层高 5.4m，地上 12 层，层高 3.6m，总建筑高度 54m。该企业中标后，拟在公司内部招聘项目经理并组建项目经理部。

四、实训要求

在老师的组织下，将全部学生分成若干组，由各组推荐项目经理，各组当选的项目经理根据工程情况自行组建项目经理部，项目经理部规模及人选由项目经理决定。本组的其余学生分别扮演副项目经理、总工程师、施工员、安全员、质检员等，通过竞争上岗。各组的项目经理通过竞聘演讲，最终确定一组为本工程的项目经理及项目经理部。

习 题

一、单选题

1. 项目经理部是施工现场（　　）的管理机构。

A. 一次性　　　B. 永久性　　C. 固定的　　D. 由建设单位授权

2. （　　）组织形式具有双重领导。

A. 直线式　　　B. 工作队式　C. 矩阵式　　D. 直线职能式

3. 图 1-6 为（　　）组织结构模式。

A. 职能式组织结构　　　　　B. 线性组织结构

C. 矩阵式组织结构　　　　　D. 队列式组织结构

4. 图 1-7 所示的职能组织结构中，m、f_1、f_2、f_3、g_1、g_2 等分别代表不同的工作部门或主管人员。这个组织结构表明（　　）。

图 1-6　习题 3　　　　　　　图 1-7　习题 4

A. m 可以直接指挥 g_1 和 g_2

B. g_2 只接受 f_2 下达的指令

C. g_1 可直接接受 m 的指令

D. g_1 接受 f_1、f_2 和 f_3 的直接指挥

二、多选题

1. 下列关于常用的组织结构模式的表述正确的是（　　）。

A. 常用的组织结构模式包括线性职能组织结构等形式

B. 职能组织结构优点明显，各部门职能明确，不会出现矛盾的工作指令关系

C. 矩阵组织结构适宜用于大的组织系统

D. 矩阵组织结构中，纵横向工作部门的指令优先等级是相同的

E. 线性组织结构来自于军事组织系统

2. 下列有关建造师、项目经理的表述正确的是（　　）。

A. 取得建造师注册证书的人员是否担任工程项目施工的项目经理，由企业自主决定

B. 建造师是一个工作岗位的名称，而项目经理是一种专业人士的名称

C. 过渡期满后，大、中型工程项目施工的项目经理必须由取得建造师注册证书的人员担任

D. 国际上，建造师可在建设单位执业

E. 在国际上，项目经理是一个企业法定代表人在工程项目上的代表人

3. 关于项目经理部的说法，下列正确的是（　　）。

A. 是一个一次性的组织　　B. 是一个一成不变的组织

C. 是实现动态管理的组织　　D. 是一个人员固定的组织

E. 和主管部门是上下级的行政关系

三、简答题

1. 简述建设经理部的设置原则。

2. 项目经理部的特点是什么？

3. 项目经理部解体的条件是什么？

4. 项目经理具有哪些权限？

施工图的自审和会审

引　言

　　一个建筑物或构筑物的施工依据就是施工图纸，读懂图纸，掌握图纸内容，明确工程特点和各项技术要求，理解设计意图，是确保工程质量和工程顺利进行的重要前提。

学习目标

　　1. 熟悉图纸自审的内容；
　　2. 掌握图纸会审的组织和程序。

任务引入

　　5～7 人组成一个小组，小组成员分别扮演建设方、设计方、施工方和监理方，根据教师选定的工程图纸进行图纸会审程序的模拟。

　　思考：图纸会审应由哪个单位组织？图纸会审纪要如何编写？

学习单元 1　施工图的自审

2.1.1　熟悉图纸阶段

1. 熟悉图纸工作的组织

由施工单位的工程项目经理部组织有关工程技术人员认真熟悉图纸，了解设计意图，建设单位要求以及施工应达到的技术标准，明确工艺流程。

2. 熟悉图纸的要求

（1）先粗后细。先看平面图、立面图、剖面图，对整个工程的概貌有一个了解，对总的长宽尺寸、轴线尺寸、标高、层高、总高有一个大体的印象。然后再看细部做法，核对总尺寸与细部尺寸、标高是否相符，门窗表中的门窗型号、规格、形状、数量是否与结构相符等。

（2）先小后大。先看小样图，后看大样图。核对在平面图、立面图、剖面图中标注的细部做法，与大样图的做法是否相符；所采用的标准构件图集编号、类型、型号，与设计图纸有无矛盾，索引符号有无漏标之处，大样图是否齐全等。

（3）先建筑后结构。先看建筑图，后看结构图。把建筑图与结构图互相对照，核对其轴线尺寸、标高是否相符，有无矛盾，查对有无遗漏尺寸，有无构造不合理之处。

（4）先一般后特殊。先看一般的部位和要求，后看特殊的部位和要求。特殊部位变形缝的设置、防水处理要求和抗震、防火、保温、隔热、防尘、特殊装修等技术要求。

（5）图纸与说明结合。要在看图时对照设计总说明和图中的细部说明，核对图纸和说明有无矛盾，规定是否明确，要求是否可行，做法是否合理等。

（6）土建与安装结合。看土建图时，有针对性地看一些安装图，核对与土建有关的安装图有无矛盾，预埋件、预留洞、槽的位置、尺寸是否一致，了解安装对土建的要求，以便考虑在施工中的协作配合。

（7）图纸要求与实际情况结合。核对图纸有无不符合现场施工实际之处，如建筑物相对位置、场地标高、地质情况等是否与设计图纸相符；对一些特殊的施工工艺、新方法施工单位能否做到等。

2.1.2　自审图纸阶段

1. 自审图纸的组织

由施工单位项目经理部组织各工种人员对本工种的有关图纸进行审查，掌握和了解图纸中的细节；在此基础上，由总承包单位内部的土建与水、暖、电等专业，共同核对图纸，消除差错，协商施工配合事项；最后，总承包单位与外分包单位（如：桩基施工、装饰工程施工、设备安装施工等）在各自审查图纸基础上，共同核对图纸中的差错及协商有关施工配合问题。

2. 自审图纸的依据

(1) 建设单位和设计单位提供的初步设计或扩大初步设计（技术设计）、施工图设计、建筑总平面图、土方数量设计和城市规划等资料文件。

(2) 调查、搜集的原始资料。

(3) 设计规范、施工验收规范和有关技术规定等。

3. 熟悉图纸的目的

(1) 为了能够按照设计图纸的要求顺利地进行施工，生产出符合设计要求的最终建筑产品（建筑物或构筑物）。

(2) 为了能够在拟建工程开工之前，使从事建筑施工技术和经营管理的工程技术人员充分地了解、掌握设计图纸和设计意图、结构与构造特点和技术要求等。

(3) 通过审查，发现设计图纸中存在的问题和错误，使其在施工开始之前改正，为拟建工程的施工提供一份准确、齐全的设计图纸。

4. 审查图纸的内容

(1) 设计单位资质情况，是否无证设计或越级设计；施工图纸是否经过设计单位各级人员签署，是否通过施工图审查机构审查。

(2) 设计图纸与说明书是否齐全、明确，坐标、标高、尺寸、管线、道路等交叉连接是否相符；图纸内容、表达深度是否满足施工需要；施工中所列各种标准图册是否已经具备。

(3) 施工图与设备、特殊材料的技术要求是否一致；主要材料来源有无保证，能否代换；新技术、新材料的应用是否落实。

(4) 设备说明书是否详细，与规范、规程是否一致。

(5) 土建结构布置与设计是否合理，是否与工程地质条件紧密结合，是否符合抗震设计要求。

(6) 几家设计单位设计的图纸之间有无相互矛盾；各专业之间、平立剖面之间、总图与分图之间有无矛盾；建筑图与结构图的平面尺寸及标高是否一致，表示方法是否清楚；预埋件、预留孔洞等设置是否正确；钢筋明细表及钢筋的构造图是否表示清楚；混凝土柱、梁接头的钢筋布置是否清楚，是否有节点图；钢构件安装的连接节点图是否齐全；各类管沟、支吊架等专业间是否协调统一；是否有综合管线图，通风管、消防管、电缆桥架是否相碰。

(7) 设计是否满足生产要求和检修需要。

(8) 施工安全、环境卫生有无保证。

(9) 建筑与结构是否存在不能施工或不便施工的技术问题，或导致质量、安全及工程费用增加等问题。

（10）消防设计是否满足有关规程要求。

学习单元2　施工图的会审

图纸会审是指工程各参建单位（建设单位、监理单位、施工单位、各种设备厂家）在收到设计院施工图设计文件后，对图纸进行全面细致的熟悉，审查施工图中存在的问题及不合理情况并提交设计院进行处理的一项重要活动。通过图纸会审可以使各参建单位特别是施工单位熟悉设计图纸、领会设计意图、掌握工程特点及难点，找出需要解决的技术难题并拟定解决方案，从而将因设计缺陷及存在的问题消灭在施工之前。

2.2.1　图纸会审的组织、程序及要求

1. 图纸会审的组织

一般工程的图纸会审应由建设单位组织并主持会议，设计单位交底，施工单位、监理单位参加。重点工程或规模较大及结构、装修较复杂的工程，如有必要可邀请各主管部门、消防及有关的协作单位参加。

2. 图纸会审人员

建设方：现场负责人员及其他技术人员；

设计方：设计院总工程师、项目负责人及各个专业设计负责人；

监理方：项目总监、副总监及各个专业监理工程师、监理员等；

施工单位：项目经理、项目副经理、项目总工程师及各个专业技术负责人；

其他相关单位：技术负责人。

3. 图纸会审会议的一般程序

图纸会审应开工前进行，开会时间由监理部决定并发通知。如施工图纸在开工前未全部到齐，可先进行分部工程图纸会审，图纸会审的一般程序如下：

（1）业主或监理方主持人发言。

（2）设计单位介绍设计意图、结构设计特点、工艺布置与工艺要求、施工中注意事项等。

（3）各有关单位对图纸中存在的问题进行提问。图纸会审前必须组织预审。对图中发现的问题应归纳汇总，会上派代表人为主发言，其他人可视情况适当解释、补充。

（4）施工方及设计方专人对提出和解答的问题做好记录，以便查核。

（5）各单位针对问题进行研究与协调，制订解决办法。写出会审纪要，并经各方签字认可，作为与设计文件同时使用的技术文件和指导施工的依据，以及建设单位与施工单位进行工程结算的依据。

提示：图纸会审的注意事项

① 图纸会审时，对每个单位提出的问题或优化建议在会审会议上必须经过讨论做出明确结论；对需要再次讨论的问题，在会审记录上明确最终答复日期。

② 图纸会审记录一般由监理单位负责整理并分发，由各方代表签字盖章认可后各参建单位执行和归档。

③ 各个参建单位对施工图、工程联系单及图纸会审记录应做好备档工作。

4．纪要与实施

（1）项目监理部应将施工图会审记录整理汇总并负责形成图纸会审纪要（见表 2-1）。经与会各方签字同意后，该纪要即被视为设计文件的组成部分（施工过程中应严格执行），发送建设单位和施工单位，抄送有关单位，并予以存档。

图纸会审记录   表 2-1

工程名称				共　页　第　1 页	
会审地点		记录整理人		日期	
序号	图纸编号	提出图纸问题		图纸修订意见	
1					
2					
5					
建设单位： 　　年　月　日	设计院代表： 　　年　月　日		监理单位： 　　年　月　日		施工单位： 　　年　月　日

（2）如有不同意见通过协商仍不能取得统一时，应报请建设单位定夺。

（3）对会审会议上决定必须进行设计修改的，由原设计单位按设计变更管理程序（见图 2-1）提出修改设计，一般性问题经监理工程师和建设单位审定后，交施工单位执行；重大问题报建设单位及上级主管部门与设计单位共同研究解决。

图 2-1　某工程设计变更流程图

2.2.2　现场签证阶段

在拟建工程施工的过程中，如果发现施工的条件与设计图纸的条件不符，或者发现图纸中仍然有错误，或者因为材料的规格、质量不能满足设计要求，或者因为施工单位提出了合理化建议，需要对设计图纸进行修订时应遵循技术核定和设计变更的签证制度，进行图纸的施工现场签证。如果设计变更的内容对拟建工程的规模、投资影响较大时，要报请项目的原批准单位批准。在施工现场的图纸修改、技术核定和设计变更资料，都要有正式的文字记录，归入拟建工程施工档案，作为指导施工、竣工验收和工程结算的依据。设计变更、洽商记录见表 2-2。

设计变更、洽商记录　　　　　　　　　　表 2-2

工程名称			时　间		年　月　日

内容：

施工单位	项目经理： 技术负责人： 专职质检员：	建设或监理单位	专业技术人员： （专业监理工程师） 项目负责人： （总监理工程师）	设计单位	专业设计人员： 项目负责人：

本　章　小　结

　　本章主要介绍了两部分内容：图纸的自审和会审。由施工单位的项目经理部组织各工种人员对本工种的有关图纸进行自审。图纸会审应由建设单位组织并主持会议，设计单位交底，施工单位、监理单位参加，对相关问题最后应形成"图纸会审纪要"，由建设单位正式行文，参加单位共同会签、盖章，作为与设计文件同时使用的技术文件和指导施工的依据，以及建设单位与施工单位进行工程结算的依据。

本　章　实　训

一、任务名称：组织图纸会审并编制图纸会审纪要

二、时间安排：4 学时

三、背景资料

　　××市上海大众 4S 办公楼施工图纸（包括建筑施工图、结构施工图及设备施工图）。

四、实训要求

　　5～8 人为一组，以组为单位先组织图纸的自审，然后各自选派同学分别扮演建设方、设计方、施工方和监理方对上述工程图纸进行图纸会审的全过程模拟，并填写完成图纸会审纪要。

习　　题

一、单选题

1.（　　）单位不参加图纸会审。

A. 建设单位　　　　　　　　　　　　B. 设计单位

C. 施工单位   D. 质检单位

2. 一般工程的图纸会审应（　　）组织并主持会议。

A. 建设单位   B. 设计单位

C. 施工单位   D. 质检单位

二、多选题

1. 图纸会审应填写图纸会审记录，由（　　）共同签字、盖章，作为指导施工和工程结算的依据。

A. 建设单位   B. 设计单位

C. 施工单位   D. 质检单位

E. 监理单位

2. 施工工程中，设计变更时有发生，设计变更可能由（　　）提出。

A. 建设单位   B. 设计单位

C. 施工单位   D. 质检单位

E. 监理单位

三、简答题

1. 简述图纸会审的程序。

2. 简述审查图纸的内容。

施工进度计划的编制方法

引　言

　　施工进度计划是施工组织设计的重要内容之一，是指导施工的直接依据，其计划过程主要解决施工项目的进度安排和资源配置问题。进度计划的表达方法有两种：横道图和网络图。

学习目标

　　1. 理解流水施工的含义；

　　2. 掌握流水施工参数的计算；

　　3. 会运用各种流水施工的方式组织施工；

　　4. 会绘制网络图及计算时间参数；

　　5. 掌握时标网络计划的绘制方法及各参数的确定。

任务引入

　　4 幢同型装配式大板宿舍楼，组织一个基础施工队，一个结构施工队和两个装修施工队进行流水施工。第一装修施工队负责甲楼和丙楼的装修，第二个装修队负责乙楼和丁楼的装修工程。每幢楼的基础施工工期为 15 天，结构施工工期为 25 天，装修施工工期为 40 天，4 幢楼的施工顺序为甲→乙→丙→丁。

　　思考：根据所提供的条件，绘制该任务的进度计划（网络图和横道图）。

学习单元 1　进度计划的概念及其主要作用

3.1.1　进度计划的概念及分类

1. 进度计划的概念

进度计划是对施工项目实施过程所需开展的相关施工过程在实施时间和资源配置方面的事先安排，其主要内容是根据施工承包合同对施工项目总工期的要求，通过对组成施工项目的一系列施工活动进行逻辑分析，进而计算这些施工活动的开始、结束和延续时间，在此基础上，确定施工项目的计划进度。

2. 进度计划的分类

根据进度计划的表达形式，可以分为横道（斜道）计划、网络计划和时标网络计划。

施工进度计划按编制对象的不同可分为：施工总进度计划、单位工程进度计划、分阶段（或专项工程）工程进度计划、分部分项工程进度计划四种。

施工总进度计划是以一个建设项目或一个建筑群体为编制对象，用以指导整个建设项目或建筑群体施工全过程进度控制的指导性文件。它按照总体施工部署确定了每个单项工程、单位工程在整个项目施工组织中所处的地位，也是安排各类资源计划的主要依据和控制性文件。施工总进度计划由于施工的内容较多，施工工期较长，故其计划项目综合性强，较多控制性，很少作业性。施工总进度计划一般在总承包企业的总工程师领导下进行编制。

单位工程进度计划是以一个单位工程为编制对象，在项目总进度计划控制目标的原则下，用以指导单位工程施工全过程进度控制的指导性文件。由于它所包含的施工内容比较具体明确，施工期较短，故其作业性较强，是进度控制的直接依据。单位工程开工前，由项目经理组织主持，项目技术负责人负责编制。

分阶段工程（或专项工程）进度计划是以工程阶段目标（或专项工程）为编制对象，用以指导其施工阶段（或专项工程）实施过程的进度控制文件。

分部分项工程进度计划是以分部分项工程为编制对象，用以具体实施操作其施工过程进度控制的专业性文件。由于分阶段工程进度计划和分部分项工程进度计划比较简单、具体，通常由专业工程师或负责分部分项的工长进行编制。

3.1.2　进度计划的主要作用

进度计划能全面地反映施工过程所包括的不同施工活动和相应资源需求在时间上

的分布情况，这种分布情况正是施工项目的管理者在组织施工和实施控制时所必需的。

1. 进度计划是辅助决策的有效工具

影响施工项目实施效果的因素多种多样，且这些因素之间也相互影响，相应地，为提高施工项目实施效果所做的决策工作也必将是一种系统化的过程。由于进度计划过程是对计划目标以及影响计划目标的共同因素进行选择、评估，并在权衡利弊的基础上做出决定的过程，所以进度计划是实现系统化决策的辅助决策工具。

2. 进度计划是组织施工的路标

进度计划是向包括项目经理到专业生产班组在内的所有项目参与者提供了明确的工作目标，只有在这种目标的指引下，不同的项目参与者才能协调一致地从事相应的施工作业。

3. 进度计划是施工项目成本估算的直接依据

在施工过程中使用劳动力、机械设备以及分包商的费用是施工项目成本的重要组成部分。在成本估算的实践中，这些费用通常是在进度计划提供相应资源和材料需求数量的基础上进行估算的。从这个意义上讲，进度计划是施工项目成本估算的直接依据。

4. 进度计划是实施控制的依据

对施工项目实施控制的主要目的是确保施工过程能按照计划的要求向前推进。为此，必须以进度计划为评判标准，通过跟踪施工项目的实施效果，并定期与计划目标相对比，及时发现偏差并采取相应措施予以纠正。

学习单元 2　流水施工原理

3.2.1　流水施工的基本概念

流水施工方法是组织施工的一种科学方法。建筑工程的流水施工与工业企业中采用的流水线生产极为相似，不同的是，工业生产中各个工件在流水线上，从前一工序向后一工序流动，生产者是固定的；而在建筑施工中各个施工对象都是固定不动的，专业施工队伍则由前一施工段向后一施工段流动，即生产者是移动的。

3.2.1.1　工程施工组织的基本方式

任何一个施工项目都是由许多施工过程组成的，而每一个施工过程可以组织一个或多个施工班组来进行施工。对应于相同的施工任务，采用不同的方法组织施工，其施工过程对资源的需求是不同的，在编制进度计划时，必须以既定的施工组织方法为前提。通常，施工组织方式有三种，即依次施工、平行施工和流水施工。

【案例 3-1】有三幢相同的砖混结构房屋的基础工程，其施工过程划分、班组人数及工种构成、各施工过程的工程量、完成每幢房屋一个施工过程所需时间等信息，见表 3-1。

每幢房屋基础工程的施工过程及劳动量 表 3-1

施工过程	劳动量/工日	人数	工作班制	施工天数	班组工种
基槽挖土	30	15	1	2	普工
混凝土垫层	20	20	1	1	普工、混凝土工
钢筋混凝土基础	90	30	1	3	普工、混凝土工
基槽回填土	15	15	1	1	普工

根据上述条件，按三种施工组织方式加以比较分析。

1. 依次施工组织方式

依次施工也称顺序施工。即一幢房屋基础工程各施工过程全部完成后，再施工第二幢，依次完成每幢施工任务。这种施工组织方式的施工进度安排，如图 3-1 所示。图下半部分为它的劳动力动态变化曲线，其纵坐标为每天施工班组人数，横坐标为施工进度（天）。将每天各投入施工的班组人数之和连接起来，即可绘出劳动力动态变化曲线。

依次施工的组织，还可以采取依次完成每幢房屋的第一个施工过程后，再开始第二个施工过程的施工，依次完成最后一个施工过程的施工任务。其施工进度安排如图 3-2 所示。按施工过程依次施工所需总时间与按幢依次施工相同，但每天所需的劳动力不同。

由图 3-1 和图 3-2 可以看出，依次施工组织方式的优点是每天投入的劳动力较少，

图 3-1 按施工段依次施工

图 3-2 按施工过程依次施工

机具使用不集中，材料供应较单，施工现场管理简单，便于组织和安排。依次施工组织方式的缺点如下：

(1) 由于没有充分地利用工作面去争取时时间，工期长；

(2) 若按专业成立工作队，各专业工作队不能连续施工，有时间间歇，劳动力和物资使用不均衡；

(3) 若成立混合工作队，则不能实现专业化施工，不利于改进工人的操作方法和施工机具，不利于提高工程质量和劳动生产率。

提示： 当工程规模比较小，施工工作面又有限时，依次施工是适用的，也是常见的。

2. 平行施工组织方式

平行施工组织方式是全部工程任务的各施工段同时开工、同时完成的一种施工组织方式。在案例 3-1 中，如果采用平行施工组织方式，其施工进度计划如图3-3所示。

由图 3-3 可以看出，平行施工组织方式具有以下特点：

(1) 充分利用了工作面，争取了时间，工期缩至最短；

(2) 若按专业成立工作队，各专业工作队不能连续施工，短期内完成任务后，可能有时间间歇，劳动力和物资使用不均衡；

(3) 若成立混合工作队，则不能实现专业化施工，不利于改进工人的操作方法和施工机具，不利于提高工程质量和劳动生产率；

(4) 单位时间内投入施工的资源量成倍增长，现场临时设施也成倍增加不利于资源供应工作；

(5) 施工现场组织、管理较复杂，工程施工的积极效果不良；

图 3-3　平行施工

提示：平行施工一般适用于工期短的小规模工程。

3. **流水施工组织方式**

流水施工是指所有的施工过程按一定的时间间隔依次投入施工，各个施工过程陆续开工，陆续竣工，使同一施工过程的施工队伍保持连续，均衡施工，不同的施工过程尽可能平行搭接施工的组织方式。在案例 3-1 中，采用流水施工组织方式，其施工进度计划如图 3-4 所示。

图 3-4　流水施工（全部连续）

提示：为了充分利用工作面，可按图 3-5 所示组织方式进行施工，工期比图 3-4 所示流水施工减少了 2 天。其中，垫层施工队组虽然做间断安排（回填土施工班组不

图 3-5　流水施工（部分间断）

论间断还是连续施工对总工期没有影响），但在一个分部工程若干个施工过程的流水施工组织中，只要安排好主要的施工过程，即工程量大、作业持续时间较长者（本例为钢筋混凝土基础），组织它们连续、均衡地流水施工；而非主要的施工过程，在有利于缩短工期的情况下，可安排其间断施工，这种组织方式仍认为是流水施工的组织方式。

建筑生产的流水施工有如下主要特点：

(1) 生产工人和生产设备从一个施工段转移到另一个施工段，代替了建筑产品的流动。

(2) 建筑生产的流水施工既沿建筑物的水平方向流动（平面流水），又沿建筑物的垂直方向流动（层间流水）。

(3) 在同一施工段上，各施工过程保持了顺序施工的特点，不同施工过程在不同的施工段上又最大限度地保持了平行施工的特点。

(4) 同一施工过程保持了连续施工的特点，不同施工过程在同一施工段上尽可能保持连续。

(5) 单位时间内生产资源的供应和消耗基本均衡。

【知识链接】流水施工在工业生产和建筑施工过程中的区别

流水施工方法是组织施工的一种科学方法。它源于工业生产中的"流水作业"，但二者又有所区别。工业生产中，原料、配件或工业产品在生产线上流动，工人和生产设备的位置保持相对固定；而建筑产品生产过程中，工人和生产机具在建筑物的空间上进行移动，而建筑产品的位置是固定不动的。

3.2.1.2　流水施工的技术经济效果及条件

1. 技术经济效果

流水施工在工艺划分、时间排列和空间布置上统筹安排，必然会给工程项目施工带来显著的经济效果，具体可归纳为以下几点：

（1）利于提高劳动生产率。流水施工进入各施工过程的班组专业化程度高，为工人提高技术水平和改进操作方法及革新生产工具创造了有利条件，因而促进劳动生产率不断提高和工人劳动条件的改善，同时使工程质量容易得到保证和提高。

（2）充分发挥施工机械和劳动力的生产效率。流水施工时，各专业工作队按预先规定时间，完成各个施工段的任务，施工组织合理，减少窝工现象，增加了有效劳动时间。在有节奏、连续、均衡地流水施工中，可以保证施工机械和劳动力得到充分、合理利用。

（3）利于施工工期的缩短。流水施工能合理地、充分地利用工作面，争取时间，加速工程的施工进度，从而有利于缩短工期。

（4）降低工程成本，提高综合经济效益。流水施工劳动力和物资消耗均衡，加速了施工机械、架设工具等的周转使用次数，而且可以减少现场临时设施，从而节约施工费用。

2. 组织流水施工的条件

流水施工的实质是分工协作与成批生产。在社会化大生产的条件下，分工已经形成，由于建筑产品体形庞大，通过划分施工段就可将单件产品变成假想的多件产品。组织流水施工的条件主要有以下几点：

（1）划分施工段

根据组织流水施工的需要，将拟建工程尽可能地划分为劳动量大致相等的若干个施工段（区），也可称为流水段（区）。

每一个段（区），就是一个假定"产品"。建筑工程组织流水施工的关键是将建筑单件产品变成多件产品，以便成批生产。由于建筑产品体形庞大，通过划分施工段（区）就可将单件产品变成"批量"的多件产品，从而形成流水作业的前提。没有"批量"就不可能也没必要组织任何流水作业。

（2）划分分部分项工程

首先，将拟建工程根据工程特点及施工要求，划分为若干个分部工程，每个分部工程又根据施工工艺要求、工程量大小、施工队组的组成情况，划分为若干施工过程（即分项工程）。

（3）主要施工过程必须连续、均衡地施工

对工程量较大、施工时间较长的施工过程，必须组织连续、均衡地施工，对其他次要施工过程，可考虑与相邻的施工过程合并或在有利于缩短工期的前提下，可安排其间断施工。

（4）不同的施工过程尽可能组织平行搭接施工

按照施工先后顺序要求，在工作面允许的条件下，除必要的技术和组织间歇时间外，尽可能组织平行搭接施工。

3.2.1.3　流水施工的表达方式

流水施工的表示方法有三种：水平图表（横道图）、垂直图表（斜线图）和网络图。

1. 水平图表

水平图表由纵、横坐标两个方向的内容组成，图表纵坐标用以表示施工过程，图表横坐标用以表示施工进度，以活动所对应的横道位置表示活动的起始时间，横道的长短表示活动持续时间的长短。它实质上是图和表的结合形式。如在横道图中加入各活动的工程量、机械需要量、劳动力需要量等，使横道图所表示内容更加丰富。

施工进度的单位可根据施工项目的具体情况和图表的应用范围来确定，可以是日、周、月、旬、季或年等，日期可以按自然数的顺序排列，还可以采用奇数或偶数的顺序排列，也可以采用扩大的单位数来表示，比如以 5 天或 10 天为基数进行编排，以简洁、清晰为标准。用标明施工段的横线段来表示具体的施工进度。水平图表具有绘制简单，形象直观的特点。横道图形式如图 3-4 所示。

2. 垂直图表

垂直图表是以纵坐标由下往上表示出施工段数，以横坐标表示各施工过程在各施工段上的施工持续时间，右边用斜线在时间坐标下画出施工进度线。垂直图表的实际应用不及水平图表普遍。流水施工垂直图表示实例如图 3-6 所示。

注：Ⅰ、Ⅱ、Ⅲ为房屋栋数。

图 3-6　斜线图

3. 网络图将在学习单元 3 中介绍。

3.2.2　流水施工参数

流水施工参数是指组织流水施工时，为了表示各施工过程在时间上和空间上相互依存，引入一些描述施工进度计划图特征和各种数量关系的参数。按其性质的不同，一般可分为工艺参数、空间参数和时间参数三种。

3.2.2.1　工艺参数

通常，工艺参数是指参与流水施工的施工过程数，以符号 n 表示。施工过程是施工进度计划的基本组成单元，应按照图纸和施工顺序将拟建工程的各个施工过程列出，并结合施工方法、施工条件、劳动组织等因数，加以适当调整。

1. 施工过程的分类

根据工艺性质不同，它可以分为制备类、运输类和砌筑安装类三种施工过程。

制备类施工过程，为了提高建筑产品工厂化、装配化、机械化水平和生产能力，而形成的施工过程，都是制备类施工过程，如各种混凝土预制构件、各类门窗的生产等。

运输类施工过程是从建筑工地以外将建筑材料、半成品、构件等运到工地仓库、施工现场或加工现场的过程。

安装、砌筑类施工过程，是直接在施工对象上进行加工生产，最后形成建筑产品的施工过程。它占用时间、空间，影响总工期，所以是编制施工进度计划的主要内容，没有它，施工进度计划也就无从谈起了。如建筑工程的基础、墙身的砌筑作业、混凝土预制构件的安装作业、混凝土浇筑作业等，它们的完成直接形成工程主体。

提示：制备类和运输类的施工过程一般不占用施工对象的时间，不影响总工期，通常也不列入施工进度计划图中。只有当其占用施工对象的施工时间影响总工期时，方才考虑列入计划。

2. 划分施工过程时的影响因素

划分施工过程时应考虑以下因素：

(1) 施工计划的性质与作用

控制性的施工计划，其施工过程划分可粗些，一般划分至单位工程或分部工程。实施性施工计划，其施工过程划分可细些、具体些，一般划分至分项工程。对月度作业性计划，有些施工过程还可分解为工序，如安装模板、绑扎钢筋等。

(2) 施工方案及工程结构

施工过程的划分与工程的施工方案及工程结构形式有关。如厂房的柱基础与设备基础挖土，如同时施工，可合并为一个施工过程，若先后施工，可分为两个施工过程。承重墙与非承重墙的砌筑也是如此。砖混结构、大墙板结构、装配式框架与现浇钢筋混凝土框架等不同结构体系，其施工过程划分及其内容也各不相同。

(3) 劳动组织及劳动量大小

施工过程的划分与施工队组的组织形式有关。如现浇钢筋混凝土结构的施工，如果是单一工种组成的施工班组，可以划分为支模板、扎钢筋、浇混凝土三个施工过程；同时为了组织流水施工的方便或需要，也可合并成一个施工过程，这时劳动班组的组成是多工种混合班组。施工过程的划分还与劳动量大小有关。劳动量小的施工过程，当组织流水施工有困难时，可与其他施工过程合并。

(4) 施工过程内容和工作范围

施工过程的划分与其内容和范围有关。如直接在施工现场与工程对象上进行的劳动过程，可以划入流水施工过程，如安装砌筑类施工过程等；而场外劳动内容可以不划入流水施工过程，如部分场外制备和运输类施工过程。

综上所述，施工过程所包含的施工范围可大可小，既可以是分项工程，也可以是分部工程，还可以是单位工程。施工过程的划分既不能太多、过细，那样将给计算增添麻烦，重点不突出；也不能太少、过粗，那样将过于笼统，失去指导作用。

3.2.2.2　空间参数

在组织流水施工时，用以表达流水施工在空间布置上所处状态的参数，称为空间参数。空间参数主要有：工作面、施工段和施工层。

1. 工作面

某专业工种的工人在从事建筑产品施工生产过程中，所必须具备的活动空间，这个活动空间称为工作面。由于工程产品的固定性，决定了其施工过程中所能提供的工作面是有限的。它的大小是根据相应工种单位时间内的产量定额、工程操作规程和安全规程等的要求确定的。工作面过大或过小，均会制约专业生产班组生产能力的发挥，进而影响其时间生产率。有关工种的工作面见表 3-2。

主要工作面参考数据表　　　　　　　　表 3-2

工作项目	每个技工的工作面	说　明
砖基础	7.6m/人	以 $1\frac{1}{2}$ 砖计，2 砖乘以 0.8，3 砖乘以 0.55
砌砖墙	8.5m/人	以 1 砖计，$1\frac{1}{2}$ 砖乘以 0.7，2 砖乘以 0.57
毛石墙基	3m/人	以 60cm 计
毛石墙	3.3m/人	以 40cm 计
混凝土柱、墙基础	8m³/人	机拌、机捣
混凝土设备基础	7m³/人	机拌、机捣
现浇钢筋混凝土柱	2.45m³/人	机拌、机捣
现浇钢筋混凝土梁	3.20m³/人	机拌、机捣
现浇钢筋混凝土墙	5m³/人	机拌、机捣
现浇钢筋混凝土楼板	5.3m³/人	机拌、机捣
预制钢筋混凝土柱	3.6m³/人	机拌、机捣
预制钢筋混凝土梁	3.6m³/人	机拌、机捣
预制钢筋混凝土屋架	2.7m³/人	机拌、机捣
预制钢筋混凝土平板、空心板	1.91m³/人	机拌、机捣
预制钢筋混凝土大型屋面板	2.62m³/人	机拌、机捣
混凝土地坪及面层	40m²/人	机拌、机捣
外墙抹灰	16m²/人	
内墙抹灰	18.5m²/人	
卷材屋面	18.5m²/人	
防水水泥砂浆屋面	16m²/人	
门窗安装	11m²/人	

2. 施工段

施工段数和施工层数是指工程对象在组织流水施工中所划分的施工区段数目。一般把平面上划分的若干个劳动量大致相等的施工区段称为施工段，用符号 m 表示。

(1) 划分施工段的原则：

1) 各施工段的劳动量（或工程量）要大致相等（相差宜在 15% 以内）或相近。

2) 施工段的数目要合理。施工段数过多势必要减少人数，工作面不能充分利用，拖长工期；施工段数过少，则会引起劳动力、机械和材料供应的过分集中，有时还会造成"断流"的现象。

3) 各施工段要有足够的工作面。

4) 考虑结构界限（沉降缝、伸缩缝、单元分界线等），要有利于结构的整体性。

5) 当组织流水施工的工程对象有层间关系，分层分段施工时，应使各施工队组能连续施工。即施工过程的施工队组做完第一段能立即转入第二段，施工完第一层的最后一段能立即转入第二层的第一段。因此每层的施工段数必须大于或等于其施工过程数即：$m \geqslant n$。

提示：当无层间关系或无施工层（如某些单层建筑物、基础工程等）时，则施工段数不受此限制。

(2) 施工段数 (m) 和施工过程数 (n) 的关系

【**案例 3-2**】某局部二层的现浇钢筋混凝土结构的建筑物，主体结构工程对进度起控制性作用的施工过程为支模板、绑扎钢筋和浇筑混凝土，即 $n＝3$，设每个施工过程在各施工段上的持续时间均为 3 天，则施工段数与施工过程数之间可能有下述三种情况：

① 当 $m＞n$ 时，即每层分四个施工段组织流水施工时，其进度安排如图 3-7 所示。

施工层	施工过程名　称	施工进度/天									
		3	6	9	12	15	18	21	24	27	30
Ⅰ	支模板	①	②	③	④						
	绑扎钢筋		①	②	③	④					
	浇混凝土			①	②	③	④				
Ⅱ	支模板						①	②	③	④		
	绑扎钢筋							①	②	③	④	
	浇混凝土								①	②	③	④

图 3-7　$m＞n$ 时流水施工进度安排

从图 3-7 可以看出：当 $m＞n$ 时，各专业施工队在完成第一施工层第四个施工段的任务后，能连续施工，但每层混凝土浇筑完毕后，不能立即投入支模板，即施工段有空闲，均为 3 天。但工作面的停歇并不一定有害，有时还是必要的，如可以利用停歇的时间做养护、备料、弹线等工作。

②当 $m=n$ 时，即每层分三个施工段组织流水施工时，其进度安排如图 3-8 所示。

从图 3-8 可以看出：当 $m=n$ 时，各施工队组连续施工，施工段上始终有施工队组，工作面能充分利用，无停歇现象，也不会产生工人窝工现象，比较理想。如果采用这种方案，则要求项目管理者必须提高施工管理水平，只能进取，不能后退，不允许有任何的时间拖延。

施工层	施工过程名　称	施工进度/天							
		3	6	9	12	15	18	21	24
I	支模板	①	②	③					
	绑扎钢筋		①	②	③				
	浇混凝土			①	②	③			
II	支模板				①	②	③		
	绑扎钢筋					①	②	③	
	浇混凝土						①	②	③

图 3-8　$m=n$ 时流水施工进度安排

③当 $m<n$ 时，即每层分两个施工段组织施工时，其进度安排如图 3-9 所示。

从图 3-9 可以看出：当 $m<n$ 时，尽管施工段上未出现停歇，但施工队组不能及时进入第二层施工段施工而轮流出现窝工现象。如支模板工作队完成第一层的施工任务后，要停工 3 天才能进行第二层第一段的施工，其他队组也同样停工 3 天。这是因为一个施工段只能给一个专业工作队提供工作面，所以在施工段数目小于施工过程数的情况下，超出施工段数的专业工作队就会因为没有工作面而停工；各施工段始终有专业工作队在施工，没有空闲。由此可见，当 $m<n$ 时，流水施工呈现出的特点是：各专业工作队在跨越施工层时，均不能连续施工而产生窝工；施工段没有空闲。这种情况对有数幢同类型建筑物的建筑群，可组织建筑物之间的大流水施工，来弥补停工现象；但对组织单一建筑物的流水施工是不适宜的，应加以杜绝。

从上面的三种情况可以看出，施工段数的多少，直接影响工期的长短，而且要想保证专业工作队能够连续施工，必须满足要求。

3. 施工层

施工层是指在组织多层建筑物的竖向流水施工时，把建筑物垂直方向划分的施工

施工层	施工过程名 称	施工进度/天						
		3	6	9	12	15	18	21
Ⅰ	支模板	①	②					
	绑扎钢筋		①	②				
	浇混凝土			①	②			
Ⅱ	支模板				①	②		
	绑扎钢筋					①	②	
	浇混凝土						①	②

图 3-9　$m < n$ 时流水施工进度安排

区段称为施工层，用符号 r 表示。施工层的划分，要考虑施工项目的具体情况，根据建筑物的高度、楼层来确定，如砌筑工程的施工层高度一般为 $1.2 \sim 1.5m$；混凝土结构、室内抹灰、木装饰、油漆玻璃和水电安装等的施工高度，可按楼层进行施工层的划分。

3.2.2.3　时间参数

在组织流水施工时，用以表达流水施工在时间排列上所处状态的参数，称为时间参数。它包括：流水节拍、流水步距、平行搭接时间、技术与组织间歇时间和流水工期。

1. 流水节拍

流水节拍是指某一施工过程在某一施工段上的作业时间，用符号 t_i 表示（$i = 1$、$2\cdots$）。

(1) 流水节拍的确定

流水节拍的大小反映施工速度的快慢、资源供应量的大小。因此，合理确定流水节拍，具有重要的意义。流水节拍可按下列三种方法确定：

① 定额计算法。这是根据各施工段的工程量和现有能够投入的资源量（劳动力、机械台数和材料量等），按式（3-1）或式（3-2）进行计算。

$$t_i = \frac{Q_i}{S_i R_i N_i} = \frac{P_i}{R_i N_i} \tag{3-1}$$

$$t_i = \frac{Q_i H_i}{R_i N_i} = \frac{P_i}{R_i N_i} \tag{3-2}$$

$$P_i = \frac{Q_i}{S_i} = Q_i H_i \tag{3-3}$$

式中 t_i ——某施工过程的流水节拍；

    Q_i ——某施工过程在某施工段上的工程量；

    S_i ——某施工队组的计划产量定额；

    H_i ——某施工队组的计划时间定额；

    P_i ——在一施工段上完成某施工过程所需的劳动量（工日数或机械台班量台班数），按式（3-3）计算；

    R_i ——某施工过程的施工队组人数或机械台数；

    N_i ——每天工作班制。

在式（3-1）和式（3-2）中，S_i 和 H_i 应是施工企业的工人或机械所能达到实际定额水平。

② 经验估算法。主要用于新技术、新工艺、新材料、新结构等无已有定额可遵循，只有借助经验、试验或相似定额，用三时估算法来估算出施工过程的持续时间。一般按下式计算：

$$t_i = \frac{a + 4c + b}{6} \tag{3-4}$$

式中 t_i ——某施工过程在某施工段上的流水节拍；

    a ——某施工过程在某施工段上的最短估算时间；

    b ——某施工过程在某施工段上的最长估算时间；

    c ——某施工过程在某施工段上的最可能估算时间。

③ 倒排计划法。它是某些施工对象事先已规定了完成时间的施工过程，组织流水施工时，根据已定工期，确定施工过程的持续时间和班制，再按已确定的持续时间、班制计算出施工需用劳动力数。当然这样确定了每班劳动力数还需检查施工工作面是否满足最小要求，否则就得采取穿插作业实施搭接施工或多班制施工。

(2) 确定流水节拍应考虑的因素

① 最少人数，就是指合理施工所必需的最少劳动组合人数。如工地搅拌混凝土的浇筑工程的劳动组合必须保证上料、搅拌、运输、浇筑等施工工序的基本人员要求，否则将难以正常工作。

② 最多人数，是指施工段上满足正常施工的情况下可容纳的最多人数。可按下式确定：

    最多人数＝最小施工段上的工作面／每个工人所需最小作业面

③ 要考虑施工机械的充分利用。

④ 要考虑各种材料、构配件等施工现场堆放量、供应能力及其他有关条件的制约。

⑤ 要考虑施工及技术条件的要求。例如，浇筑混凝土时，为了连续施工有时要按照三班制工作的条件决定流水节拍，以确保工程质量。

⑥ 确定一个分部工程各施工过程的流水节拍时，首先应考虑主要的、工程量大

的施工过程的节拍，其次确定其他施工过程的节拍值。

⑦ 节拍值一般取整数，必要时可保留 0.5 天（台班）的小数值。

2. 间歇时间

在组织流水施工时，有些施工过程完成后，后续施工过程不能立即投入施工，必须有足够的间歇时间。

（1）技术间歇时间（Z_1）：由建筑材料或现浇构件工艺性质决定的间歇时间称为技术间歇。如现浇混凝土构件的养护时间、抹灰层的干燥时间和油漆层的干燥时间等。

（2）组织间歇时间（Z_2）：由施工组织原因造成的间歇时间称为组织间歇。如基础工程验收、回填土前地下管道检查验收，施工机械转移和砌筑墙体前的墙身位置弹线，以及其他作业前的准备工作等。

3. 平行搭接时间

平行搭接时间是指在同一施工段上，不等前一施工过程施工结束，后一施工过程就投入施工，相邻两施工过程同时在同一施工段上的工作时间，通常以 $C_{i,i+1}$ 表示。平行搭接时间可以使工期缩短。

4. 流水步距

流水步距是指相邻两个专业工作队在保证施工顺序、满足连续施工、最大限度搭接和保证工程质量要求的条件下，相继进入同一施工段开始施工的时间间隔，称为流水步距。用符号 $K_{i,i+1}$ 表示（i 表示前一个施工过程，$i+1$ 表示后一个施工过程）。

提示：流水步距的大小，对工期有着较大的影响。一般说来，在施工段不变的条件下，流水步距越大，工期越长；流水步距越小，则工期越短。

（1）确定流水步距的基本要求

① 主要施工队组连续施工的需要。流水步距的最小长度，必须使主要施工专业队组进场以后，不发生停工、窝工现象。

② 技术间歇的需要。有些施工过程完成后，后续施工过程不能立即投入作业，必须有足够的时间间歇，这个间歇时间应尽量安排在专业施工队进场之前。

③ 最大限度搭接的要求。流水步距要保证相邻两个专业队在开工时间上最大限度地、合理地搭接，不发生前一施工过程尚未全部完成，后一施工过程便开始施工的现象。有时为了缩短工期，某些次要的专业队可以提前插入，但必须技术上可行，而且不影响前一个专业队的正常工作。

（2）确定流水步距的方法

确定流水步距的方法很多，简捷、实用的方法主要有累加数列法（潘特考夫斯基法）。累加数列法没有计算公式，它的文字表达式为："累加数列错位相减取大差"。其计算步骤如下：

① 将每个施工过程的流水节拍逐段累加，求出累加数列；

② 根据施工顺序，对所求相邻的两累加数列错位相减；

③ 根据错位相减的结果，确定相邻施工队组之间的流水步距，即相减结果中数

值最大者。

【案例 3-3】 将某钢筋混凝土工程划分为四个施工段，每段有三个施工过程，支模板→扎筋→浇混凝土，各工序施工段流水节拍见表 3-3。试确定相邻专业工作队之间的流水步距。

某工程流水节拍　　　　　　　　　　　　　　　　　表 3-3

施工过程＼施工段	①	②	③	④
支模板	2	3	3	2
扎筋	2	2	3	3
浇混凝土	3	3	3	2

解：

(1) 求流水节拍的累加数列

A（支模）：2，5(2+3)，8(5+3)，10(8+2)

B（扎筋）：2，4(2+2)，7(4+3)，10(7+3)

C（浇混凝土）：3，6(3+3)，9(6+3)，11(9+2)

(2) 错位相减

A 与 B

$$\begin{array}{r} 2,\ 5,\ 8,\ 10 \\ -\quad\ 2,\ 4,\ 7,\ 10 \\ \hline 2,\ 3,\ 4,\ 3\ -10 \end{array}$$

B 与 C

$$\begin{array}{r} 2,\ 4,\ 7,\ 10 \\ -\quad\ 3,\ 6,\ 9,\ 11 \\ \hline 2,\ 1,\ 1,\ 1,\ -11 \end{array}$$

(3) 确定流水步距

因流水步距等于错位相减所得结果中数值最大者，故有

$$K_{\mathrm{A,B}} = \max\{2,3,4,3,-10\} = 4 \text{ 天}$$

$$K_{\mathrm{B,C}} = \max\{2,1,1,1,-11\} = 2 \text{ 天}$$

提示： 累加数列法主要适应于连续式的流水施工，且没有考虑间歇时间和搭接时间。若施工过程直接存在间歇时间和搭接时间时，在求出的流水步距上加上（或减去）相应的间歇时间（搭接时间）。

5. 流水工期

流水工期是指完成一项工程任务或一个流水组施工所需的时间，一般可采用式 (3-5) 计算完成一个流水组的工期。

$$T = \sum K_{i,i+1} + T_n \tag{3-5}$$

式中 T——流水施工工期；

  $K_{i,i+1}$——流水施工中各流水步距之和；

   T_n——流水施工中最后一个施工过程在各施工段上的持续时间之和。

3.2.3 流水施工的分类及计算

按流水施工组织的范围不同，流水施工通常可分为：

(1) 分项工程流水施工

分项工程流水施工，也称为细部流水施工。它是一个专业工作队，依次在各个施工段上进行的流水施工，如绑钢筋工作队依次、连续地完成应承担的施工段上绑钢筋任务。

(2) 分部工程流水

分部工程流水是指为完成分部工程而组建起来的全部细部流水的总和。即若干个专业班组依次连续不断地在各施工段上重复完成各自的工作。随着前一个专业班组完成前一个施工过程之后、接着后一个专业班组来完成下一个施工过程。依此类推，直到所有专业班组都经过了各施工段，完成了分部工程为止。如某现浇钢筋混凝土工程是由安装模板、绑扎钢筋、浇筑混凝土三个细部流水所组成。

(3) 单位工程流水施工

单位工程流水是指为完成单位工程而组织起来的全部专业流水的总和，即所有专业班组依次在一个施工对象的各施工段中连续施工，直至完成单位工程为止。例如，多层框架结构房屋，它是由基础分部工程流水、主体分部工程流水以及装修分部工程流水所组成。单位工程就是各分部工程流水的总和。

(4) 群体工程流水施工

群体工程流水施工，也称为大流水施工。它是在几个单位工程（建筑物或构筑物）之间组织的流水施工。它在施工进度表上，是该群体工程的施工总进度计划。

根据流水施工节奏特征的不同，流水施工的基本方式分为有节奏流水施工和无节奏流水施工两大类。有节奏流水又可分为等节奏流水和异节奏流水。

3.2.3.1 等节奏流水施工

等节奏流水施工也叫全等节拍的流水或固定节拍流水施工，是指同一施工过程在各施工段上的流水节拍都相等。

等节奏的流水施工根据流水步距的不同有以下两种情况：

1. 等节拍等步距流水施工

等节拍等步距流水施工即各流水步距均相等，且等于流水节拍的一种流水施工方式。各施工过程之间没有技术与组织间歇时间 ($Z=0$)，也不安排相邻施工过程在同一施工段上的搭接施工 ($C=0$)。有关参数计算如下。

(1) 流水步距的计算

流水步距都相等且等于流水节拍，即 $K=t$。

（2）流水工期的计算

因为 $$\sum K_{i,i+1} = (n-1) \times t \text{ 且有 } T_n = mt$$

所以 $$T = \sum K_{i,i+1} + T_n = (m+n-1) \times t \tag{3-6}$$

【案例 3-4】某分部工程组织流水施工，它由四个施工过程即开挖基槽、绑扎钢筋、浇混凝土、基础砌砖组成，每个施工过程划分为五个流水段，流水节拍均为 4 天，无间歇时间。试确定流水段施工工期并绘制流水段施工进度横道图。

解： 本例属于无间歇时间与搭接时间的固定节拍流水施工问题。

由题意已知：施工段数 $m=5$，施工过程数 $n=4$，流水节拍 $t=4$（天），流水步距 $K=4$（天）

故流水工期为 $$T = \sum K_{i,i+1} + T_n = (m+n-1)t = (5+4-1) \times 4 = 32（天）$$

用横道图绘制流水进度计划，如图 3-10 所示。

序号	施工过程	施工进度／天							
		4	8	12	16	20	24	28	32
1	开挖基槽	Ⅰ	Ⅱ	Ⅲ	Ⅳ Ⅴ				
2	绑扎钢筋		Ⅰ	Ⅱ	Ⅲ	Ⅳ Ⅴ			
3	浇混凝土			Ⅰ	Ⅱ	Ⅲ	Ⅳ Ⅴ		
4	基础砌砖				Ⅰ	Ⅱ	Ⅲ	Ⅳ	Ⅴ
工期计算		$(n-1)K$			mK				
		$T=(m+n-1)K$							

图 3-10　某工程等节奏流水施工横道图

提示： 全等节拍流水施工，一般只适用于施工对象结构简单、工程规模较小、施工过程数不太多的房屋工程或线型工程，如道路工程、管道工程等。

2. 等节拍不等步距流水施工

等节拍不等步距流水施工即各施工过程的流水节拍全部相等，但各流水步距不一定相等（有步距等于节拍，有的步距不等于节拍）。这是由于各施工过程之间，有的需要有技术与组织间歇时间，有的可以安排搭接施工所致。有关参数计算如下。

（1）流水步距的计算

流水步距 $$K_{i,i+1} = t_i + Z_{i,i+1} - C_{i,i+1} \tag{3-7}$$

（2）施工段数（m）的确定

1）无层间关系时，施工段数（m）按划分施工段的基本要求确定即可；

2）有层间关系时，为了保证各施工队组连续施工，应取 $m \geq n$。

若一个楼层内各施工过程间的技术、组织间歇时间之和为 $\sum Z_i$，楼层间技术组织

间歇时间为 Z_3。如果每层的 $\sum Z_i$ 均相等，Z_3 也相等，则保证各施工队组能连续施工的最小施工段数 (m) 的确定如下：

$$(m-n)\cdot K = \sum Z_i + Z_3$$

$$m = n + \frac{\sum Z_i}{K} + \frac{Z_3}{K} \tag{3-8}$$

式中　m——施工段数；

　　　　n——施工过程数；

　　$\sum Z_i$——一个楼层内各施工过程间技术、组织间歇时间之和；

　　Z_3——楼层间技术、组织间歇时间；

　　K——流水步距。

（3）流水施工工期计算

无层间关系时：

$$T = \sum K_{i,i+1} + T_n = (m+n-1)t + \sum Z_{i,i+1} - \sum C_{i,i+1} \tag{3-9}$$

有层间关系或施工层时，工期可按下式计算：

$$T = \sum K_{i,i+1} + T_n = (m \times r + n - 1)t + \sum Z_{i,i+1} - \sum C_{i,i+1} \tag{3-10}$$

式中字母含义同前。

【案例 3-5】 某现浇混凝土工程划分为扎筋、支模、浇混凝土三个施工过程，分两层组织流水施工，已知：该分部工程的流水节拍分别为：$t_1 = t_2 = t_3 = 2$ 天，第二个和第三个施工过程之间有 1 天组织间歇，层间有 1 天技术间歇。试组织等节奏流水施工。

解：（1）确定流水步距：由等节奏流水的特征可知：

$$K_{1,2} = 2 \text{ 天} \qquad K_{2,3} = 3 \text{ 天}$$

（2）确定施工段数 $m = n + \dfrac{\sum Z_i}{K} + \dfrac{Z_3}{K} = 3 + \dfrac{1}{2} + \dfrac{1}{2} = 4$

（3）计算工期

$$T = (m \times r + n - 1)t + \sum Z_{i,i+1} - \sum C_{i,i+1} = (4 \times 2 + 3 - 1) \times 2 + 1 = 21 \text{ 天}$$

（4）用横道图绘制流水进度计划，如图 3-11 所示

图 3-11　某工程等节奏流水施工进度图

3.2.3.2　异节奏流水施工

异节奏流水是指在有节奏的流水施工中，各施工过程的流水节拍各自相等而不同施工过程之间的流水节拍不尽相等的流水施工。在组织异节奏流水施工时，又可分为异步距异节拍流水施工和和成倍节拍流水施工两种。

1. 异步距异节拍流水施工

异步距异节拍流水施工是指同一施工过程在各个施工段的流水节拍均相等，不同施工过程之间的流水节拍不尽相等的流水施工方式。

(1) 异步距异节拍流水施工特点

1) 同一施工过程在各个施工段的流水节拍均相等，不同施工过程之间的流水节拍不尽相等；

2) 相邻施工过程之间的流水步距不尽相等；

3) 专业工作队数等于施工过程数；

4) 各个专业工作队在施工段上能够连续作业，施工段间没有间隔时间。

(2) 流水步距的确定

$$K_{i,i+1} = \begin{array}{l} t_i + Z_{i,i+1}C_{i,i+1}\,(\text{当 } t_i \leqslant t_{i+1}) \\ mt_i(m-1)t_{i+1} + Z_{i,i+1}C_{i,i+1}\,(\text{当 } t_i > t_{i+1}) \end{array} \tag{3-11}$$

式中字母含义同前。

流水步距也可用前述"累加数列法"求得。

(3) 流水施工工期 T

$$T = \sum K_{i,i+1} + T_n \tag{3-12}$$

提示：异步距异节拍流水施工适用于分部和单位工程的流水施工，它在进度安排上比等节奏流水灵活，实际应用范围较广泛。

【**案例 3-6**】某群体住宅的施工，四栋大板楼组织流水施工，施工过程分为基础工程 $t_A=5$ 天，主体结构 $t_B=10$ 天，室内装修 $t_C=10$ 天，室外装修 $t_D=5$ 天，以每栋楼为一个施工段，每个施工过程都由一个专业施工队负责施工，试求各施工过程之间的流水步距及该工程的工期，并绘制流水施工进度表。

解：(1) 确定流水步距

根据上述条件及式 (3-11)，各流水步距计算如下：

因为 $t_A < t_B$ 时 $K_{A,B} = t_A = 5$ 天

因为 $t_B = t_C$ 时 $K_{B,C} = t_B = 10$ 天

因为 $t_C > t_D$ 时 $K_{C,D} = mt_C - (m-1)t_D = 4 \times 10 - (4-1) \times 5 = 25$ 天

(2) 计算流水工期

$$T = \sum K_{i,i+1} + T_n = 5 + 10 + 25 + 4 \times 5 = 60 \text{ 天}$$

(3) 绘制施工进度计划表如图 3-12 所示。

施工过程	进度计划/天											
	5	10	15	20	25	30	35	40	45	50	55	60
基础工程	1	2	3	4								
主体结构		1		2		3		4				
室内装修				1		2		3		4		
室外装修									1		3	4

图 3-12　某工程不等节拍流水施工进度计划

2. 成倍节拍流水施工

成倍节拍流水施工是指同一施工过程在各个施工段上的流水节拍相等，不同施工过程之间的流水节拍不完全相等，但各个施工过程的流水节拍之间存在一个最大公约数。为加快流水施工进度，按最大公约数的倍数组建每个施工过程的施工队组，以形成类似于等节奏流水的成倍节拍流水施工方式。

（1）成倍节拍流水施工的特征

1）同一施工过程流水节拍相等，不同施工过程流水节拍之间存在整数倍或公约数关系；

2）流水步距彼此相等，且等于流水节拍的最大公约数；

3）各专业施工队都能够保证连续作业，施工段没有空闲；

4）施工队组数（n'）大于施工过程数（n），即 $n' > n$。

（2）成倍节拍流水施工主要参数的确定

1）流水步距的确定

$$K_{i,i+1} = K_b \tag{3-13}$$

式中　K_b——成倍节拍流水步距，为流水节拍的最大公约数。

提示：上式中 K_b 为没有考虑技术组织间歇和平行搭接时间。若存在间歇时间和搭接时间，实际流水步距及画横道图时必须考虑这两类时间参数对流水步距的影响。

2）每个施工过程的施工队组数确定

$$b_i = \frac{t_i}{K_b} \tag{3-14}$$

$$n' = \sum b_i \tag{3-15}$$

式中　b_i——某施工过程所需施工队组数；

　　　n'——专业施工队组总数目；

　　　其他符号含义同前。

3）流水工期

无层间关系时

$$T = (m + n' - 1)K_b + \sum Z_{i,i+1} - \sum C_{i,i+1} \qquad (3\text{-}16a)$$

有层间关系时

$$T = (mr + n' - 1)K_b + \sum Z_{i,i+1} - \sum C_{i,i+1} \qquad (3\text{-}16b)$$

符号含义同前。

提示： 成倍节拍流水施工方式比较适用于线形工程（如道路、管道等）的施工，也适用于房屋建筑施工。

【案例 3-7】 某群体住宅的施工，四栋大板楼组织流水施工，施工过程分为基础工程 $t_A = 5$ 天，主体结构 $t_B = 10$ 天，室内装修 $t_C = 10$ 天，室外装修 $t_D = 5$ 天，以每栋楼为一个施工段，试编制工期最短的进度计划并绘制横道图。

解： （1）按式（3-13）确定流水步距：

$$K_b = 最大公约数\{5,10,10,5\} = 5 \text{ 天}$$

（2）由式（3-14）确定每个施工过程的施工队组数：

$$b_A = \frac{t_A}{K_b} = \frac{5}{5} = 1 \text{ 个} \qquad b_B = \frac{t_B}{K_b} = \frac{10}{5} = 2 \text{ 个}$$

$$b_C = \frac{t_C}{K_b} = \frac{10}{5} = 2 \text{ 个} \qquad b_D = \frac{t_D}{K_b} = \frac{5}{5} = 1 \text{ 个}$$

施工队总数 $\qquad n' = \sum b_i = 1 + 2 + 2 + 1 = 6 \text{ 个}$

（3）计算工期

由式（3-16a）得：

$$T = (m + n' - 1)K_b = (4 + 6 - 1) \times 5 = 45 \text{ 天}$$

（4）绘制流水施工进度表如图 3-13 所示。

施工过程		进度计划/天								
		5	10	15	20	25	30	35	40	45
基础工程		1	2	3	4					
主体结构	甲队			1		3				
	乙队				2		4			
室内装修	甲队					1		3		
	乙队						2		4	
室外装修							1	2	3	4

图 3-13 某工程成倍节拍流水施工进度计划

3.2.3.3 无节奏流水施工

无节奏流水施工是指同一施工过程在各个施工段上流水节拍不完全相等的一种流水施工方式。

在实际工程中，无节奏流水施工是最常见的一种流水施工方式。因为它不像有节奏流水那样有一定的时间规律约束，在进度安排上比较灵活、自由。它是流水施工的普遍形式。

1. 无节奏流水施工的特征

(1) 每个施工过程在各个施工段上的流水节拍不尽相等;

(2) 各个施工过程之间的流水步距不完全相等且差异较大;

(3) 各施工作业队能够在施工段上连续作业,但有的施工段可能出现空闲;

(4) 施工队组数 (n') 等于施工过程数 (n)。

2. 无节奏流水施工主要参数的确定

(1) 流水步距的确定

无节奏流水步距通常采用"累加数列法"确定。

(2) 流水施工工期

$$T = \sum K_{i,i+1} + T_n \tag{3-17}$$

式中符号同前。

【案例 3-8】某项目经理部拟承建一项工程,该工程有 A、B、C、D、E 等五个施工过程。施工时在平面上划分成四个施工段,每个施工过程在各个施工段上的工程量、定额与队组人数见表 3-4。规定施工过程 B 完成后,其相应施工段至少要养护 2 天,施工过程 D 完成后,其相应施工段要留有 1 天的准备时间。为了早日完工,允许施工过程 A 与 B 之间搭接施工 1 天,试编制流水施工方案。

某工程资料表 表 3-4

施工过程	产量定额	各施工段的工作量					专业队人数
		单位	第Ⅰ段	第Ⅱ段	第Ⅲ段	第Ⅳ段	
A	8m²/工日	m²	238	160	164	315	10
B	1.5m³/工日	m³	23	68	118	66	15
C	0.4t/工日	t	6.5	3.3	9.5	16.1	8
D	1.3m³/工日	m³	51	27	40	38	10
E	5m³/工日	m³	148	203	97	53	10

解:(1) 根据上述资料,计算流水节拍,利用式 (3-1)

$$t_i = \frac{Q_i}{S_i R_i N_i} = \frac{P_i}{R_i N_i} = \frac{238}{8 \times 10 \times 1} \approx 3$$

同理可求出其余的流水节拍并整理成表 3-5。

某工程流水节拍 表 3-5

施工工程 \ 施工段	Ⅰ	Ⅱ	Ⅲ	Ⅳ
A	3	2	2	4
B	1	3	5	3

续表

施工工程＼施工段	I	II	III	IV
C	2	1	3	5
D	4	2	3	3
E	3	4	2	1

（2）求流水节拍的累加数列

A：3，5，7，11

B：1，4，9，12

C：2，3，6，11

D：4，6，9，12

E：3，7，9，10

（3）确定流水步距

1）$K_{A,B}$

$$
\begin{array}{r}
3，5，7，11 \\
-\quad 1，4，9，12 \\
\hline
3，4，3，2，-12
\end{array}
$$

因为施工过程 A，B 之间有一天的搭接时间，所以 $K_{A,B}=4-1=3$ 天

2）$K_{B,C}$

$$
\begin{array}{r}
1，4，9，12 \\
-\quad 2，3，6，11 \\
\hline
1，2，6，6，-11
\end{array}
$$

因为 B，C 施工工程之间有 2 天的间歇时间，所以 $K_{B,C}=6+2=8$ 天

3）$K_{C,D}$

$$
\begin{array}{r}
2，3，6，11 \\
-\quad 4，6，9，12 \\
\hline
2，-1，0，2，-12
\end{array}
$$

∴ $K_{C,D}=2$ 天

4）$K_{D,E}$

$$
\begin{array}{r}
4，6，9，12 \\
-\quad 3，7，9，10 \\
\hline
4，3，2，3，-10
\end{array}
$$

因为施工过程 D 之后有 1 天的准备时间，所以 $K_{D,E}=4+1=5$ 天

（4）确定流水工期

$$T=\sum K_{i,i+1}+T_n=(3+8+2+5)+(3+4+2+1)=28 \text{ 天}$$

（5）绘制流水施工进度表如图 3-14 所示。

图 3-14 某工程无节奏流水施工进度计划

3.2.4 流水施工的工程案例

在建筑施工中，需要组织许多施工过程的活动，在组织这些施工过程的活动中，我们把在施工工艺上互相联系的施工过程组成不同的专业组合（如基础工程，主体工程以及装饰工程等），然后对各专业组合，按其组合的施工过程的流水节拍特征（节奏性），分别组织成独立的流水组进行分别流水，这些流水组的流水参数可以是不相等的，组织流水的方式也可能有所不同。最后将这些流水组按照工艺要求和施工顺序依次搭接起来，即成为一个工程对象的工程流水或一个建筑群的流水施工。需要指出，所谓专业组合是指围绕主导施工过程的组合，其他的施工过程不必都纳入流水组，而只作为调剂项目与各流水组依次搭接。在更多情况下，考虑到工程的复杂性，在编制施工进度计划时，往往只运用流水作业的基本概念，合理选定几个主要参数，保证几个主导施工过程的连续性。对其他非主导施工过程，只力求使其在施工段上尽可能各自保持连续施工。各施工过程之间只有施工工艺和施工组织上的约束，不一定步调一致。这样，对不同专业组合或几个主导施工过程进行分别流水的组织方式就有极大的灵活性，且往往更有利于计划的实现。下面用几个较为常见的工程施工实例来阐述流水施工的应用。

【案例 3-9】某学校四层教学楼，建筑面积 $4020m^2$。基础为钢筋混凝土独立基础，主体工程为全现浇框架结构。装修工程为铝合金窗、胶合板门；外墙贴面砖；内墙为中级抹灰，普通涂料刷白；楼地面贴地板砖；屋面用 200mm 厚加气混凝土块做保温层，上做 SBS 改性沥青防水层，其劳动量一览表见表 3-6。

某幢四层框架结构教学楼劳动量一览表　　　　表 3-6

序号	分项工程名称	劳动量（工日或台班）	序号	分项工程名称	劳动量（工日或台班）
	基础工程		14	砌空心砖	600
1	机械开挖基础土方	8 台班		屋面工程	
2	混凝土垫层	32	15	加气混凝土保温隔热层（含找坡）	252
3	绑扎基础钢筋	70	16	屋面找平层	62
4	基础模板	80	17	屋面防水层	60
5	基础混凝土	92		装饰工程	
6	回填土	132	18	顶棚墙面中级抹灰	1820
	主体工程		19	外墙面砖	720
7	脚手架	350	20	楼地面及楼梯地砖	1115
8	柱筋	145	21	铝合金窗扇安装	72
9	柱、梁、板模板（含楼梯）	2462	22	胶合板门	68
10	柱混凝土	245	23	顶棚墙面涂料	430
11	梁、板钢筋（含楼梯）	913	24	油漆	63
12	梁、板混凝土（含楼梯）	820	25	室外	
13	拆模	412	26	水、电	

本工程是由基础工程、主体工程、屋面工程、装修工程、水电工程组成、因其各分部的劳动量差异较大，应采用分别流水法，先分别组织各分部的流水施工，然后再考虑各分部之间的相互搭接施工。具体组织方法如下：

（1）基础工程

基础工程包括基槽挖土、混凝土垫层、绑扎基础钢筋、支设基础模板、浇筑基础混凝土、回填土等施工过程。其中基础挖土采用机械开挖，考虑到工作面及土方运输的需要，挖土时不分段，且不纳入流水。混凝土垫层劳动量较小，将其安排在挖土完成之后，也不纳入流水。

土方机械开挖 8 个台班，用 2 台机械 2 班制施工，则作业持续时间为：

$$t_{挖} = \frac{8}{2 \times 2} = 2 \text{ 天}$$

基槽开挖完毕后留 1 天用于人工清理基底标高和组织设计院等相关人员验槽。

混凝土垫层 32 个工日，施工班组人数 16 人，一班制施工，垫层完成后需 1 天的养护时间，其作业持续时间为：

$$t_{混凝土} = \frac{32}{16 \times 1} = 2 \text{ 天}$$

基础工程参与流水的只有四个过程（n＝4），考虑到工作面因素，将其划分为两个施工段（$m=2$），组织全等节拍流水施工如下：

基础绑扎钢筋劳动量为 70 个工日，施工班组人数为 12 人，采用一班制施工，其流水节拍为：

$$t_筋 = \frac{70}{2 \times 12 \times 1} = 3 \text{ 天}$$

其他施工过程的流水节拍均取 3 天，其中基础支模板 80 个工日，采用一班制施工，施工班组人数为：

$$R_木 = \frac{80}{2 \times 3 \times 1} = 13 \text{ 人}$$

浇筑混凝土劳动量为 92 个工日，采用一班制施工，施工班组人数为：

$$R_{混凝土} = \frac{92}{2 \times 3 \times 1} = 15 \text{ 人}$$

回填土劳动量为 132 个工日，采用一班制施工，施工班组人数为：

$$R_回 = \frac{132}{2 \times 3 \times 1} = 22 \text{ 人}$$

流水工期计算如下：

$$T = (m + n - 1)K = (2 + 4 - 1) \times 3 = 15 \text{ 天}$$

则基础工程的工期为：

$$T_1 = 2 + 1 + 2 + 1 + 15 = 21 \text{ 天}$$

（2）主体工程

主体工程包括立柱钢筋，安装柱、梁、板模板，浇筑混凝土，梁、板、楼梯钢筋绑扎，浇梁、板、楼梯混凝土，搭脚手架，拆模板，砌空心砖墙等分项工程，其中后三个施工过程属平行穿插施工过程，只根据施工工艺要求，尽量搭接施工即可，不纳入流水施工。

本工程中平面上划分为两个施工段，主体工程由于有层间关系，$m=2$，$n=5$，$m<n$，工作班组会出现窝工现象。要保证施工过程流水施工，必须使 $m \geq n$。本工程只要求主导施工过程柱、梁、板模板安装要连续施工，其余的施工班组与其他的工地统一考虑调度安排。同时要保证主导施工过程连续作业，可以将其他次要施工过程综合为一个施工过程来考虑其流水节拍，且其流水节拍值之和不得大于主导施工过程的流水节拍。因此，则主体工程参与流水的施工过程数 $n=2$ 个，满足 $m \geq n$ 的要求。具体组织如下：

主导施工过程的柱、梁、板模板劳动量为 2462 个工日，施工班组人数为 26 人，两班制施工，则流水节拍为：

$$t_模 = \frac{2462}{4 \times 2 \times 26 \times 2} \approx 6 \text{ 天}$$

柱子钢筋劳动量为 145 个工日，施工班组人数为 17 人，一班制施工，则其流水节拍为：

$$t_{柱筋} = \frac{145}{4 \times 2 \times 17 \times 1} \approx 1 \text{ 天}$$

柱子混凝土劳动量为 245 个工日，施工班组人数为 15 人，两班制施工，其流水节拍为：

$$t_{柱混凝土} = \frac{245}{4 \times 2 \times 15 \times 2} \approx 1 \text{ 天}$$

梁、板钢筋劳动量为 913 个工日，施工班组人数为 29 人，两班制施工，其流水节拍为：

$$t_{梁、板筋} = \frac{913}{4 \times 2 \times 29 \times 2} \approx 2 \text{ 天}$$

梁、板混凝土劳动量为 820 个工日，施工班组人数为 30 人，三班制施工，其流水节拍为：

$$t_{梁、板混凝土} = \frac{820}{4 \times 2 \times 30 \times 3} \approx 1 \text{ 天}$$

因此，综合施工过程的流水节拍和为 $(1+1+2+1) = 5$ 天，符合上述条件。

由于主体施工只有按照梁板柱模板时采用连续施工，其余工序均采用间断式流水施工，所以无法用公式直接计算，可以用分析法得到。

实际中拆柱模板可比拆梁板模板提前，但计划安排可视为一个施工过程，即在梁、板混凝土浇捣 14 天后进行（早拆体系），其劳动量为 412 个工日，施工班组人数为 26 人，一班制施工，其流水节拍为：

$$t_{拆模} = \frac{412}{4 \times 2 \times 26 \times 1} \approx 2 \text{ 天}$$

砌空心砖墙（含门窗框）劳动量为 600 个工日，施工班组人数为 20 人，一班制施工，其流水节拍为：

$$t_{砌墙} = \frac{600}{4 \times 2 \times 20 \times 1} \approx 4 \text{ 天}$$

（3）屋面工程

屋面工程包括屋面保温隔热层、找平层和防水层三个施工过程。考虑屋面防水要求高，所以不分段施工，即采用依次施工的方式。

屋面保温隔热层劳动量为 252 个工日，施工班组人数为 35 人，一班制施工，其施工持续时间为：

$$t_{保温} = \frac{252}{35 \times 1} \approx 7 \text{ 天}$$

屋面找平层劳动量为 62 个工日，30 人，一班制施工，其施工持续时间为：

$$t_{找平} = \frac{62}{30 \times 1} \approx 2 \text{ 天}$$

屋面找平层完成后，安排大约 14 天（视情况而定）的养护和干燥时间，方可进行屋面防水层的施工。SBS 改性沥青防水层劳动量为 60 个工日，安排 15 人一班制施工，其施工持续时间为：

$$t_{防水} = \frac{60}{15 \times 1} = 4 \ 天$$

（4）装饰工程

装饰工程包括顶棚墙面中级抹灰、外墙面砖、楼地面及楼梯地砖、铝合金窗扇安装、胶合板门安装、内墙涂料、油漆等施工过程。参与流水的施工过程为 $n = 7$。把每层房屋视为一个施工段，共 4 个施工段 $m = 4$。由于各施工过程劳动量不同，所以采用异节拍的流水施工。

装修工程采用自上而下的施工起点流向，其中抹灰工程是主导施工过程。

顶棚墙面抹灰劳动量为 1820 个工日，施工班组人数为 60 人，一班制施工，其流水节拍为：

$$t_{抹灰} = \frac{1820}{4 \times 60 \times 1} \approx 7 \ 天$$

楼地面及楼梯地砖劳动量为 1115 个工日，施工班组人数为 40 人，一班制施工，其流水节拍为：

$$t_{地面} = \frac{1115}{4 \times 40 \times 1} \approx 7 \ 天$$

铝合金窗扇安装 72 个工日，施工班组人数为 6 人，一班制施工，则流水节拍为：

$$t_{铝窗} = \frac{72}{4 \times 6 \times 1} \approx 3 \ 天$$

胶合板门安装 68 个工日，施工班组人数为 6 人，一班制施工，则流水节拍为：

$$t_{门} = \frac{68}{4 \times 6 \times 1} \approx 3 \ 天$$

内墙涂料 430 个工日，施工班组人数为 36 人，一班制施工，则流水节拍为：

$$t_{内墙涂料} = \frac{430}{4 \times 36 \times 1} \approx 3 \ 天$$

油漆 63 个工日，施工班组人数为 5 人，一班制施工，则流水节拍为：

$$t_{油漆} = \frac{63}{4 \times 5 \times 1} \approx 3 \ 天$$

外墙面砖自上而下不分层不分段施工（不参加主体流水施工），劳动量为 720 个工日，施工班组人数为 36 人，一班制施工，则其流水节拍为：

$$t_{外墙} = \frac{720}{36 \times 1} = 20 \ 天$$

根据上述计算的流水节拍，并合理考虑各分部工程之间合理的流水步距绘出横道流水施工进度表，见附图 1。

【案例 3-10】××小区 1 号住宅楼的建筑结构设计概况见表 3-7，施工时编制的施工总进度计划见附图 2。

建筑结构设计概况表 表 3-7

序号	项目	内 容				
1	建筑层数	地上	18 层	地下	2 层	总建筑面积	9890m²
2	建筑层高	地下部分层高（m）	地下二层			3.00
			地下一层			3.40
		地上部分层高（m）	1～18 层			2.70
			机房层			5.00
			水箱间层			3.00
3	建筑高度	绝对标高（m）	±0.000＝35.90	室内外高差（m）	0.90
		基底标高（m）	－8.010	基坑深度（m）	7.110
		檐口标高（m）	49.20	建筑总高（m）	50.10
4	防火抗震	建筑等级二级，耐火等级为二级，抗震设防烈度 8 度				
5	墙体材料	钢筋混凝土剪力墙，非承重墙为 200mm 厚陶粒空心砌块，100mm 厚陶粒空心条板				
	墙面保温	为 50 厚增强水泥聚苯复合保温板、10mm 厚空气层				
6	外装修	外墙装修	涂料			
		门窗工程	塑钢窗			
		屋面工程	不上人平屋面			
		出入口	花岗岩台阶			
7	内装修	顶棚	大白浆、耐擦洗涂料、纸面石膏板吊顶			
		地面工程	水泥砂浆、细石混凝土、地砖、花岗岩、抗静电活动地板			
		内墙	大白浆、耐擦洗涂料、釉面砖、花岗岩			
		门窗工程	防火门、三防户门、钢框木门、电控防盗防火门、推拉木门、人防专用门窗等			
8	垂直交通	楼梯	现浇钢筋混凝土			
		电梯	4 部			
9	防水工程	地下防水等级	地下防水等级为二级			
		屋面	SBS 防水。3mm＋3mm 两层			
		厕浴间	聚氨酯涂膜防水层			
		屋面防水等级	屋面防水等级为二级			
10	结构形式	基础结构形式	住宅部分为筏板基础、地下车库为独立柱基加防水底板			
		主体结构形式	住宅楼为全现浇剪力墙，地下车库全现浇板柱结构			
		楼盖结构形式	普通钢筋混凝土			
11	地下室外防水	结构自防水	S8 级防水混凝土			
		材料防水	SBS 改性沥青防水卷材 3mm			
		构造防水	止水钢片、遇水膨胀橡胶条			

学习单元 3　网络计划

20世纪50年代中期，为了适应生产发展的需要和科技进步的要求，国外出现了建立在网络模型的基础上，主要用来编制计划（工作计划或施工进度计划）和对计划的实施进行控制、监督的技术，称为网络计划技术，也称之为"统筹法"。20世纪60年代中期，我国著名数学家华罗庚教授首先将网络计划技术引进国内。

在建筑工程施工中，网络计划技术的主要用途是用来编制建筑企业的生产计划和工程施工的进度计划，并用来对计划本身进行优化处理，对计划的实施进行监督、控制和调整，达到缩短工期、提高工效、降低成本、增加企业经济效益的目的。

3.3.1　网络图基础知识

用网络计划的种类很多，可以从不同的角度进行分类，具体分类方法如下：

1. 按网络计划编制的对象和范围分

（1）分部工程网络计划：是指以拟建工程的某一分部工程为对象编制而成的某一施工阶段网络计划，例如，基础工程、主体工程、屋面工程和装修工程网络计划。

（2）单位工程网络计划：是指以一个单位工程为对象编制而成的网络计划，例如，一栋教学楼、写字楼、住宅楼及单层房屋等单位工程网络计划。

（3）总体网络计划：是指以一个建设项目或一个大型的单项工程为对象编制而成的控制性网络计划，例如，一个建筑群体工程或一座新建工厂等总体网络计划。

2. 按网络计划的性质和作用分

（1）实施性网络计划：是指以分部工程为对象，以分项工程在一个施工段上的施工任务为工作内容编制而成的局部网络计划，或由多个局部网络计划综合搭接而成的单位工程网络计划，或直接以分项工程为工作内容编制而成的单位工程网络计划。它的工作内容划分得较为详细、具体，是用来指导具体施工的计划形式。

（2）控制性网络计划：是指以控制各分部工程（或各单位工程，或整个建设项目）的工期为主要目标编制而成的总体网络计划（或控制性的单位工程网络计划）。它是上级管理机构指导工作、检查与控制施工进度计划的依据，也是编制实施性网络计划的依据。

3. 按网络计划有无时间坐标分

(1) 时标网络计划：网络计划以时间作为横坐标，箭线在时间坐标轴上的水平投影长度代表工作持续时间，如图 3-15 所示。

(2) 无时标的普通网络计划：网络计划中的各项工作持续时间写在箭线的下面，箭线的长短与工作持续时间无关，如图 3-16 所示。

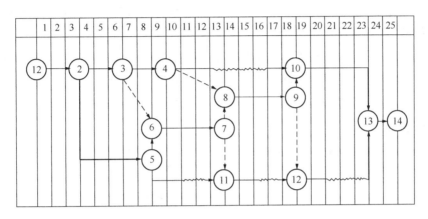

图 3-15　双代号时标网络计划

4. 按网络计划中工序所用代号的不同

按工序所以代号的不同可分为双代号网络计划（见图 3-16）和单代号网络计划（见图 3-44）。

(a)　　　　　　　　　　　　　(b)

图 3-16　双代号网络图

(a) 工作的表示方法；(b) 工程的表示方法

3.3.2　双代号网络计划

3.3.2.1　双代号网络图三要素

以箭线及其两端节点的编号表示工作的网络图称为双代号网络图。即用两个节点一根箭线代表一项工作，工作名称写在箭线上面，工作持续时间写在箭线下面，在箭线前后的衔接处画上节点编上号码，并以节点编号 i 和 j 代表一项工作，如图 3-16 所示。

双代号网络图是由箭线、节点和线路组成。

1. 箭线（工作）

（1）网络图中一端带箭头的直线即为箭线。在双代号网络图中，它与其两端的节点表示一项工作。箭线表达的内容有以下几个方面：

1）表示一项工作或表示一个施工过程。工作可大可小，既可以是一个简单的施工过程，如挖土、垫层等分项工程或者基础工程、主体工程等分部工程；也可以是一项复杂的工程任务，如教学楼土建工程等单位工程，如何确定一项工作的范围取决于所绘制的网络计划的作用。

2）表示一项工作所消耗的时间和资源，分别用数字标注在箭线的下方和上方。一般而言，每项工作的完成都要消耗一定的时间和资源，如绑扎钢筋、支模板等；也存在只消耗时间而不消耗资源的工作，如混凝土养护等技术间歇，若单独考虑时，也应作为一项工作对待。

3）箭线的长短，在无时间坐标的网络图中，长度不代表时间的长短，而在有时间坐标的网络图中，其箭线的长度必须根据完成该项工作所需时间长短按比例绘制。

4）箭线的方向表示工作进行的方向和前进的路线，箭尾表示工作的开始，箭头表示工作的结束。

5）箭线的形状可以任意画，可以是直线、折线或斜线，但不得中断。一般画成水平直线或带水平直线的折线。

提示：双代号网络计划中，还有一种工作叫虚工作，用虚箭线表示，只表示前后相邻工作之间的逻辑关系，既不占用时间，也不耗用资源，其表达形式可垂直向上或向下，也可水平向右，如图 3-16 中工作③→④。

（2）按照网络图中工作之间的相互关系，将工作分为以下几种类型。

1）紧前工作

紧接于某工作箭尾端的各工作是该工作的紧前工作。双代号网络图中，本工作和紧前工作之间可能有虚工作。如图 3-16 所示，支模 1 是支模 2 的紧前工作；绑钢筋 1 和绑钢筋 2 之间虽有虚工作，但绑钢筋 1 仍然是绑钢筋 2 的紧前工作。

2）紧后工作

紧接于某工作箭头的各工作是该工作的紧后工作。双代号网络图中，本工作和紧后工作之间可能有虚工作。如图 3-16 所示，支模 2 是支模 1 的紧后工作；绑钢筋 2 和浇混凝土 1 是绑钢筋 1 的紧后工作。

3）平行工作

同一节点出发或者指向同一节点的工作是平行工作，如图 3-16 所示，支模 2 和绑钢筋 1 是平行工作。

（3）内向箭线和外向箭线

1）内向箭线，也叫内向工作，指向某个节点的箭线，如图 3-17（a）所示。

2）外向箭线，也叫外向工作，从某节点引出的箭线，如图 3-17（b）所示。

2. 节点

(1) 网络图中箭线端部的圆圈或其他形状的封闭图形就是节点。在双代号网络图中，它表示工作之间的逻辑关系，节点表达的内容有以下几个方面：

1) 节点表示前面工作结束和后面工作开始的瞬间，所以节点不需要消耗时间和资源。

2) 箭线的箭尾节点表示该工作的开始，箭线的箭头节点表示该工作的结束。

3) 根据节点在网络图中的位置不同可以分为起点节点、终点节点和中间节点。起点节点是网络图的第一个节点，表示一项任务的开始。终点节点是网络的最后一个节点，表示一个项目的结束。除起点节点和终点节点以外的节点称为中间节点，中间节点都有双重的含义，既是前面工作的箭头节点，也是后面工作的箭尾节点，如图 3-18 所示。

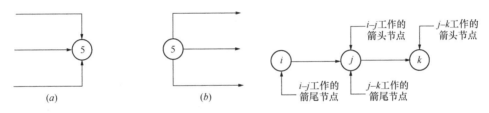

图 3-17　内向箭线和外向箭线
(a) 内向箭线；(b) 外向箭线

图 3-18　节点示意图

(2) 节点编号

网络图中的每个节点都有自己的编号，以便赋予每项工作以代号，便于计算网络图的时间参数和检查网络图是否正确。

1) 节点编号必须满足两条基本规则，其一，箭头节点编号大于箭尾节点编号；其二，在一个网络图中，所有节点不能出现重复编号，可以连号也可以跳号，以便适应网络计划调整中增加工作的需要，编号留有余地。

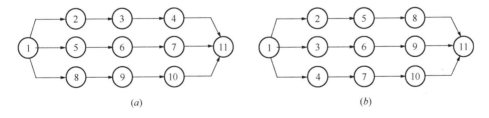

图 3-19　节点编号示意图
(a) 水平编号法；(b) 垂直编号法

2) 节点编号的方法有两种：一种是水平编号法，即从起点节点开始由上到下逐行编号，每行则自左到右按顺序编号，如图 3-19 (a) 所示；另一种是垂直编号法，即从起点节点开始自左到右逐列编号，每列则根据编号规则的要求进行编号，如图 3-19 (b) 所示。

3. 线路

(1) 线路

网络图中从起点节点开始，沿箭头方向顺序通过一系列箭线与节点，最后达到终点节点的通路称为线路。一个网络图中，从起点节点到终点节点，一般都存在着许多条线路，每条线路都包含若干项工作，这些工作的持续时间之和就是该线路的长度，也就是完成这条线路上所有工作的计划工期。以图 3-20 为例，列表计算见表 3-8。

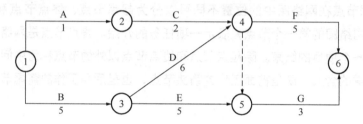

图 3-20　双代号网络图

网络图线路时间计算表　　　　　　　　　　　　表 3-8

序号	线　　路	线长
1	①—1→②—2→④—5→⑥	8
2	①—1→②—2→④—0→⑤—3→⑥	6
3	①—5→③—6→④—5→⑥	16
4	①—5→③—6→④—0→⑤—3→⑥	14
5	①—5→③—5→⑤—3→⑥	13

(2) 关键线路和关键工作

线路上总的工作持续时间之和最长的线路称为关键线路。如线路①→③→④→⑥的持续时间之和最长，即为关键线路，其余线路称为非关键线路。位于关键线路上的工作称为关键工作。关键工作完成快慢直接影响整个计划工期的实现。关键线路一般用粗线（或者双箭线、红线）来表示，以突出其在网络计划中的重要位置。

在网络图中关键线路有时不止一条，可能同时存在几条关键线路。但从管理的角度出发，为了实行重点管理，一般不希望出现太多的关键线路。

提示： 关键线路也不是一成不变的，在一定的条件下，关键线路和非关键线路会相互转化。例如，当采取技术组织措施，缩短关键工作的持续时间，或者非关键工作持续时间延长时，就有可能使关键线路发生转移。网络计划中，关键工作的比重往往不宜过大，网络计划愈复杂工作节点就愈多，则关键工作的比重应该越小，这样有利于抓住主要矛盾。

3.3.2.2 逻辑关系

工作之间相互制约或依赖的关系称为逻辑关系。工作之间的逻辑关系包括工艺关系和组织关系。

(1) 工艺关系

工艺关系是指生产工艺上客观存在的先后顺序关系，或者是非生产性工作之间由工作程序决定的先后顺序关系。例如，建筑工程施工时，先做基础，后做主体；先做结构，后做装修。工艺关系是不能随意改变的，当一个工程的施工方法确定之后，工艺关系也就随之被确定下来。如图 3-16 所示，支模 1→绑钢筋 1→混凝土 1 为工艺关系。

(2) 组织关系

组织关系是指在不违反工艺关系的前提下，人为安排工作的先后顺序关系。例如，建筑群中各个建筑物的开工顺序的先后；施工对象的分段流水作业等。组织顺序可以根据具体情况，按安全、经济、高效的原则统筹安排。如图 3-16 所示，支模 1→支模 2；混凝土 1→混凝土 2 等为组织关系。

3.3.2.3 先行工作和后续工作

(1) 先行工作，线路上自起点节点起至分析的某个工作之前的所有工作叫该工作的先行工作。紧前工作是先行工作，但先行工作不一定是紧前工作。

(2) 后续工作，线路上分析的某个工作之后进行的所有工作叫该工作的后续行工作。紧后工作是后续工作，但后续工作不一定是紧后工作。

3.3.2.4 虚工作在网络图中的应用

双代号网络计划中，只表示前后相邻工作之间的逻辑关系，既不占用时间，也不耗用资源的虚拟的工作称为虚工作。虚工作用虚箭线表示，起着联系、区分、断路三个作用。

1. 联系作用

虚工作不仅能表达工作间的逻辑连接关系，而且能表达不同幢号的房屋之间的相互联系。例如，工作 A、B、C、D 之间的逻辑关系为：工作 A 完成后可同时进行 B、D 两项工作，工作 C 完成后进行工作 D。不难看出，A 完成后其紧后工作为 B，C 完成后其紧后工作为 D，很容易表达，但 D 又是 A 的紧后工作，为把 A 和 D 联系起来，必须引入虚工作，逻辑关系才能正确表达，如图 3-21 所示。

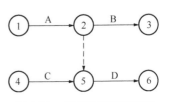

图 3-21 虚工作的联系作用

2. 区分作用

双代号网络计划是用两个代号表示一项工作。如果两项工作用同一代号，则不能明确表示出该代号表示哪一项工作。因此，不同的工作必须用不同代号。如图 3-22 所示。

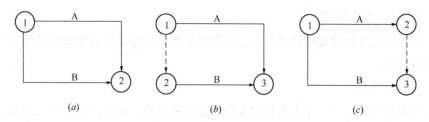

图 3-22　虚工作的区分作用

(*a*) 错误；(*b*)、(*c*) 正确

3. 断路作用

绘制双代号网络图时，最容易产生的错误是把本来没有逻辑关系的工作联系起来了，使网络图发生逻辑上的错误。这时就必须使用虚箭线在图上加以处理，以切断不应有的工作联系。产生错误的地方总是在同时有多条内向和外向箭线的节点处，画图时应特别注意，只有一条内向或外向箭线之处是不易出错的。

例：某工程由支模板、绑钢筋、浇混凝土等三个分项工程组成，它在平面上划分为Ⅰ、Ⅱ、Ⅲ三个施工阶段，已知其双代号网络图如图 3-23 (*a*) 所示，试判断该网络图的正确性。

图 3-23　双代号网络图

(*a*) 错误；(*b*) 正确

判断网络图的正确与否，应从网络图是否符合工艺逻辑关系要求，是否符合施工组织程序要求，是否满足空间逻辑关系要求三个方面分析。由图 3-23 (*a*) 可以看出，该网络图符合前两个方面要求，但不满足空间逻辑关系要求，因为第Ⅱ施工段的支模板不应受到第Ⅰ施工段绑钢筋的制约，第Ⅲ施工段绑钢筋不应受到第Ⅰ施工段浇混凝土的制约，这说明空间逻辑关系表达有误。

在这种情况下，就应采用虚工作在线路上隔断无逻辑关系的各项工作，这种方法就是"断路法"。上述情况如要避免，必须运用断路法，增加虚箭线来加以分隔，使支模Ⅲ仅为支模Ⅱ的紧后工作，而与钢筋Ⅰ断路；使钢筋Ⅲ仅为钢筋Ⅱ的紧后工作，而与浇筑混凝土Ⅰ断路。正确的网络图应如图 3-23 (*b*) 所示。这种断路法在组织分段流水作业的网络图中使用很多，十分重要。

3.3.2.5　双代号网络图绘制的基本规则

（1）双代号网络图必须正确表达已定的逻辑关系。在网络图中，各工作之间在逻辑上的关系是变化多端的，表 3-9 所列的是网络图中常见的一些逻辑关系及其表示方法。

（2）双代号网络图中，严禁出现循环回路。所谓循环回路是指从一个节点出发，顺箭线方向又回到原出发点的循环线路。如图 3-24 所示，就出现了循环回路 2→3→4→5→6→7→2。

图 3-24　有循环回路的错误网络图

它表示的逻辑关系是错误的，在工艺关系上是矛盾的。

（3）双代号网络图中，在节点之间严禁出现带双向箭头或无箭头的连线，如图 3-25 所示。

图 3-25　错误的箭线画法

（a）双向箭头的连线；（b）无箭头的连线

网络图中各工作逻辑关系表示方法　　　　　　　　表 3-9

序号	工作之间逻辑关系	网络图上表示方法	说　明
1	A、B 两项工作，依次进行施工		B 依赖 A，A 约束 B
2	A、B、C 三项工作，同时开始施工		A、B、C 三项工作为平行施工方式
3	A、B、C 三项工作，同时结束施工		A、B、C 三项工作为平行施工方式
4	A、B、C 三项工作，只有 A 完成之后，B、C 才能开始		A 工作制约 B、C 工作的开始；B、C 工作为平行施工方式

续表

序号	工作之间逻辑关系	网络图上表示方法	说　明
5	A、B、C 三项工作，C 工作只能在 A、B 完成之后开始		C 工作依赖于 A、B 工作；A、B 工作为平行施工方式
6	A、C、D 四项工作，当 A、B 完成之后，C、D 才能开始		通过中间节点把四项工作的逻辑关系表达出来
7	A、B、C、D 四项工作；A 完成以后，C 才能开始，A、B 完成之后，D 才能开始		A 制约 C、D 的开始，B 只制约 D 的开始；A、D 之间引入了虚工作
8	A、B、C、D、E 五项工作；A、B 完成之后，D 才能开始；B、C 完成之后，E 才能开始		D 依赖 A、B 的完成。E 依赖 B、C 的完成；双代号表示法以虚工作表达 A、B、C 之间上述逻辑关系
9	A、B、C、D、E 五项工作；A、B、C 完成之后，D 才能开始；B、C 完成之后，E 才能开始		A、B、C 制约 D 的开始；B、C 制约 E 的开始；双代号表示法以虚工作表达上述逻辑关系
10	A、B 两项工作；按三个施工段进行流水施工		按工程建立两个专业工作队；分别在三个施工段上进行流水作业；双代号表示法以虚工作表达工程间的关系

（4）双代号网络图中，严禁出现没有箭头节点或没有箭尾节点的箭线，如图 3-26 所示。同时严禁在箭线上引入或引出箭线，如图 3-27 所示。

图 3-26　没有箭头节点或箭尾节点的错误画法

(a) 没有箭尾节点的箭线；(b) 没有箭头节点的箭线

图 3-27　在箭线上引进、引出的错误画法

（5）同一个网络图中，同一项工作不能出现两次。如图 3-28（a）中活动 C 出现了两次是不允许的，应引进虚工作表达成图 3-28（b）所示。

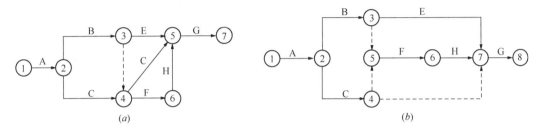

图 3-28　同一项工作不能出现两次

（6）当网络图的某些节点有多条外向箭线或有多条内向箭线时，为使图形简洁，在不违背"一项工作应只有唯一的一条箭线和相应的一对节点编号"的规定的前提下，在可用母线法绘制。当箭线线型不同时，可从母线上引出的支线上标出。如图 3-29 所示。

（7）绘制网络图时，尽可能在构图时避免交叉。当交叉不可避免且交叉少时，采用过桥法，或指向法如图 3-30 所示。

（8）双代号网络图中只允许有一个起点节点（该节点编号最小且没有内向箭线）；不是分期完成任务的网络图中，只允许有一个终点节点（该节点编号最大且没有外向工作）；而其他所有节点均是中间节点（既有内向箭线又有外向箭线）。如图 3-31（a）所示，网络图中有两个起点节点①和⑤，有两个终点节点④和⑩画法错误。正确画法如图 3-31（b）所示。

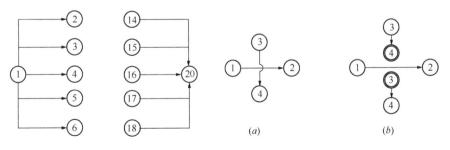

图 3-29　母线画法图　　　　图 3-30　箭线交叉的表示方法

（a）过桥法；（b）指向法

3.3.2.6　双代号网络图绘制方法

（1）根据工程项目所采用的施工方法、施工工艺及施工组织的方法，进行逻辑关

图 3-31 起点节点和终点节点表达

(a) 错误表达；(b) 正确表达

系的分析，列出一张明细表。如表 3-10 为某钢筋混凝土工程划分为三个施工段时的工作明细表。

某钢筋混凝土工程划分为三个施工段时的工作明细表 表 3-10

工作名称	工作代号	紧前工作	工作时间	工作名称	工作代号	紧前工作	工作时间
支模 1	A	—	3	浇筑混凝土 2	F	C、E	1
绑钢筋 1	B	A	2	支模 3	G	D	3
浇筑混凝土 1	C	B	1	绑钢筋 3	H	G、E	2
支模 2	D	A	3	浇筑混凝土 3	I	F、H	1
绑钢筋 2	E	B、D	3				

（2）采用顺推法绘草图：即以原始节点开始首先确定由原始节点引出的工作，然后根据工作之间的逻辑关系，确定每项工作的紧后工作。以表 3-10 为例说明。

1）当某项工作只存在一项紧前工作时，该工作可以直接从其紧前工作的结束节点连出，图 3-32 (a)。

2）当某项工作存在多于一项以上紧前工作时，可从其紧前工作的结束节点分别画虚工作并汇交到一个新节点，然后从这一新节点把该项工作引出，图 3-32 (b)。

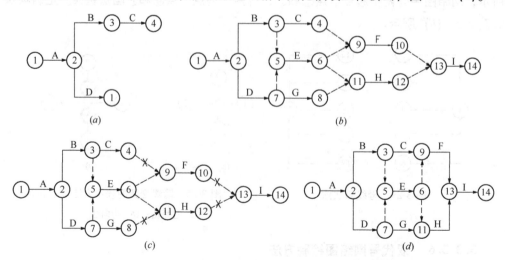

图 3-32 某钢筋混凝土工程划分为三个施工段时的网络图

3）在连接某工作时，若该工作的紧前工作没有全部给出，则该项工作不应画出。

（3）去掉多余虚箭线，并对网络图进行整理，图 3-32（c）。

（4）检查、编号，图 3-32（d）。

3.3.2.7　网络图的排列

网络图采用正确的排列方式，逻辑关系准确清晰，形象直观，便于计算与调整。主要排列方式有：

（1）施工段按水平方向排列

根据施工顺序把各施工过程按垂直方向排列，施工段按水平方向排列，如图 3-33 所示。其特点是相同工种在同一水平线上，突出不同工种的工作情况。

图 3-33　按施工过程排列

图 3-34　按施工段排列

（2）工艺顺序按水平方向排列

同一施工段上的有关施工过程按水平方向排列，施工段按垂直方向排列，如图 3-34 所示。

其特点是同一施工段的工作在同一水平线上，反映出分段施工的特征，突出工作面的利用情况。

3.3.2.8　双代号网络图时间参数的计算

根据工程对象各项工作的逻辑关系和绘图规则绘制网络图是一种定性的过程，只有进行时间参数的计算这样一个定量的过程，才能使网络计划具有实际应用价值。计算网络计划时间参数的目的主要有三个：第一，确定关键线路和关键工作，便于施工中抓住重点，向关键线路要时间；第二，明确非关键工作及其在施工中时间上有多大的机动性，便于挖掘潜力，统筹全局，部署资源；第三，确定总工期，做到工程进度心中有数。

1. 网络计划时间参数的含义及符号（表 3-11）

网络计划时间参数的含义及符号　　　　　　　　　　　　表 3-11

序号	参数名称		定　义	表示方法	
				双	单
1	工作持续时间		工作持续时间是指工作 $i-j$ 从开始到完成的时间	D_{i-j}	D_i
2	工期	计算工期	指根据时间参数计算所得到的工期	T_c	
3		要求工期	指任务委托人提出的指令性工期	T_r	
4		计划工期	指根据要求工期和计算工期所确定的作为实施目标的工期	T_p	

续表

序号	参数名称	定 义	表示方法	
			双	单
5	最早开始时间	指所有紧前工作全部完成后，本工作有可能开始的最早时刻	ES_{i-j}	ES_i
6	最早完成时	指所有紧前工作全部完成后，本工作有可能完成的最早时刻	EF_{i-j}	EF_i
7	最迟完成时间	指在不影响整个任务按期完成的前提下，工作必须完成的最迟时刻	LF_{i-j}	LF_i
8	最迟开始时间	指在不影响整个任务按期完成的前提下，工作必须开始的最迟时刻	LS_{i-j}	LS_i
9	总时差	指在不影响总工期的前提下，本工作可以利用的机动时间	TF_{i-j}	TF_i
10	自由时差	指在不影响其紧后工作最早开始时间的前提下，本工作可以利用的机动时间	FF_{i-j}	FF_i
11	节点的最早时间	在双代号网络计划中，以该节点为开始节点的各项工作的最早开始时间	ET_i	ET_i
12	节点的最迟时间	在双代号网络计划中，以该节点为完成节点的各项工作的最迟完成时间	LT_j	LT_j
13	时间间隔	指本工作的最早完成时间与其紧后工作最早开始时间之间可能存在	LAG_{i-j}	

2. 双代号网络计划时间参数的计算

双代号网络计划时间参数的计算方法通常有工作计算法、节点计算法、图上计算法和表上计算法四种主要介绍前三种。

图 3-35 工作计算法的标注内容

（1）工作计算法

按工作计算法计算时间参数应在确定了各项工作的持续时间之后进行。虚工作也必须视同工作进行计算，其持续时间为零。时间参数的计算结果应标注在箭线之上，如图 3-35 所示。

下面以某双代号网络计划（图 3-36）为例，说明其计算步骤。其结果如图 3-37 所示。

1）计算各工作的最早开始时间和最早完成时间

这类时间参数的实质是提出了紧后工作与紧前工作的关系，即紧后工作若提前开

图 3-36 某双代号网络计划

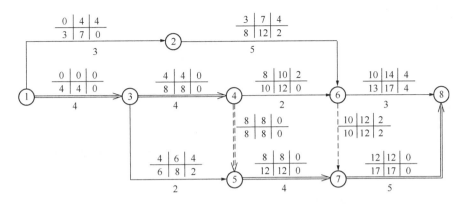

图 3-37　工作计算法计算时间参数

始，也不能提前到其紧前工作未完成之前。就整个网络图而言，受到起点节点的控制。因此，其计算程序为：自起点节点开始，顺着箭线方向，用累加的方法计算到终点节点。

各项工作的最早完成时间等于其最早开始时间加上工作持续时间，即

$$EF_{i-j} = ES_{i-j} + D_{i-j} \tag{3-18}$$

计算工作最早时间参数时，一般有以下三种情况：

① 当工作以起点节点为开始节点时，其最早开始时间为零（或规定时间），即：

$$ES_{i-j} = 0 \tag{3-19}$$

② 当工作只有一项紧前工作时，该工作的最早开始时间应为其紧前工作的最早完成时间，即：

$$ES_{i-j} = EF_{h-i} = ES_{h-i} + D_{h-i} \tag{3-20}$$

③ 当工作有多个紧前工作时，该工作的最早开始时间应为其所有紧前工作最早完成时间最大值，即：

$$ES_{i-j} = \max EF_{h-i} = \max\{ES_{h-i} + D_{h-i}\} \tag{3-21}$$

本例中，各工作的最早开始时间和最早完成时间计算如下：

工作的最早开始时间：

$ES_{1-2} = ES_{1-3} = 0$

$ES_{2-6} = ES_{1-2} + D_{1-2} = 0 + 3 = 3$

$ES_{3-4} = ES_{3-5} = ES_{1-3} + D_{1-3} = 0 + 4 = 4$

$ES_{4-5} = ES_{4-6} = ES_{3-4} + D_{3-4} = 4 + 4 = 8$

$$ES_{5-7} = \max\left\{\begin{array}{l} ES_{3-5} + D_{3-5} = 4 + 2 = 6 \\ ES_{4-5} + D_{4-5} = 8 + 0 = 8 \end{array}\right\} = 8$$

$$ES_{6-7} = ES_{6-8} = \max\left\{\begin{array}{l} ES_{2-6} + D_{2-6} = 3 + 5 = 8 \\ ES_{4-6} + D_{4-6} = 8 + 2 = 10 \end{array}\right\} = 10$$

$$ES_{5-7} = \max\left\{\begin{array}{l} ES_{5-7} + D_{5-7} = 8 + 4 = 12 \\ ES_{6-7} + D_{6-7} = 10 + 0 = 10 \end{array}\right\} = 12$$

工作的最早完成时间：

$$EF_{1-2} = ES_{1-2} + D_{1-2} = 0 + 3 = 3 \qquad EF_{1-3} = ES_{1-3} + D_{1-3} = 0 + 4 = 4$$

同理，$EF_{2-6}=8$、$EF_{3-4}=8$、$EF_{3-5}=6$、$EF_{4-5}=8$、$EF_{4-6}=10$、$EF_{5-7}=12$、$EF_{6-7}=10$、$EF_{6-8}=13$、$EF_{7-8}=17$

提示： 同一节点的所有外向工作最早开始时间相同。

2）确定网络计划工期

当网络计划规定了要求工期时，网络计划的计划工期应小于或等于要求工期，即

$$T_p \leqslant T_r \tag{3-22}$$

当网络计划未规定要求工期时，网络计划的计划工期应等于计算工期，即以网络计划的终点节点为完成节点的各个工作的最早完成时间的最大值，如网络计划的终点节点的编号为 n，则计算工期 T_c 为：

$$T_p = T_c = \max\{EF_{i-n}\} \tag{3-23}$$

本例中，网络计划的计算工期为：

$$T_c = \max\{EF_{6-8}, EF_{7-8}\} = \max\{13, 17\} = 17$$

3）计算各工作的最迟完成时间和最迟开始时间

这类时间参数的实质是提出紧前工作与紧后工作的关系，即紧前工作要推迟开始，不能影响其紧后工作的按期完成。就整个网络图而言，受到终点节点（即计算工期）的控制。因此，其计算程序为：自终点节点开始，逆着箭线方向，用累减的方法计算到起点节点。

各工作的最迟开始时间等于其最迟完成时间减去工作持续时间，即

$$LS_{i-j} = LF_{i-j} - D_{i-j} \tag{3-24}$$

计算工作最迟完成时间参数时，一般有以下三种情况：

① 当工作的终点节点为完成节点时，其最迟完成时间为网络计划的计划工期，即

$$LF_{i-n} = T_p \tag{3-25}$$

② 当工作只有一项紧后工作时，该工作的最迟完成时间应为其紧后工作的最迟开始时间，即：

$$LF_{i-j} = LS_{j-k} = LF_{j-k} - D_{j-k} \tag{3-26}$$

③ 当工作有多项紧后工作时，该工作的最迟完成时间应为其多项紧后工作最迟开始时间的最小值，即：

$$LF_{i-j} = \min\{LS_{j-k}\} = \min\{LF_{j-k} - D_{j-k}\} \tag{3-27}$$

本例中，各工作的最迟完成时间和最迟开始时间计算如下：

工作的最迟完成时间：

$$LF_{7-8} = LF_{6-8} = T_p = 17 \qquad LF_{6-7} = LF_{5-7} = LF_{7-8} - D_{7-8} = 17 - 5 = 12$$

$$LF_{4-6} = LF_{2-6} = \min\begin{Bmatrix} LF_{6-7} - D_{6-7} = 12 - 0 = 12 \\ LF_{6-8} - D_{6-7} = 17 - 3 = 14 \end{Bmatrix} = 12$$

$$LF_{4-5} = LF_{3-5} = LF_{5-7} - D_{5-7} = 12 - 4 = 8$$

$$LF_{4-6} = \min\begin{cases} LF_{4-6} - D_{4-6} = 12 - 0 = 12 \\ LF_{4-5} - D_{4-5} = 8 - 0 = 8 \end{cases} = 8$$

$$LF_{1-3} = \min\begin{cases} LF_{3-4} - D_{3-4} = 8 - 4 = 4 \\ LF_{3-5} - D_{3-5} = 8 - 2 = 6 \end{cases} = 4$$

$$LF_{1-2} = LF_{2-6} - D_{2-6} = 12 - 5 = 7$$

工作的最迟时间：

$$LS_{1-2} = LF_{1-2} - D_{1-2} = 7 - 4 = 3 \qquad LS_{1-3} = LF_{1-3} - D_{1-3} = 4 - 4 = 0$$

同理，$LS_{2-6} = 7$、$LS_{3-4} = 4$、$LS_{3-5} = 6$、$LS_{4-5} = 8$、$LS_{4-6} = 10$、$LS_{5-7} = 8$、$LS_{6-7} = 12$、$LS_{6-8} = 14$、$LS_{7-8} = 12$。

提示： 同一节点的所有内向工作最迟完成时间相同。

4）计算各工作的总时差

如图 3-38 所示，在不影响总工期的前提下，一项工作可以利用的时间范围是从该工作最早开始时间到最迟完成时间，即工作从最早开始时间或最迟开始时间开始，均不会影响总工期。而工作实际需要的持续时间是 D_{i-j}，扣去 D_{i-j} 后，余下的一段时间就是工作可以利用的机动时间，即为总时差。所以总时差等于最迟开始时间减去最早开始时间，或最迟完成时间减去最早完成时间，即：

图 3-38　总时差的计算简图

$$TF_{i-j} = LS_{i-j} - ES_{i-j} \tag{3-28}$$

或
$$TF_{i-j} = LF_{i-j} - EF_{i-j} \tag{3-29}$$

本例中，各工作的总时差计算如下：

$$TF_{1-2} = LS_{1-2} - ES_{1-2} = 4 - 0 = 4 \qquad TF_{1-3} = LS_{1-3} - ES_{1-3} = 0 - 0 = 0$$

$$TF_{2-6} = LS_{2-6} - ES_{2-6} = 7 - 3 = 4 \qquad TF_{3-4} = LS_{3-4} - ES_{3-4} = 4 - 4 = 0$$

$$TF_{3-5} = LS_{3-5} - ES_{3-5} = 6 - 4 = 2 \qquad TF_{4-5} = LS_{4-5} - ES_{4-5} = 8 - 8 = 0$$

$$TF_{4-6} = LS_{4-6} - ES_{4-6} = 10 - 8 = 2 \qquad TF_{5-7} = LS_{5-7} - ES_{5-7} = 8 - 8 = 0$$

$$TF_{6-7} = LS_{6-7} - ES_{6-7} = 12 - 10 = 2 \qquad TF_{6-8} = LS_{6-8} - ES_{6-8} = 14 - 10 = 4$$

$$TF_{7-8} = LS_{7-8} - ES_{7-8} = 12 - 12 = 0$$

提示：

① 凡是总时差为最小的工作就是关键工作；

② 当 $T_P > T_C$ 时，$TF_{i-j} > 0$；当 $T_P < T_C$ 时，$TF_{i-j} < 0$；当 $T_P = T_C$ 时，$TF_{i-j} = FF_{i-j} = 0$。

③ 总时差的使用具有双重性，它既可以被该工作使用，但又属于某非关键线路所共有。当某项工作使用了全部或部分总时差时，则将引起通过该工作的线路上所有工作总时差重新分配。

图 3-39　自由时差的计算简图

5）计算各工作的自由时差

如图 3-39 所示，在不影响其紧后工作最早开始时间的前提下，一项工作可以利用的时间范围是从该工作最早开始时间至其紧后工作最早开始时间。而工作实际需要的持续时间是 D_{i-j}，那么扣去 D_{i-j} 后，尚有的一段时间就是自由时差。其计算如下：

当工作有紧后工作时，该工作的自由时差等于紧后工作的最早开始时间减本工作最早完成时间，即：

$$FF_{i-j} = ES_{j-k} - EF_{i-j} \tag{3-30}$$

$$或 \ FF_{i-j} = ES_{j-k} - ES_{i-j} - D_{i-j} \tag{3-31}$$

当以终点节点 $j=n$（n 为终点结点）为箭头节点的工作，其自由时差应按网络计划的计划工期 T_p 确定，即：

$$FF_{i-n} = T_p - EF_{i-n} \tag{3-32}$$

或

$$FF_{i-n} = T_p - ES_{i-n} - D_{i-n} \tag{3-33}$$

本例中，各工作的自由时差计算如下：

$FF_{1-2} = ES_{2-6} - EF_{1-2} = 3 - 3 = 0$　　$FF_{1-3} = ES_{3-4} - EF_{1-2} = 4 - 4 = 0$

$FF_{2-6} = ES_{6-8} - EF_{2-6} = 10 - 8 = 2$　　$FF_{3-4} = ES_{4-6} - EF_{3-4} = 8 - 8 = 0$

$FF_{3-5} = ES_{5-7} - EF_{3-5} = 8 - 6 = 2$　　$FF_{4-5} = ES_{5-7} - EF_{4-5} = 8 - 8 = 0$

$FF_{4-6} = ES_{6-8} - EF_{4-6} = 10 - 10 = 0$　$FF_{5-7} = ES_{7-8} - EF_{5-7} = 12 - 12 = 0$

$FF_{6-7} = ES_{7-8} - EF_{6-7} = 12 - 10 = 2$　$FF_{6-8} = ES_{7-8} - EF_{6-8} = 17 - 13 = 4$

$FF_{7-8} = T_p - EF_{7-8} = 17 - 17 = 0$

提示：

① 自由时差为本工作所具有的机动时间，利用自由时差，不会影响其紧后工作的最早开始时间。

② 自由时差必小于或等于其总时差。

③ 当 $T_P = T_C$，以关键线路上的节点作为结束点的工作，其 $TF_{i-j} = FF_{i-j}$。

（2）节点计算法

网络计划中节点的时间参数有节点最早时间和节点最迟时间。

节点最早时间是指以该节点为开始节点的各项工作的最早开始时间，称为节点最早时间。节点 i 的最早时间用 ET_i 表示。计算程序为：自起点节点开始，顺着箭线方向，用累加的方法计算到终点节点。

节点最迟时间是指以该节点为完成节点的各项工作的最迟完成时间，称为节点的最迟时间，节点 i 的最迟时间用 LT_i 表示。其计算程序为：自终点节点开始，逆着箭线方向，用累减的方法计算到起点节点。

按节点计算法计算时间参数，其计算结果应标注在节点之上，如图 3-40 所示。

图 3-40 按节点计算法的标注内容

下面仍以图 3-36 为例，说明其计算步骤：

1）计算各节点最早时间

节点的最早时间是以该节点为开始节点的工作的最早开始时间，其计算有三种情况：

① 起点节点 i 如未规定最早时间，其值应等于零，即：

$$ET_i = 0(i = 1) \tag{3-34}$$

② 当节点 j 只有一条内向箭线时，最早时间应为：

$$ET_j = ET_i + D_{i-j} \tag{3-35}$$

③ 当节点 j 有多条内向箭线时，其最早时间应为：

$$ET_j = \max\{ET_i + D_{i-j}\} \tag{3-36}$$

终点节点 n 的最早时间即为网络计划的计算工期，即：

$$ET_n = T_c \tag{3-37}$$

如图 3-37 所示的网络计划中，各节点最早时间计算如下：

$ET_1 = 0$ $\qquad\qquad ET_2 = ET_1 + D_{1-2} = 0 + 3 = 3$

$ET_3 = ET_1 + D_{1-3} = 0 + 4 = 4$ $\qquad ET_4 = ET_3 + D_{3-4} = 4 + 4 = 8$

$ET_5 = \max\{ET_3 + D_{3-5}, ET_4 + D_{4-5}\} = \max\{4 + 2, 8 + 0\} = 8$

其余节点的最早时间如图 3-41 所示。

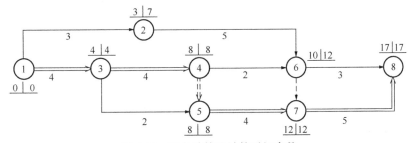

图 3-41 节点计算法计算时间参数

2）计算各节点最迟时间

节点最迟时间是以该节点为完成节点的工作的最迟完成时间，其计算有两种情况：

① 终点节点的最迟时间应等于网络计划的计划工期，即：

$$LT_n = T_p \qquad (3\text{-}38)$$

若分期完成的节点，则最迟时间等于该节点规定的分期完成的时间。

② 当节点 i 只有一个外向箭线时，最迟时间为：

$$LT_i = LT_j - D_{i-j} \qquad (3\text{-}39)$$

③ 当节点 i 有多条外向箭线时，其最迟时间为：

$$LT_i = \min\{LT_j - D_{i-j}\} \qquad (3\text{-}40)$$

本例中，各节点的最迟时间计算如下：

$LT_8 = T_p = 17$ $LT_7 = LT_8 - D_{7-8} = 17 - 5 = 12$

$LT_6 = \min\{LT_7 - D_{6-7},\ LT_8 - D_{6-8}\} = \min\{12 - 0, 17 - 3\} = 12$

其余节点的最迟时间如图 3-41 所示。

3）根据节点时间参数计算工作时间参数

① 工作最早开始时间等于该工作的开始节点的最早时间。

$$ES_{i-j} = ET_i \qquad (3\text{-}41)$$

② 工作的最早完成时间等于该工作的开始节点的最早时间加上持续时间。

$$EF_{i-j} = ET_i + D_{i-j} \qquad (3\text{-}42)$$

③ 工作最迟完成时间等于该工作的完成节点的最迟时间。

$$LF_{i-j} = LT_j \qquad (3\text{-}43)$$

④ 工作最迟开始时间等于该工作的完成节点的最迟时间减去持续时间。

$$LS_{i-j} = LT_j - D_{i-j} \qquad (3\text{-}44)$$

⑤ 工作总时差等于该工作的完成节点最迟时间减去该工作开始节点的最早时间再减去持续时间。

$$TF_{i-j} = LT_j - ET_i - D_{i-j} \qquad (3\text{-}45)$$

⑥ 工作自由时差等于该工作的完成节点最早时间减去该工作开始节点的最早时间再减去持续时间。

$$FF_{i-j} = ET_j - ET_i - D_{i-j} \qquad (3\text{-}46)$$

本例的计算结果如图 3-41 所示，过程略。

（3）图上计算法

图上计算法是根据工作计算法或节点计算法的时间参数计算公式，在图上直接计算的一种较直观、简便的方法。

1）计算工作的最早开始时间和最早完成时间

以起点节点为开始节点的工作，其最早开始时间一般记为 0，如图 3-42 所示的工作 1-2 和工作 1-3。

其余工作的最早开始时间可采用"沿线累加，逢圈取大"的计算方法求得。即从网络图的起点节点开始，沿每一条线路将各工作的作业时间累加起来，在每一个圆圈

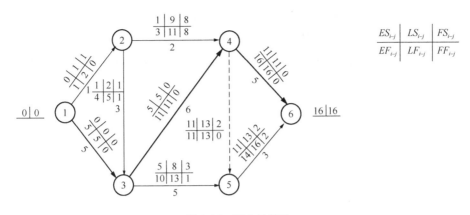

图 3-42　图上计算法

（节点）处，取到达该圆圈的各条线路累计时间的最大值，就是以该节点为开始节点的各工作的最早开始时间。

工作的最早完成时间等于该工作最早开始时间与本工作持续时间之和，结果如图 3-42 所示。

2）计算工作的最迟完成时间和最迟开始时间

以终点节点为完成节点的工作，其最迟完成时间就等于计划工期，如图 3-42 所示的工作 4-6 和工作 5-6。

其余工作的最迟完成时间可采用"逆线累减，逢圈取小"的计算方法求得。即从网络图的终点节点逆着每条线路将计划工期依次减去各工作的持续时间，在每一个圆圈处取后续线路累减时间的最小值，就是以该节点为完成节点的各工作的最迟完成时间。

工作的最迟开始时间等于该工作最迟完成时间与本工作持续时间之差，如图 3-42 所示。

3）计算工作的总时差

工作的总时差可采用"迟早相减，所得之差"的计算方法求得。即工作的总时差等于该工作的最迟开始时间减去工作的最早开始时间，或者等于该工作的最迟完成时间减去工作的最早完成时间，见图 3-42。

4）计算工作的自由时差

工作的自由时差等于紧后工作的最早开始时间减去本工作的最早完成时间。可在图上相应位置直接相减得到，见图 3-42。

5）计算节点最早时间

起点节点的最早时间一般记为 0，如图 3-43 所示的①节点。

其余节点的最早时间也可采用"沿线累加，逢圈取大"的计算方法求得。将计算结果标注在相应节点图例对应的位置上，见图 3-43。

6）计算节点最迟时间

终点节点的最迟时间等于计划工期。当网络计划有规定工期时，其最迟时作就等于规定工期；当没有规定工期时，其最迟时间就等于终点节点的最早时间其余节点的最迟时间也可采用"逆线累减，逢圈取小"的计算方法求得。将计算结果标注在相应节点图例对应的位置上，见图 3-43。

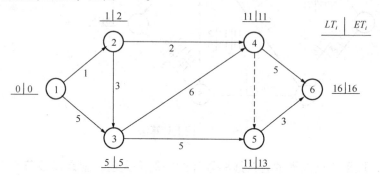

图 3-43　网络图时间参数计算

（4）关键线路的确定

网络计划中，自始至终全部由关键工作（必要时经过一些虚工作）组成的线路或线路上总的工作持续时间最长的线路应为关键线路。如图 3-43 所示，线路 1→3→4→6 为关键线路。

3.3.3　单代号网络图

3.3.3.1　单代号网络图的构成要素

以节点及其编号表示工作，以箭线表示工作之间的逻辑关系的网络图称为单代号网络图。即每一个节点表示一项工作，节点所表示的工作名称、持续时间和工作代号等标注在节点内，如图 3-44 所示。

图 3-44　单代号网络图

（a）工作的表示方法；（b）工程的表示方法

单代号网络计划的构成要素也是箭线、节点和线路。

1. 箭线

单代号网络图中，箭线表示紧邻工作之间的逻辑关系。箭线应画成水平直线、折线或斜线。箭线水平投影的方向宜自左向右，表达工作的进行方向。

单代号网络图中不设虚箭线。箭线既不消耗资源，也不消耗时间，只表示各项工作间的逻辑关系。相对于箭尾和箭头来说，箭尾节点称为紧前工作，箭头节点称为紧后工作。

2. 节点

单代号网络图中每一个节点表示一项工作，宜用圆圈或矩形表示。节点所表示的工作名称、持续时间和工作代号等应标注在节点内，如图 3-44 所示。

3. 线路

单代号网络图中，从起点节点到终点节点的通路。

3.3.3.2 单代号网络图的绘制规则

单代号网络图的绘图规则与双代号网络图的绘图规则基本相同，主要区别在于：当网络图有多项当网络图中有多项开始工作时，应增加一项虚拟的工作（开始），持续时间为零，作为该网络图的起点节点；当网络图中有多项结束工作时，应增设一项虚拟的工作（结束），作为该网络图的终点节点如图 3-44（b）所示。

3.3.3.3 单代号网络图时间参数的计算

1. 时间参数的含义及符号

时间参数的含义同双代号网络图。各符号的含义如下：

设有线路 ⓗ→ⓘ→ⓙ 则：

D_i——工作 i 的持续时间；

D_h——工作 i 的紧前工作 h 的持续时间；

D_j——工作 i 的紧后工作 j 的持续时间；

ES_i——工作 i 的最早开始时间；

EF_i——工作 i 的最早完成时间；

LF_i——在总工期已经确定的情况下，工作 i 的最迟完成时间；

LS_i——在总工期已经确定的情况下，工作 i 的最迟开始时间；

TF_i——工作 i 的总时差；

FF_i——工作 i 的自由时差；

LAG_{i-j}——相邻两项工作 i，j 之间的时间间隔。

2. 时间参数的计算

下面以图 3-45 所示的单代号网络图为例，说明时间参数的计算过程，结果标注在图 3-45 上。

（1）工作最早时间计算应符合下列规定：

工作的最早时间应该从应从网络图的起点节点开始，顺着箭线方向依次计算，且符合下列规定：

1）起点节点的最早开始时间 ES_i 如无规定时，其值等于零，即

$$ES_1 = 0 \qquad (3\text{-}47)$$

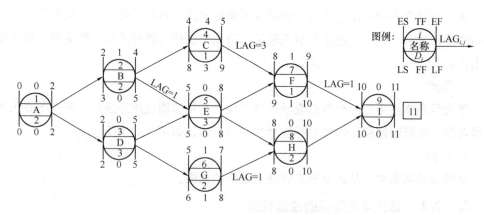

图 3-45　单代号网络图

2）其他工作的最早开始时间 ES_i

$$ES_i = \max\{ES_h + D_h\} \tag{3-48}$$

本例中 $ES_1 = 0$，$ES_5 = \max\{ES_2 + D_2, ES_3 + D_3\} = \max\{2+2, 2+3\} = 5$，其余各工作的最早开始时间见图 3-45。

3）工作 i 的最早完成时间 EF_h 的计算应符合下式规定：

$$EF_i = ES_i + D_i \tag{3-49}$$

本例中 $EF_1 = ES_1 + D_1 = 0+1 = 1$，$EF_5 = ES_5 + D_5 = 5+3 = 8$，其余各工作的最早开始完成时间见图 3-45。

（2）网络计划工期的确定

1）计算工期 T_c 的计算应符合下式规定：

$$T_c = EF_n \tag{3-50}$$

式中 EF_n 为终点节点 n 的最早完成时间。

本例中，$T_c = EF_9 = 11$

2）计划工期应按下列情况分别确定：

① 当已规定了要求工期 T_r 时

$$T_p \leqslant T_r \tag{3-51}$$

② 当未规定要求工期时

$$T_p = T_c \tag{3-52}$$

本例中 $T_p = T_c = 11$。

（3）相邻两项工作 i 和 j 之间的时间间隔 LAG_{i-j}，等于紧后工作 j 的最早开始时间减去本工作的最早完成时间，即

$$LAG_{i-j} = ES_j - EF_i \tag{3-53}$$

本例中 $LAG_{4,7} = ES_7 - EF_4 = 8-5 = 3$，其余各工作之间的 LAG_{i-j} 见图 3-45，图中 $LAG_{i-j} = 0$ 的没有标注。

（4）工作总时差的计算应符合下列规定：

1）工作 i 的总时差 TF_i 应从网络图的终点节点开始，逆着箭线方向依次项计算。

2）终点节点所代表的工作 i 的总时差 TF_n 值为零，即

$$TF_n = 0 \tag{3-54}$$

3）其他工作的总时差 TF_i 的计算应符合下式规定：

$$TF_i = \min\{LAG_{i-j} + TF_j\} \tag{3-55}$$

当已知各项工作的最迟完成时间 LF_i 只或最迟开始时间 LS_i 时，工作的总时差 TF_i 计算也应符合下列规定：

$$TF_i = LS_i - ES_i \tag{3-56}$$

或

$$TF_i = LF_i - EF_i \tag{3-57}$$

本例中，$TF_7 = LAG_{7,9} + TF_7 = 1 + 0 = 1$，其余各工作的总时差见图 3-45。

（5）工作 i 的自由时差 FF_i 的计算应符合下列规定：

$$FF_i = \min\{LAG_{i,j}\} \tag{3-58}$$

或

$$FF_i = \min\{ES_j - EF_i\} \tag{3-59}$$

或符合下式规定：

$$FF_i = \min\{ES_j - ES_i - D_i\} \tag{3-60}$$

本例中，$FF_2 = 0$，其余见图 3-45。

（6）工作最迟时间的计算

工作的最迟时间的计算，应从网络图的终点节点开始，逆着箭线方向依次逐项计算。符合下列规定：

1）终点节点所代表的工作 n 的最迟完成时间 LF_n，应按网络计划的计划工期 T_p 确定，即

$$LF_n = T_p \tag{3-61}$$

2）其他工作 i 的最迟完成时间 LF_i 应为

$$LF_n = \min\{LF_j - D_j\} \tag{3-62}$$

本例中，$LF_n = T_p = 11, LF_4 = LF_7 - D_7 = 10 - 1 = 9$，其余见图 3-45。

3）工作 i 的最迟开始时间 LS_i 应为

$$LS_i = LF_i - D_i \tag{3-63}$$

本例中，$LS_4 = LF_4 - D_4 = 9 - 1 = 8$，其余见图 3-45。

3. 关键工作和关键线路的确定

（1）关键工作的确定

工作总时差最小的工作也就是关键工作。当计划工期等于计算工期时，总时差为零的工作就是关键工作。图 3-45 中的关键工作为 A、D、E、H、I。当计划工期小于计算工期时，关键工作的总时差为负值，说明应研究更多措施以缩短计算工期；当计划工期大于计算工期时，关键工作的总时差为正值，说明计划已留有余地，进度控制主动了。

（2）关键线路的确定

将相邻两项关键工作之间的间隔时间为零的关键工作连接起来而形成的自起点节点到终点节点的通路就是关键线路。因此，上例中的关键线路是 1→3→5→8→9。

3.3.4　双代号时标网络计划

双代号时标网络计划是以时间坐标为尺度编制的网络计划，综合应用横道图的时间坐标和网络计划的原理，是在横道图基础上引入网络计划中各工作之间逻辑关系的表达方法。

如图 3-46 所示的双代号网络计划，若改画为时标网络计划，如图 3-47 所示。采用时标网络计划，既解决了横道计划中各项工作不明确，时间指标无法计算的缺点，又解决了双代号网络计划时间不直观，不能明确看出各工作开始和完成的时间，以及无法统计资源的需要量等问题。它的特点是：

图 3-46　双代号网络计划

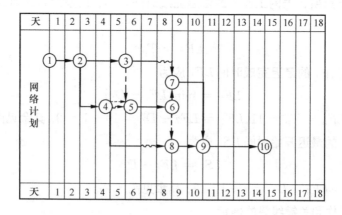

图 3-47　时标网络计划图

（1）在双代号时标网络图中，箭线的长度表示工作的持续时间；

（2）在双代号时标网络图中，不会产生闭合回路；

（3）可直接在时标计划表的下方，绘制劳动力、材料、机具等资源需要量动态曲线，来进行控制和分析。

3. 3. 4. 1   时标网络计划的绘制

1. 时标网络计划绘图的基本要求

（1）双代号时标网络计划必须以水平时间坐标为尺度表示工作时间。时标的时间单位应根据需要在编制网络计划之前确定，可为时、天、周、月或季。时间可标注在计划表顶部，也可标注在底部，必要时还可同时标注。时间的长度必须注明。表 3-12 是时标计划表的表达形式。

时标计划表 表 3-12

日历																	
（时间单位）	1	2	3	4	5	6	7	8	9	10	11	12	13	14	15	16	17
网络计划																	
（时间单位）	1	2	3	4	5	6	7	8	9	10	11	12	13	14	15	16	17

（2）时标网络计划应以实箭线表示工作，以虚箭线表示虚工作，以波形线表示工作的自由时差。

（3）时标网络计划中所有符号在时间坐标上的水平投影位置，都必须与其时间参数相对应。节点中心必须对准相应的时标位置。虚工作必须以垂直方向的虚箭线表示。

（4）时标网络计划宜按最早时间编制，不宜按最迟时间编制。

（5）时标网络计划编制前，必须先绘制无时标网络计划草图。

2. 时标网络计划的绘制方法

时标网络计划一般按工作的最早开始时间绘制。其绘制方法有间接绘制法和直接绘制法。

（1）间接绘制法

间接绘制法是先计算网络计划的时间参数，再根据时间参数在时间坐标上进行绘制的方法。其绘制步骤和方法如下：

1）先绘制双代号网络图，计算时间参数，确定关键工作及关键线路。

2）根据需要确定时间单位并绘制时标横轴。

3）根据工作最早开始时间或节点的最早时间确定各节点的位置。

4）依次在各节点间绘出箭线及时差。绘制时宜先画关键工作、关键线路，再画非关键工作。如箭线长度不足以达到工作的完成节点时，用波形线补足，箭头画在波形线与节点连接处。

5）用虚箭线连接各有关节点，将有关的工作连接起来。

（2）直接绘制法

直接绘制法是不计算网络计划时间参数，直接在时间坐标上进行绘制的方法。其绘制步骤和方法可归纳为如下绘图口诀："时间长短坐标限，曲直斜平应相连；箭线到齐画节点，画完节点补波线；零线尽量画垂直，否则安排有缺陷。"

1）时间长短坐标限：箭线的长度代表着具体的施工时间，受到时间坐标的制约。

2）曲直斜平应相连：箭线的表达方式可以是直线、折线、斜线等，但布图应合理，直观清晰。

3）箭线到齐画节点：工作的开始节点必须在该工作的全部紧前工作都画出后，定位在这些紧前工作最晚完成的时间刻度上。

4）画完节点补波线：某些工作的箭线长度不足以达到其完成节点时，用波形线补足。

5）零线尽量画垂直：虚工作持续时间为零，应尽可能让其为垂直线。

6）否则安排有缺陷：若出现虚工作占据时间的情况，其原因是工作面停歇或施工作业队组工作不连续。

现以如图 3-48 所示网络计划为例，说明直接绘制法绘制时标网络计划的过程。

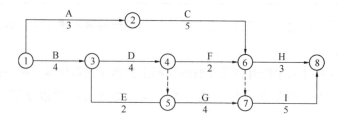

图 3-48　无时标网络计划

（1）将起点节点定位在时间坐标的起始刻度线上。

（2）按工作的持续时间绘制起点节点的外向箭线。

本例中，将节点①定位在时间坐标的起始刻度线"0"的位置上，从节点①分别绘出工作 A 和 B，如图 3-49 所示。

图 3-49　直接绘制法第一步

（3）除起点节点外，其他节点必须在其所有内向箭线绘出后，定位在这些箭线中最迟的箭线末端。其他内向箭线的长度不足以到达该节点时，须用波形线补足，箭头画在与该节点的连接处。

（4）用上述方法从左至右依次确定其他各个节点的位置，直至绘出终点节点。

本例中由于节点②只有一条内向箭线，所以节点②直接定位在箭线 A 的末端；同理，节点③直接定位在箭线 B 的末端，如图 3-50 所示。

绘制 D 工作，并将节点④定位在箭线 D 的末端；节点⑤的位置需要在绘出虚工

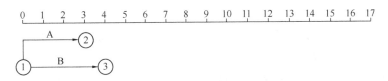

图 3-50　直接绘制法第二步

作④→⑤和工作 E 之后，定位在工作 E 和虚工作④→⑤中最迟的箭线末端，即时刻"8"的位置上。此时，箭线 E 的长度不足以到达节点⑤，用波形线补足，如图 3-51 所示。

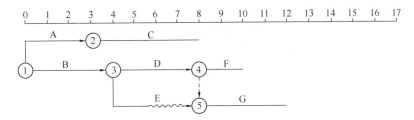

图 3-51　直接绘制法第三步

用同样的方法依次确定节点⑥、⑦、⑧的位置，完成时标网络图的绘制，如图 3-52 和图 3-53 所示。

图 3-52　直接绘制法第四步

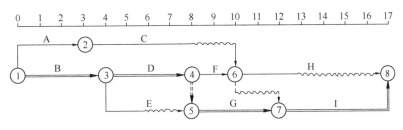

图 3-53　直接绘制法第五步

3.3.4.2　关键线路和时间参数的确定

1. 关键线路

在网络图中，自终点节点逆箭线方向朝起点节点观察，自始至终未现波形线的线路为关键线路。

2. 工期

时标网络计划的计算工期，应是其终点节点与起点节点所在位置的时标值之差。

3. 时间参数的确定

（1）最早时间参数：按最早时间绘制的时标网络计划，每条箭线的箭尾和箭头所对应的时标值应为该工作的最早开始时间和最早完成时间。

（2）自由时差：波形线的水平投影长度即为该工作的自由时差。

（3）总时差：自右向左进行，其值等于诸紧后工作的总时差的最小值与本工作的自由时差之和。即

$$TF_{i-j} = \min\{TF_{j-k}\} + FF_{i-j} \tag{3-64}$$

（4）最迟时间参数：最迟开始时间和最迟完成时间应按下式计算：

$$LS_{i-j} - ES_{i-j} = TF_{i-j} \tag{3-65}$$

$$LF_{i-j} - EF_{i-j} = TF_{i-j} \tag{3-66}$$

如图 3-53 所示的关键线路如双线所示。

3.3.5　网络计划的具体应用

3.3.5.1　分部工程网络计划

按现行《建筑工程施工质量验收统一标准》GB 50300—2013，建筑工程可划分为以下九个分部工程：地基与基础工程、主体结构工程、建筑装饰装修工程、建筑屋面工程、建筑给水排水及采暖工程、建筑电气工程、智能建筑工程、通风与空调工程、电梯工程。

在编制分部工程网络计划时，要在单位工程对该分部工程限定的进度目标时间范围内，既考虑各施工过程之间的工艺关系，又考虑其组织关系，同时还应注意网络图的构图，并且尽可能组织主导施工过程流水施工。

【案例 3-11】某写字楼工程，地下 1 层，地上 5 层，建筑面积 5700m²，建筑物总高度为 23.3m。主体为现浇钢筋混凝土框架—剪力墙结构，基础采用现浇钢筋混凝土筏板基础，筏板基础厚 600mm，基底标高为—5.300m，基础下做 1.0m 厚的三七灰土垫层处理地基。根据水文、地质勘查报告，该工程需要基坑降水和支护，通过方案比较，确定采用深井井点降水和土钉墙支护。

该工程主要分为基础工程、主体工程、屋面工程和装饰工程四个分部工程。

1. 基础工程

本工程基础工程施工主要包括深井井点降水、机械挖土、土钉墙支护、三七灰土地基处理、筏板基础垫层、筏板基础绑筋、筏板基础支模、浇筑筏板基础混凝土、地下工程防水、回填土等。分三个施工段组织流水施工，其中井点降水不分段。基础工程网络计划如图 3-54 所示。

图 3-54　某工程基础工程施工网络计划图

2. 主体结构工程网络计划

本工程主体工程施工主要包括绑扎柱、墙钢筋、支柱、墙模板、浇筑柱、墙混凝土、支梁、板模板、绑扎梁、板钢筋、浇筑梁、板混凝土、地下室及一层分三个施工段组织流水施工，二至五层由于面积缩小分两个施工段组织流水施工。其标准层网络计划如图 3-55 所示。

图 3-55　某工程主体工程标准层施工网络计划图

3. 屋面工程网络计划

本工程屋面工程施工主要包括保温层、找平层、防水层、保护层，不划分流水段，组织依次施工。屋面工程网络计划如图 3-56 所示。

图 3-56　某工程屋面工程施工网络计划图

4. 装饰装修工程的网络计划

本工程装饰工程施工主要包括室外和室内装饰，室内装饰又包括楼地面工程、内墙抹灰、吊顶、门窗工程、涂料工程，每层为一个施工段（包括地下室）。为便于绘图，把二次结构的砌筑工程安排在内装饰工程中。装饰工程网络计划如图 3-57 所示。

提示： 画双代号网络图时，第一行和最后一行不含虚工作，中间行都是一个实工作一个虚工作相间排列。为了便于绘制，绘第一行（即第一个施工过程或第一个施工段）的工作时，其箭线的长度是中间行工作箭线的 2 倍（不含开始工作）；绘中间行

图 3-57 某工程装饰装修工程网络计划图

时，按"一实一虚"，即一个实工作后紧跟一个虚工作，绘出每个施工过程（或施工段），注意图形排列时应根据逻辑关系从左向右错动，再按逻辑关系用竖向虚工作将紧前紧后工作联系起来。

其次，将正确的分部分项工程网络计划图按逻辑关系进行连接，形成单位工程的施工网络计划。连接时需注意不要有多远的节点和虚箭线，也不应出现多起点和多终点节点的情形。

3.3.5.2 单位工程网络计划

在编制单位工程网络计划时，要按照施工程序，将各分部工程的网络计划最大限度地合理搭接起来，一般需考虑相邻分部工程的前者最后一个分项工程与后者的第一个分项工程的施工顺序关系，最后汇总为单位工程初始网络计划。

【案例 3-12】某办公楼工程，地下 1 层，地上 12 层，建筑面积 11900m²，建筑物总高度为 52.6m。主体为现浇钢筋混凝土框架—剪力墙结构，填充墙为加气混凝土砌块。基础采用筏板基础，基底标高为−5.600m，地下水位−15m，故施工期间不需要降水。根据地质勘查报告及周围场地情况，该工程不能放坡开挖，需要进行基坑支护，通过方案比较，确定采用钢筋混凝土悬臂桩支护。该工程装饰内容：地下室地面为地砖地面；楼面为大理石楼面；内墙基层抹灰，涂料面层，局部贴面砖；顶棚为批腻子，刷涂料面层，少部分房间为轻钢龙骨吊顶；外墙为贴面砖，南立面中部为玻璃幕墙。底层外墙干挂大理石；屋面防水为三元乙丙橡胶卷材＋SBS 改性沥青卷材防水（两道设防）。

该工程计划从 2006 年 8 月 15 日开工，至 2007 年 10 月 5 日完工，计划工期419 天。为加快施工进度，缩短工期，在主体结构施工至四层时，在地下室开始插入填充墙砌筑，2～12 层均砌完后再进行底层的填充墙砌筑；在填充墙砌筑至第 4

层时，在第2层开始室内装修，依次做完3～12层的室内装修后再做底层及地下室室内装修。填充墙砌筑工程均完成后再进行外装修（从上向下进行），安装工程配合土建施工。

该单位工程控制性非时标网络计划如图3-58所示。

图 3-58　某单位工程控制性时标网络计划图

本　章　小　结

本章主要介绍了建筑工程流水施工和网络计划技术。

通过依次施工、平行施工和流水施工三种组织施工方式的比较，引出流水施工的概念，重点介绍了流水施工参数及组织流水施工的三种基本方式，并且结合实例阐述了流水施工组织方式在实践中的应用步骤和方法。

网络计划技术是建筑工程施工中广泛应用的现代化科学管理方法，主要内容有双代号、单代号网络计划的基本概念和绘制方法，时间参数的计算、关键工作和关键线路的确定、时标网络计划的绘制和判读以及网络计划在工程中的具体应用。

本　章　实　训

一、实训项目：单位工程施工进度计划的编制

二、时间安排：8学时

三、任务内容

某四层教学楼，建筑面积为 $1560m^2$，基础为钢筋混凝土条形基础，主体工程为现浇框架结构。装修工程为铝合金窗、胶合板门，外墙用白色外墙砖贴面，内墙为中级抹灰，外加106涂料。屋面工程为现浇细石钢筋混凝土屋面板，防水层贴一毡二油，外加架空层隔热层。劳动量一览表见表3-13。

工程量一览表　　　　　　　　　　　表 3-13

序号	分项名称	劳动量（工日）/台班
	基础工程	
1	基槽挖土	6（台班）
2	混凝土垫层	26
3	基础扎筋	48
4	基础模板	60
5	基础混凝土	100
6	素混凝土基础	60
7	回填土	2（台班）
	主体工程	
8	脚手架	132
9	柱筋	90
10	柱梁模板（含梯）	1060
11	柱混凝土	350
12	梁板筋（含梯）	350
13	梁板混凝土（含梯）	730
14	拆模	180
15	砌墙（含门窗框）	780
	屋面工程	
16	屋面找平层、保温、找平层	46
17	屋面防水层	58
	装修工程	
18	安装门窗框	70
19	楼地面及楼梯水泥砂	580
20	顶棚墙面中级抹灰	680
21	顶棚墙面 106 涂料	56
22	外墙面砖	48
23	室外工程	45
24	水电安装	—

四、任务要求

1. 任务书中需详细写出各施工工程的持续时间，工作班制及安排的人数的计算过程；

2. 用 project 软件绘制施该工程的施工进度计划——甘特图；

3. 用梦龙软件绘制施该工程的施工进度计划——网络图。

习　题

一、单选题

1. 某工程需挖土 $4800m^3$，分成四段组织施工，拟选择两台挖土机挖土，每台挖土机的产量定额为 $50m^3$/台班，拟采用两个队组倒班作业，则该工程土方开挖的流水节拍为（　　）天。

A. 24　　　　　　B. 15　　　　　　C. 12　　　　　　D. 6

2. 流水施工中的空间参数是指（　　）。

A. 搭接时间　　B. 施工过程数　　C. 施工段数　　D. 流水强度

3. 某工程由 A、B、C 三个施工过程组成，划分为三个施工段，流水节拍分别为 6 天、6 天、12 天，组织异节奏流水施工，该项目工期为（　　）天。

A. 36　　　　　　B. 24　　　　　　C. 30　　　　　　D. 48

4. 当网络计划的计划工期等于计算工期时，关键工作的总时差（　　）。

A. 大于零　　　　B. 等于零　　　　C. 小于零　　　　D. 小于等于零

5. 关键线路是指（　　）。

A. 不含虚工作的线路　　　　　　B. 持续时间最长的线路

C. 含关键工作的线路　　　　　　D. 持续时间为零的工作组成的线路

6. 在双代号时标网络计划中，以波形线表示工作的（　　）。

A. 逻辑关系　　B. 关键线路　　C. 自由时差　　D. 总时差

二、多选题

1. 等节奏流水施工的特点是（　　）。

A. 同一施工过程在各施工段上的流水节拍都相等

B. 不同施工过程之间的流水节拍互为倍数

C. 专业工作队数目等于施工过程数目

D. 流水步距彼此相等

E. 专业工作队连续均衡作业

2. 某工程双代号网络计划中，正确的说法有（　　）。

A. 可以确定网络计划的计算工期

B. 关键线路至少有一条

C. 在计划的执行过程中，关键线路是不可改变的线路

D. 在计划工期等于计算工期时，关键工作为总时差为零的工作

E. 时间参数一目了然

3. 双代号网络计划的逻辑关系分为（　　）。

A. 先后关系　　　　　　　　　　B. 平行关系

C. 工艺关系　　　　　　　　　　D. 组织关系

E. 搭接关系

4. 有间歇时间的等节拍专业流水指施工过程之间存在（　　）的等节拍专业流水。

A. 技术间歇时间   B. 无间歇时间   C. 施工组织时间

D. 组织间歇时间   E. 层间间歇时间

三、简答题

1. 组织施工有哪几种方式？各有哪些特点？

2. 组织流水施工的要点和条件有哪些？

3. 流水施工中，主要参数有哪些？试分别叙述它们的含义。

4. 施工段划分的基本要求是什么？

5. 水施工的时间参数如何确定？

6. 流水节拍的确定应考虑哪些因素？

7. 流水施工的基本方式有哪几种，各有什么特点？

8. 什么叫双代号网络图？什么叫单代号网络图？

9. 工作和虚工作有什么不同？虚工作的作用有哪些？

10. 简述网络图的绘制原则。

11. 什么叫线路、关键工作、关键线路？

四、综合题

1. 某工程有 A、B、C 三个施工过程，每个施工过程均划分为四个施工段，设 $t_A=2$ 天，$t_B=4$ 天，$t_c=3$ 天。试分别计算依次施工、平行施工及流水施工的工期，并绘出各自的施工进度计划。

2. 已知某工程任务划分为五个施工过程，分五段组织流水施工，流水节拍均为 3 天，在第二个施工过程结束后有 2 天的技术与组织间歇时间，试计算其工期并绘制进度计划。

3. 某施工项目由 Ⅰ、Ⅱ、Ⅲ、Ⅳ 四个施工过程组成，它在平面上划分为 6 个施工段。各施工过程在各个施工段上的持续时间依次为：6 天、4 天、6 天和 2 天，各施工过程完成后，其相应施工段至少应有组织间歇时间 1 天。试编制工期最短的流水施工方案。

4. 某现浇钢筋混凝土工程由支模、绑钢筋、浇筑混凝土、拆模和回填土五个分项工程组成，它在平面上划分为 6 个施工段。各分项工程在各个施工段上的施工持续时间，见表 3-14。在混凝土浇筑后至拆模板必须有养护时间 2 天。试编制该工程流水施工方案。

施工持续时间表   表 3-14

分项工程名称	持续时间（天）					
	①	②	③	④	⑤	⑥
支模板	2	3	2	3	2	3
绑扎钢筋	3	3	4	4	3	3

续表

分项工程名称	持续时间（天）					
	①	②	③	④	⑤	⑥
浇筑混凝土	2	1	2	2	1	2
拆模板	1	2	1	1	2	1
回填土	2	3	2	2	3	2

5. 试找出图 3-59 网络图的错误

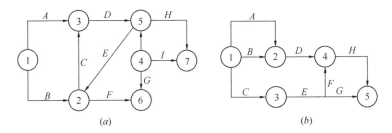

图 3-59　双代号网络图

6. 某装修工程各工序的逻辑关系及工作持续时间如表 3-15 所示。

各工序名称及持续时间　　　　　　　　　　　　表 3-15

序号	工序名称	紧前工作	紧后工作	持续时间（天）
A	顶棚粉刷 1		B、C	2
B	顶棚粉刷 2	A	D、E	3
C	墙面粉刷 1	A	E、F	2
D	顶棚粉刷 3	B	G	2
E	墙面粉刷 2	B、C	G、H	3
F	地面 1	C	H	1
G	墙面粉刷 3	D、E	I	2
H	地面 2	E、F	I	1
I	地面 3	G、H		1

问题：

（1）简述双代号网络计划时间参数的种类。

（2）什么是工作持续时间？工作持续时间的计算方法有哪几种？

（3）依据上表绘制双代号网络图，计算时间参数。

（4）双代号网络计划关键线路应如何判断？确定该网络计划的关键线路并在图上用双线标出。

（5）画出上图的时标网络计划。

7. 某房屋工程共两层，内装饰工程施工有 A（地面）、B（安装门窗）、C（墙面粉刷）、D（顶棚粉刷）四个施工过程，每层分两个施工段组织施工，每个施工过程均由一个施工队施工，持续时间分别为：2 天、6 天、1 天、2 天，用时间坐标网络图按最早开始时间绘制其进度计划。

单位工程施工组织设计的编制

引　言

标后施工组织设计是建筑施工企业组织和指导工程施工全过程各项活动的技术经济文件。它是基层施工单位编制年度、季度、月度、旬施工作业计划、分部分项工程作业设计及劳动力、材料、预制构件、施工机具等供应计划的主要依据，也是建筑施工企业加强生产管理的一项重要工作。

学习目标

1. 了解施工组织设计的编制依据和编制内容；
2. 熟悉资料收集的内容及会编制施工项目的工程概况；
3. 能够根据工程信息编制项目的施工方案；
4. 掌握进度计划的编制方法；
5. 能够编制各种资源需要量计划；
6. 学会布置施工现场平面图。

任务引入

某施工单位作为总承包商，承接一写字楼工程，该工程为相邻的两栋 18 层钢筋混凝土框架-剪力墙结构高层建筑，两栋楼地下部分及首层相连，中间设有后浇带。2 层以上分为 A 座、B 座两栋独立高层建筑。合同规定该工程的开工日期为 2007 年 7 月 1 日，竣工日期为 2008 年 9 月 25 日。该工程工期紧迫，拟在主体结构施工时安排两个劳务队在 A 座和 B 座同时施工；装修装饰工程安排较多工人从上向下进行内装修的施工，拟先进行 A 座施工，然后进行 B 座的施工。

思考：

(1) 该工程的施工程序应当如何安排？

(2) 该工程主体结构和装饰装修工程的施工安排是否合理？说出理由。如果工期较紧张，在该施工单位采取管理措施可以保证质量的前提下，应该如何安排较为合理？

学习单元 1　单位工程施工组织设计概述

4.1.1　施工组织设计的分类

施工组织设计根据按照编制对象不同，大致可以分为三类：施工组织总设计（施工组织大纲）、单位工程施工组织设计和分部（分项）工程施工作业设计。这三类施工组织设计是由大到小、由粗到细、由战略部署到战术安排的关系，但各自要解决问题的范围和侧重等要求有所不同。

1. 施工组织总设计

施工组织总设计是以一个建设项目或建筑群为编制对象，用以规划整个拟建工程施工活动的技术经济文件。它是整个建设项目施工任务总的战略性的部署安排，涉及范围较广，内容比较概括。它一般是在初步设计或扩大初步设计批准后，由总承包单位负责，并邀请建设单位、设计单位、施工分包单位参加编制。如果编制施工组织设计条件尚不具备，可先编制一个施工组织大纲，以指导开展施工准备工作，并为编制施工组织总设计创造条件。

施工组织总设计的主要内容包括：工程概况、施工部署与施工方案、施工总进度计划、施工准备工作及各项资源需要量计划、施工总平面图、主要技术组织措施及主要技术经济指标等。

由于大、中型建设项目施工工期往往需要几年，施工组织总设计对以后年度施工条件等变化很难精确地预见到，这就需要根据变化的情况，编制年度施工组织设计，用以指导当年的施工部署并组织施工。

2. 单位工程施工组织设计

单位工程施工组织设计是以一个单位工程或一个不复杂的单项工程（如一个厂房、仓库、构筑物或一幢公共建筑、宿舍等）为对象而编制的，对单位工程的施工起指导和制约作用。它是根据施工组织总设计的规定要求和具体实际条件对拟建的工程对象的施工工作所作的战术性部署，内容比较具体、详细。它是在全套施工图设计完成并交底、会审完后，根据有关资料，由工程项目技术负责人负责编制。

单位工程施工组织设计的主要内容包括：编制依据、工程概况、施工部署、施工进度计划、施工准备工作及各项资源需要量计划、主要施工方法、施工现场平面布置及主要施工管理计划等基本内容。

对于建筑结构比较简单、工程规模比较小、技术要求比较低，且采用传统施工方法组织施工的一般工业与民用建筑，其施工组织设计可以编制得简单一些，其内容一般只包括施工方案、施工进度表、施工平面图，辅以扼要的文字说明，简称为"一案一表一图"。

3. 分部（分项）工程施工作业设计

分部（分项）工程施工作业设计是以某些新结构、技术复杂的或缺乏施工经验的分部（分项）工程为对象（如高支模、有特殊要求的高级装饰工程等）而编制的。用以指导和安排该分部（分项）工程施工作业完成。

分部（分项）工程施工作业设计的主要内容包括：施工方法、技术组织措施、主要施工机具、配合要求、劳动力安排、平面布置、施工进度等。它是编制月、旬作业计划的依据。

4.1.2　单位工程施工组织设计编制依据

单位工程的施工组织设计，必须准备相应的文件和施工资料以及熟悉相关情况，编制的依据主要包括：

(1) 与工程建设有关的法律、法规和文件；

(2) 国家现行有关标准和技术经济指标；

(3) 工程所在地区行政主管部门的批准文件，建设单位对施工的要求；

(4) 工程施工合同或招标投标文件；

(5) 工程设计文件；

(6) 工程施工范围内的现场条件，工程地质及水文地质、气象等自然条件；

(7) 与工程有关的资源供应情况；

(8) 施工企业的生产能力、机具设备状况、技术水平等。

提示：

① 法律、法规、规范、规程、标准和制度等应按以下顺序写：国家→行业→地方→企业；法规→规范→规程→规定→图集→标准。

② 特别注意法律、法规、规范、规程、标准和地方标准图集等应是"现行"的，不能使用过时作废的作为依据。

4.1.3　单位工程施工组织设计编制程序

单位工程施工组织设计的编制程序是指对施工组织设计的各组成部分形成的先后顺序。虽然单位工程施工组织设计的作用、编制内容和要求不尽相同，但其具体编制工作的程序通常包括如下几个方面：

(1) 熟悉、审查设计施工图，到现场进行实地调查，并搜集有关施工资料。

(2) 划分施工段和施工层，分层、分段计算各施工过程的工程量，注意工程量的单位与相应的定额单位相同。

（3）拟订该单位工程的组织机构及管理体系。

（4）拟定施工方案，确定各施工过程的施工方法；进行技术经济分析比较，并选择最优施工方案。

（5）分析拟采用的新技术、新材料、新工艺的技术措施和施工方法。

（6）编制施工进度计划，并进行多项方案比较，选择最优进度方案。

（7）根据施工进度计划和实际条件，编制原材料、预制构件、成品、半成品等的需用量计划，列出该工程项目采购计划表，并拟订材料运输方案和制订供应计划。

（8）根据各施工过程的施工方法和实际条件，选择适用的施工机械及机具设备，编制需用量计划表。

（9）根据施工进度计划和实际条件，编制总劳动力及各专业劳动力需用量计划表或劳务分包计划。

（10）计算临时性建筑数量和面积，包括仓储面积、堆场面积、工地办公室面积、生活用房面积等。

（11）计算和设计施工临时供水、排水、供电、供暖和供气的用量，布置各种管线的位置和主接口的位置，确定变压器、配电箱、加压泵等的规格和型号。

（12）根据施工进度计划和实际条件设计施工平面布置图。

（13）拟订保证工程质量、降低工程成本、保证工期、冬雨期施工、施工安全等方面的措施，以及施工期间的环境保护措施和降低噪声、避免扰民的措施等。

（14）主要技术经济指标的计算与分析。

4.1.4 单位工程施工组织设计编制重点

从突出"组织"的角度出发，编制单位工程施工组织设计时，应重点编好以下三个方面重点内容：

（1）单位工程施工组织设计中的施工方案和施工方法。这一部分是解决施工中的组织指导思想和技术方法问题。在编制中，要努力做到在多方案中优化和多方法中选择更合理的方案和更有效的方法。

（2）单位工程施工组织设计中的施工进度计划。这部分所要解决的问题是工序衔接和搭接及其工序作业时间，且应能熟练地用横道图或网络图表现出来。

（3）单位工程施工组织设计中的施工平面图。这一部分的技术性、经济性都很强，还涉及许多政策和法规问题，如占地、环保、安全、消防、用电、交通、运输和文明施工等。在有限的可利用场地和空间，如何有效地进行施工平面布置，需综合各方面因素，严格依照施工平面布置原则做好规划和安排。

总之，以上三方面重点突出了施工组织设计中的技术、时间和空间三大要素，这三者又是密切相关的，设计的顺序也不能颠倒。抓住这三方面重点，也就抓住了单位工程施工组织设计的核心。

4.1.5 施工组织设计的管理

1. 编制和审批

施工组织设计的审批和施工组织设计的编制一样，应视工程大小、内容复杂程度的不同而进行分级审批。《建筑施工组织设计规范》GB/T 50502—2009 规定：

(1) 施工组织设计应由项目负责人主持编制，企业主管部门审核，可根据需要分阶段审批；

(2) 施工组织总设计应由总承包单位技术负责人审批；单位工程施工组织设计应由施工单位技术负责人或技术负责人授权的技术人员审批，施工方案应由项目技术负责人审批；重点、难点分部（分项）工程和专项工程施工方案应由施工单位技术部门组织相关专家评审，施工单位技术负责人批准；

(3) 由专业承包单位施工的分部（分项）工程或专项工程的施工方案，应由专业承包单位技术负责人或技术负责人授权的技术人员审批；有总承包单位时，应由总承包单位项目技术负责人核准备案；

(4) 规模较大的分部（分项）工程和专项工程的施工方案应按单位工程施工组织设计进行编制和审批。

提示： 项目监理机构应审查施工单位报审的施工组织设计，符合要求时，应由总监理工程师签认后报建设单位。项目监理机构应要求施工单位按已批准的施工组织设计组织施工。施工组织设计需要调整时，项目监理机构应按程序重新审查。

施工组织设计审查应包括下列基本内容：

① 编审程序应符合相关规定。

② 施工进度、施工方案及工程质量保证措施应符合施工合同要求。

③ 资金、劳动力、材料、设备等资源供应计划应满足工程施工需要。

④ 安全技术措施应符合工程建设强制性标准。

⑤ 施工总平面布置应科学合理。

2. 技术交底

单位工程施工组织设计经上级承包单位技术负责人或其授权人审批后，应在工程开工前由项目负责人组织，对项目部全体管理人员及主要分包单位进行交底并做好交底记录。

提示： 技术交底的形式有以下几种：

① 书面交底。把交底的内容和技术要求以书面形式向施工的负责人和全体有关人员交底，交底人与接受人在交底完成后，分别在交底书上签字。

② 会议交底。通过组织相关人员参加会议，向到会者进行交底。

③ 样板交底。组织技术水平较高的工人做出样板，经质量检查合格后，对照样板向施工班组交底。交底的重点是操作要领、质量标准和检验方法。

④ 挂牌交底。将交底的主要内容、质量要求写在标牌上，挂在操作场所。

⑤ 口头交底。适用于人员较少，操作时间比较短，工作内容比较简单的项目。

⑥ 模型交底。对于比较复杂的设备基础或建筑构件，可做模型进行交底，使操作者加深认识。

3. 过程检查与验收

(1) 单位工程的施工组织设计在实施过程中应进行检查。过程检查可按照工程施工阶段进行。通常划分为地基基础、主体结构、装饰装修三个阶段。

(2) 过程检查由企业技术负责人或相关部门负责人主持，企业相关部门、项目经理部相关部门参加，检查施工部署、施工方法的落实和执行情况，如对工期、质量、效益有较大影响的应及时调整，并提出修改意见。

4. 发放与归档

单位工程施工组织设计审批后加盖受控章，由项目资料员报送及发放并登记记录，报送监理方及建设方，发放企业主管部门、项目相关部门、主要分包单位。

工程竣工后，项目经理部按照国家、地方有关工程竣工资料编制的要求，将《单位工程施工组织设计》整理归档。

5. 施工组织设计的动态管理

如果项目施工过程中，发生以下情况之一时，施工组织设计应及时进行修改或补充：

(1) 工程设计有重大修改；

(2) 有关法律、法规、规范和标准实施、修订和废止；

(3) 主要施工方法有重大调整；

(4) 主要施工资源配置有重大调整；

(5) 施工环境有重大改变。

经修改或补充的施工组织设计应重新审批后实施。

学习单元 2　施工资料的收集与整理

调查研究和收集有关施工资料是施工准备工作的重要内容之一。尤其是施工单位进入一个新的城市和地区，此项工作显得更加重要，它关系到施工单位全局的部署与安排。通过原始资料的收集分析，为编制出合理的、符合客观实际的施工组织设计文件，提供全面、系统、科学的依据；为图纸会审、编制施工图预算和施工预算提供依据；为施工企业管理人员进行经营管理决策提供可靠的依据。

4.2.1　工程建设信息

可以向建设单位与勘察设计单位调查工程建设及有关资料，见表 4-1。

建设单位、设计单位调查的项目　　　　　　　　　　　　　表 4-1

序号	调查单位	调查内容	调查目的
1	建设单位	（1）建设项目设计任务书、有关文件 （2）建设项目性质、规模、生产能力 （3）生产工艺流程、主要工艺设备名称及来源、供应时间、分批和全部到货时间 （4）建设期限、开工时间、交工先后顺序、竣工投产时间 （5）总概算投资、年度建设计划 （6）施工准备工作的内容、安排、工作进度表	（1）施工依据 （2）项目建设部署 （3）制定主要工程施工方案 （4）规划施工总进度 （5）安排年度施工计划 （6）规划施工总平面 （7）确定占地范围
2	设计单位	（1）建设项目总平面规划 （2）工程地质勘察资料 （3）水文勘察资料 （4）项目建筑规模，建筑、结构、装修概况，总建筑面积、占地面积 （5）单项（单位）工程个数 （6）设计进度安排 （7）生产工艺设计、特点 （8）地形测量图	（1）规划施工总平面图 （2）规划生产施工区、生活区 （3）安排大型临建工程 （4）概算施工总进度 （5）规划施工总进度 （6）计算平整场地土石方量 （7）确定地基、基础的施工方案

4.2.2　自然条件调查分析

它包括对建设地区的气象资料、工程地质、水文、周围民宅的坚固程度及其居民的健康状况等调查。主要作用是为制定施工方案、技术组织措施、冬雨期施工措施，进行施工平面规划布置等提供依据；为编制现场"三通一平"计划提供依据，如地上建筑物的拆除，高压电线路的搬迁，地下构筑物的拆除和各种管线的搬迁等项工作；为减少施工公害，如打桩工程在打桩前，对居民的危房和居民中的心脏病患者，采取保护性措施提供依据。自然条件调查的项目见表 4-2。

建设地区自然条件调查表　　　　　　　　　　　　　　表 4-2

序号	项目	调查内容	调查目的
1		气象资料	
（1）	气温	（1）全年各月平均温度 （2）最高温度、月份，最低温度、月份 （3）冬季、夏季室外计算温度 （4）霜、冻、冰雹期 （5）小于 −3℃、0℃、5℃的天数，起止日期	（1）防暑降温 （2）全年正常施工天数 （3）冬期施工措施 （4）估计混凝土、砂浆强度增长

续表

序号	项目	调查内容	调查目的
1		气象资料	
(2)	降雨	(1) 雨季起止时间 (2) 全年降水量、一日最大降水量 (3) 全年雷暴天数、时间 (4) 全年各月平均降水量	(1) 雨期施工措施 (2) 现场排水、防洪 (3) 防雷 (4) 雨天天数估计
(3)	风	(1) 主导风向及频率（风玫瑰图） (2) 大于或等于 8 级风的全年天数、时间	(1) 布置临时设施 (2) 高空作业及吊装措施
2		工程地形、地质	
(1)	地形	(1) 区域地形图 (2) 工程位置地形图 (3) 工程建设地区的城市规划 (4) 控制桩、水准点的位置 (5) 地形、地质的特征 (6) 勘察文件、资料等	(1) 选择施工用地 (2) 合理布置施工总平面图 (3) 计算现场平整土方量 (4) 障碍物及数量 (5) 拆迁和清理施工现场
(2)	地质	(1) 钻孔布置图 (2) 地质剖面图（各层土的特征、厚度） (3) 土质稳定性：滑坡、流砂、冲沟 (4) 地基土强度的结论，各项物理力学指标：天然含水率、孔隙比、渗透性、压缩性指标、塑性指数、地基承载力 (5) 软弱土、膨胀土、湿陷性黄土分布情况；最大冻结深度 (6) 防空洞、枯井、土坑、古墓、洞穴，地基土破坏情况 (7) 地下沟渠管网、地下构筑物	(1) 土方施工方法的选择 (2) 地基处理方法 (3) 基础、地下结构施工措施 (4) 障碍物拆除计划 (5) 基坑开挖方案设计
(3)	地震	抗震设防烈度的大小	对地基、结构影响，施工注意事项
3		工程水文地质	
(1)	地下水	(1) 最高、最低水位及时间 (2) 流向、流速、流量 (3) 水质分析 (4) 抽水试验、测定水量	(1) 土方施工基础施工方案的选择 (2) 降低地下水位方法、措施 (3) 判定侵蚀性质及施工注意事项 (4) 使用、饮用地下水的可能性
(2)	地面水 (地面河流)	(1) 临近的江河、湖泊及距离 (2) 洪水、平水、枯水时期，其水位、流量、流速、航道深度，通航可能性 (3) 水质分析	(1) 临时给水 (2) 航运组织 (3) 水工工程
(3)	周围环境及障碍物	(1) 施工区域现有建筑物、构筑物、沟渠、水流、树木、土堆、高压输变电线路等 (2) 临近建筑坚固程度及其中人员工作、生活、健康状况	(1) 及时拆迁、拆除 (2) 保护工作 (3) 合理布置施工平面 (4) 合理安排施工进度

4.2.3 技术经济条件信息收集

1. 建筑材料的调查

建筑工程需要消耗大量的材料，主要有钢材、木材、水泥、地方材料（砖、瓦、石、砂）、装饰材料、构件制作、商品混凝土等。主要调查主要内容：地方材料应能力、质量、价格、运费等；商品混凝土、建筑机械供应与维修、脚手架、定型模大型租赁所能提供的服务项目及其数量、价格、供应条件等。资料来源主要是当地主管部门和建设单位及各建材生产厂家、供货商。主要作用是选择建筑材料和施工机械的依据。

(1) 构件生产企业调查的内容

构件生产企业情况调查表　　　　　　　　表 4-3

序号	企业名称	产品名称	规格质量	单位	生产能力	供应能力	生产方式	出厂价格	运距	运输方式	单位运价	备注
1												
……												

注：名称按照构件厂、木工厂、金属结构厂、商品混凝土厂、砂石厂、建筑设备厂、砖、瓦、石灰厂等填列。

(2) 地方资源情况查的内容

地方资源情况调查内容　　　　　　　　表 4-4

序号	材料名称	产地	质量	开采量	开采费	出厂价	单位运价	运价	备注
1									
……									

注：材料名称栏按照块石、碎石、砾石、砂、工业废料填列。

(3) 地方材料及主要设备查的内容

三大材料、特殊材料及主要设备大厂内容　　　　　　　　表 4-5

序号	项目	调查内容	调查目的
1	三大材料	(1) 钢材订货的规格、牌号、强度等级、数量和到货时间 (2) 木材料订货的规格、等级、数量和到货时间 (3) 水泥订货的品种、强度等级、数量和到货时间	(1) 确定临时设施和堆放场地 (2) 确定木材加工计划 (3) 确定水泥储存方式
2	特殊材料	(1) 需要的品种、规格、数量 (2) 试制、加工和供应情况 (3) 进口材料和新材料	(1) 制定供应计划 (2) 确定储存方式
3	主要设备	(1) 主要工艺设备的名称、规格、数量和供货单位 (2) 分批和全部到货时间	(1) 确定临时设施和堆放场地 (2) 拟定防雨措施

2. 交通运输资料的调查

交通道路和运输条件是进行建筑施工输送物资、设备的动脉，也与现场施工和消防有关，特别是在城区施工，场地狭小，物资、设备存放空间有限，运输频繁，往往与城市交通管理存在矛盾，因此，要做好建设项目地区交通运输条件的调查。建筑施工常用铁路、公路和水路三种主要交通运输方式。主要调查主要内容：主要材料及构件运输通道情况；有超长、超高、超重或超宽的大型构件、大型起重机械和生产工艺设备需整体运输时，还要调查沿线架空电线、天桥等的高度，并与有关部门商谈避免大件运输对正常交通干扰的路线、时间及措施等。资料来源主要是当地铁路、公路和水路管理部门。

地区交通运输条件调查表 表 4-6

序号	项目	调查内容	调查目的
1	铁路	(1) 邻近铁路专用线、车站至工地的距离及沿途运输条件 (2) 站场卸货路线长度，起重能力和储存能力 (3) 装载单个货物的最大尺寸、重量的限制 (4) 运费、装卸费和装卸力量	
2	公路	(1) 主要材料产地至工地的公路等级，路面构造宽度及完好情况，允许最大载重量 (2) 途经桥涵等级，允许最大载重量 (3) 当地专业机构及附近村镇能提供的装卸、运输能力，汽车、畜力、人力车的数量及运输效率，运费、装卸费 (4) 当地有无汽车修配厂、修配能力及至工地距离、路况 (5) 沿途架空电线高度	(1) 选择施工运输方式 (2) 拟定施工运输计划
3	航运	(1) 货源、工地至邻近河流、码头渡口的距离，道路情况 (2) 洪水、平水、枯水期和封冻期通航的最大船只及吨位，取得船只的可能性 (3) 码头装卸能力，最大起重量，增设码头的可能性 (4) 渡口的渡船能力，同时可载汽车、马车数，每日次数，能为施工提供的能力 (5) 运费、渡口费、装卸费	

3. 供电、供气资料的调查

水、电是施工不可缺少的必要条件，其主要调查内容如下：

(1) 城市自来水干管的供水能力、接管距离、地点和接管条件等；利用市政排水设施的可能性，排水去向、距离、坡度等。

(2) 可供施工使用的电源位置，引入现场工地的路径和条件，可以满足的容量和电压；电话、电报的利用可能，需要增添的线路和设施等。资料来源主要是当地市政建设、电业、电信等管理部门和建设单位。主要用作选用施工用水、用电等的依据。

供水供电供气条件调查表　　　　　　　　　　　　　　　表 4-7

序号	项目	调 查 内 容	调查目的
1	给水与排水	(1) 与当地现有水源连接的可能性，可供水量，接管地点、管径、管材、埋深、水压、水质、水费，至工地距离，地形地物情况 (2) 临时供水源：利用江河、湖水的可能性，水源、水量、水质，取水方式，至工地距离，地形地物情况，临时水井位置、深度、出水量、水质 (3) 利用永久排水设施的可能性，施工排水去向、距离、坡度，有无洪水影响，现有防洪设施、排洪能力	(1) 确定生活、生产供水方案 (2) 确定工地排水方案和防洪方案 (3) 拟定给水排水设施的施工进度计划
2	供电与通信	(1) 电源位置，引入的可能，允许供电容量、电压、导线截面、距离、电费、接线地点，至工地距离、地形地物情况 (2) 建设单位、施工单位自有发电、变电设备的规格型号、台数、能力、燃料、资料及可能性 (3) 利用邻近电信设备的可能性，电话、电报局至工地距离，增设电话设备和计算机等自动化办公设备和线路的可能性	(1) 确定供电方案 (2) 确定通信方案 (3) 拟订供电和通信的施工进度计划
3	供气与供热	(1) 蒸汽来源，可供能力、数量，接管地点、管径、埋深，至工地距离，地形地物情况，供气价格，供气的正常性 (2) 建设单位、施工单位自有锅炉型号、台数、能力、所需燃料、用水水质、投资费用 (3) 当地单位、建设单位提供压缩空气、氧气的能力，至工地的距离	(1) 确定生产、生活蒸汽的方案 (2) 确定压缩空气、氧气的供应计划

注：资料来源：当地城建、供电局、水厂等单位及建设单位。

4. 建设地区社会劳动力和生活条件的调查

建筑施工是动密集型的生产活动，社会劳动力是建筑施工劳动力的主要来源。主要作用是为劳动力安排计划、布置临时设施等提供依据。

建设地区社会劳动力和生活设施的调查表　　　　　　　　　　　表 4-8

序号	项目	调 查 内 容	调 查 目 的
1	社会劳动力	(1) 少数民族地区的风俗习惯 (2) 当地能提供的劳动力人数、技术水平、工资费用和来源 (3) 上述人员的生活安排	(1) 拟定劳动力计划 (2) 安排临时设施

续表

序号	项目	调查内容	调查目的
2	房屋设施	(1) 必须在工地居住的单身人数和户数 (2) 能作为施工用的现有的房屋栋数，每栋面积，结构特征，总面积，位置，水、暖、电、卫、设备状况 (3) 上述建筑物的适宜用途，用作宿舍、食堂、办公室的可能性	(1) 确定现有房屋为施工服务的可能性 (2) 安排临时设施
3	周围环境	(1) 主副食品供应，日用品供应，文化教育，消防治安等机构能为施工提供的支援能力 (2) 邻近医疗单位至工地的距离，可能就医情况 (3) 当地公共汽车、邮电服务情况 (4) 周围是否存在有害气体、污染情况，有无地方病	安排职工生活基地

注：资料来源可向当地劳动局、商业、卫生、教育、邮电等主管部门调查。

5. 参加施工的各单位能力的调查内容

施工企业的信息收集是指了解施工企业的资质等级、技术装备、管理水平、施工经验、社会信誉等有关情况。对同一工程若是多个施工单位共同参与施工的，应了解参加施工的各单位能力，以便做到心中有数。

参加施工的各单位能力调查表 表 4-9

序号	项目	调查内容	调查目的
1	工人	(1) 工人数量、分工种人数，能投入本工程施工的人数 (2) 专业分工及一专多能的情况、工人队组形式 (3) 定额完成情况、工人技术水平、技术等级构成	
2	管理人员	(1) 管理人员总数，所占比例 (2) 其中技术人员数，专业情况，技术职称，其他人员数	
3	施工机械	(1) 机械名称、型号、能力、数量、新旧程度、完好率，能投入本工程施工的情况 (2) 总装备程度（马力/全员） (3) 分配、新购情况	(1) 了解总、分包单位的技术、管理水平 (2) 选择分包单位 (3) 为编制施工组织设计提供依据
4	施工经验	(1) 历年曾施工的主要工程项目、规模、结构、工期 (2) 习惯施工方法，采用过的先进施工方法，构件加工、生产能力、质量 (3) 工程质量合格情况，科研、革新成果 (4) 科研成果和技术更新情况	
5	经济指标	(1) 劳动生产率指标：产值、产量、全员建安劳动生产率 (2) 质量指标：产品优良率及合格率 (3) 机械化程度工业化程度 (4) 安全指标：安全事故频率 (5) 设备、机械的完好率、利用率	

注：资料来源：参加施工的各单位及主管部门。

6. 参考资料的收集

在编制施工组织设计时，为弥补调查收集的原始资料的不足，有时还可以借助一些相关的参考资料作为编制的依据。这些参考资料可以是施工定额、施工手册、施工组织设计实例、相似工程的技术资料或平时实践活动所积累的资料等。

【案例 4-1】某工程的相关施工资料

1. 原始资料的调查

（1）施工现场的调查。经公司组织人力现场调查发现，某高层建筑项目区域地形图、场地地形图符合现场实际情况，现场控制桩与水准基点与图纸标定的位置相吻合。

（2）工程地质、水文的调查。

1）地形地貌：现场地势略有起伏，地面标高（吴淞高程）在 3.35～5.19m 之间，高差 1.84m。地貌形态单一，属滨海平原地貌沉积类型。根据现场踏勘，6 层商业房距场地南侧地铁轨交线 5～10m。

2）地基上的构成与特征：本场地位于古河道地段，该场地地基上在 90.00m 深度范围内均为第四纪沉积物，属第四纪滨海平原地基上沉积层，主要由黏性土、粉性土以及砂性土组成，一般具有成层分布特点；属稳定场地。

3）地下水类型：场地内地下水潜水位般离地表而约 0.3～1.5m，年平均水位埋深 0.50～0.70m，地下水高水位埋深 0.50m，低水位埋深为 1.50m。浅部微承压水位及深部承压水位般均低于潜水位，年呈周期性变化，埋深为 3～12m。

4）地下水水质：场地内的地下水在Ⅲ类环境下对混凝土有微腐蚀性；当长期浸水时对混凝土中的钢筋有微腐蚀性；当干湿交替浸水时对混凝土中的钢筋有微腐蚀性；地下水对钢结构有弱腐蚀性。

（3）气象资料的调查。近年来，全年平均气温 16.4℃；夏季最高气温 39℃，夏季长约 120 天；冬季最低气温－5℃左右，冬季长约 90 天；多年平均降水量 1480mm，主汛期 5～9 月的降水量占全年的 60％。

（4）周围环境及障碍物的调查。本工程位于上海中心城区的西南翼，位于浦东新区北蔡镇。北临中环路，南临御桥路，西临沪南路，东临咸塘港和待建住宅。场地四周除基坑南侧外，其余各侧地下室外墙与用地红线均相距较近。施工现场已经完成"三通一平"，施工现场无道路构筑物、沟渠、水井、古墓、文物、树木、电力架空线路、人防工程、地下管线、枯井等。

2. 收集给水排水、供电等资料

（1）本工程施工临时用电接入市政电网，施工临时用水接入市政管网。施工单位已经在施工现场西北角提供了管径为 DN150 供水管和取水点，在施工现场的东南角提供了一个 1000kVA 的变电房。

（2）收集交通运输资料。本工程与市区连接建设地点的各道路基本畅通，沿途无限高限宽、天桥等。

3. 收集三材、地方材料及装饰材料等资料本项目建设所在地周围 7km 范围内有两家大型建材市场，土建、安装和装饰材料齐备，价格较合理。同时，本工程所用的脚手架、定型模板和大型工具等加工场距离建设地点约 15km。

4. 社会劳动力和生活条件调查

经调查，工程所在当地建筑劳务市场较繁荣，劳动力充足。

学习单元 3　工程概况与施工部署

4.3.1　工程建设概况

工程概况应包括工程主要情况、各专业设计简介和工程施工条件等。

工程主要情况应包括下列内容：

(1) 工程名称、性质和地理位置；

(2) 工程的建设、勘察、设计、监理和总承包等相关单位的情况；

(3) 工程承包范围和分包工程范围；

(4) 施工合同、招标文件或总承包单位对工程施工的重点要求；

(5) 其他应说明的情况。

常用表格形式见表 4-10。

工程建设概况表　　　　　　　　　　　　　　表 4-10

工程名称		工程地址	
建设单位		勘察单位	
设计单位		监理单位	
质量监督部门		总包单位	
主要分包单位		建设工期	
合同工期		总投资额	
合同工程投资额		质量目标	
工程功能或用途		建设期	

4.3.2　各专业设计简介

各专业设计简介应包括下列内容。

1. 建筑设计简介

建筑设计简介应依据建设单位提供的建筑设计文件进行描述，包括建筑规模、建筑功能、建筑特点、建筑耐火、防水及节能要求等，并应简单描述工程的主要装修做法，可根据实际情况列表说明，常用表格形式见表 4-11。

建设设计概况一览表　　　　　　　　　　　　　表 4-11

占地面积			m²	首层建筑面积		m²	总建筑面积	m²
层数	地下			层高	地下	m	地上面积	m²
					首层	m	地下面积	
					标准层	m		
装饰	外墙							
	楼地面							
	墙面							
	顶棚							
	楼梯							
	电梯厅							
	地下							
	屋面							
防水	卫生间							
	阳台							
	雨篷							
保温节能								
绿化								
环境保护								

注：可根据实际情况附典型平、剖面图。

2. 结构设计简介

结构设计简介应依据建设单位提供的结构设计文件进行描述，包括结构形式、地基基础形式、结构安全等级、抗震设防类别、主要结构构件类型及要求等，常用表格形式见表 4-12。

结构设计一览表　　　　　　　　　　　　　　表 4-12

地基	结构类型	桩		桩长　　m，桩径　　mm	
基础	结构形式	整板		板厚	
主体	结构形式				
	主要结构尺寸	柱子：			梁：
抗震设防等级	级		人防等级		级
混凝土强度等级及抗渗要求	桩基		整体基础		
	墙体		梁		
	板		柱		
	楼梯		构造柱		
钢筋种类级别					
特殊结构					

3. 机电及设备安装专业设计简介

机电及设备安装专业设计简介应依据建设单位提供的各相关专业设计文件进行描

述，包括给水、排水及采暖系统、通风与空调系统、电气系统、智能化系统、电梯等各个专业系统的做法要求。

提示： 工程概况中还可以附上以下几种图进一步说明。

①周围环境条件图：主要说明周围建筑物与拟建建筑的尺寸关系、标高、周围道路、电源、水源、雨污水管道及走向、围墙位置等；城市市政管网系统工程。

②工程平面图：从中可以看到建筑物的尺寸、功用及围护结构等，这也是合理布置施工总平面的一个要素。

③工程结构剖面图：从上可了解到工程的结构高度、楼层标高、基础高度及底板厚度等，这些是施工的依据。

4.3.3　建设地点特征

(1) 项目施工区域地形和工程水文地质状况；

(2) 不同深度的土壤分析、冻结期间与冻土深度；

(3) 项目建设地点气温，冬雨期起止时间，主导风向与风力；

4.3.4　施工条件

(1) 与项目施工有关的道路、河流等状况，项目施工区域地上、地下管线及相邻的地上、地下建（构）筑物情况；

(2) 当地建筑材料、设备供应和交通运输等服务能力状况；

(3) 当地供电、供水、供热和通信能力状况；

(4) 项目部主要劳动力、特别是主要项目的技术工种的落实情况，内部承包方式、劳动组织形式及施工管理水平，现场临时设施的解决等；

(5) 其他与施工有关的主要因素。

4.3.5　施工条件

项目主要施工条件应包括下列内容：

(1) 项目建设地点气象状况；

(2) 项目施工区域地形和工程水文地质状况；

(3) 项目施工区域地上、地下管线及相邻的地上、地下建（构）筑物情况；

(4) 与项目施工有关的道路、河流等状况；

(5) 当地建筑材料、设备供应和交通运输等服务能力状况；

(6) 当地供电、供水、供热和通信能力状况；

(7) 其他与施工有关的主要因素。

4.3.6　施工部署

施工部署是宏观的部署，其内容应明确、定性、简明和提出原则性要求，并应重点突出部署原则。施工部署的关键是安排，核心内容是部署原则，要努力在安排上做到优化，在部署原则上，要做到对涉及的各种资源在时空上的总体布局进行合理的构思。

一般施工部署主要包括以下内容：明确施工管理目标、确定施工部署原则、项目理部组织机构、明确施工任务划分、计算主要项目工程量、明确施工组织协调与配合等。

1. 施工管理目标

(1) 进度目标　工期和开工、竣工时间。

(2) 质量目标　包括质量等级、质量奖项。

(3) 安全目标　根据有关要求规定。

(4) 文明施工目标　根据有关标准和要求确定。

(5) 消防目标　根据有关要求确定。

(6) 绿色施工目标　根据住房和城乡建设部及地方规定和要求确定。

(7) 降低成本目标　确定降低成本的目标值、降低成本额或降低成本率。

提示：各项目标应满足施工组织总设计中确定的总体目标。

【案例4-2】某工程的施工管理目标。

质量目标：××省建筑优质工程××杯；

工期目标：总工期730天；

安全目标：创安全生产样板工地，安全达标：100％，安全控制：死亡为0，负伤率：0.7‰，无重大设备事故，无重大火灾事故；

文明目标：文明施工样板工地；

成本目标：满足合同要求。

2. 施工部署原则

(1) 工程项目的进度安排应明确说明；

(2) 施工流水段的划分应结合工程具体情况分阶段进行划分；

(3) 对于工程施工的重点和难点应进行分析；

(4) 从总体上确定施工程序、定施工起点流向、施工顺序及施工方法和机械的选择。

3. 项目经理部组织机构

(1) 建立项目组织机构。应根据项目的实际情况，成立一个以项目经理为首的、与工程规模及施工要求相适应的组织管理机构—项目经理部。项目经理部职能部门的设置应紧紧围绕项目管理内容的需要确定。

(2) 确定组织机构形式。可根据工程项目的需要选择合适的组织机构形式。

(3) 确定组织管理层次。施工管理层次可分为：决策层、控制层和作业层。项目经理是最高决策层，职能部门是管理控制层，施工班组是作业层。

(4) 制定岗位职责。在确定项目部组织机构时，还要明确内部的每个岗位人员的分工职责，落实施工责任，责任和权利必须一致，并形成相应规章和制度，使各岗位人员各行其职、各负其责。

【案例4-3】某项目的项目经理部。

（1）项目经理部组织结构示意图见图4-1。

图4-1　项目经理部组织结构示意图

（2）项目经理部的组成、分工及各职能部门的权限

①项目经理：负责项目经理部的行政领导工作，并对整个项目的施工计划、生产进度、质量安全、经济效益全面负责，分管行政科和安全科。

②项目副经理：是项目经理的助手，负责项目施工中的各项生产工作，对进度、质量、安全负直接责任，分管施工科和材料科。

③项目总工程师：负责项目施工中的全部技术管理、质量控制和安全监督工作，分管技术科和质检科。

④施工科：负责定额核算、计划统计和预决算的编制工作；负责施工现场平面管理、施工调度及内外协调；负责施工测量、放线，负责机械设备管理和安全管理工作。

⑤技术科：负责施工组织设计、专项施工方案和技术交底卡的编制；负责钢筋翻样、木工放样、构配件加工订货和现场施工技术问题的处理；负责发放施工图纸、设计变更和有关技术文件；负责做好隐蔽工程的验收记录和各项工程技术资料的收集整理工作。

⑥质检科：负责工程质量的检查、监督，进行分部分项工程的自检评定，开展全面质量管理和QC小组的活动。

⑦安全科：负责做好经常性的安全生产宣传工作，贯彻"安全第一，预防为主"的方针，组织日常的安全生产检查、监督工作，帮助班组消除事故隐患，促进安全生产。

⑧材料科：负责编制材料供应计划，根据施工进度分批组织材料供应；负责材料的发放和物资保管，进行原材料的检验、化验、抽检，提供有关材料的技术文件。

⑨行政科：负责政治宣传、职工教育、生活后勤、安全保卫、环境卫生、文明施工及接待工作。

4. 施工任务划分

在明确了项目施工组织管理体制和机构的条件下，划分参与建设的各单位的施工任务和负责范围，明确总包和分包单位的关系。

5. 计算主要项目工程量

在计算主要项目工程量时，首先根据工程特点划分项目。项目划分不宜过多，应突出主要项目，然后估算出各主要分项的实物工程量。

6. 施工组织协调与配合

工程施工过程是通过业主、设计、监理、总包、分包和供应商等多家合作完成的，协调组织各方的工作和管理，是能否按期完工、确保质量和安全、降低成本的关键因素之一。因此，为了保证这些目标的实现，必须明确制定各种制度，确保将各方面的工作组织协调好。

学习单元 4　施工方案

施工方案是单位工程施工组织设计的核心问题。施工方案合理与否将直接影响工程的施工效率、质量、工期和技术经济效果。因此必须引起足够的重视。

单位工程应按照《建筑工程施工质量验收统一标准》GB 50300—2013 中分部（分项）工程的划分原则，对主要分部（分项）工程制定施工方案。施工方案是以分部（分项）工程或专项工程为主要对象编制的施工技术与组织方案，用以具体指导其施工过程。对脚手架工程、起重吊装工程、临时用水用电工程、季节性施工等专项工程所采用的施工方案应进行必要的验算和说明。对达到一定规模的危险性较大的分部（分项）工程，必须编制专项施工方案或专项施工组织设计。在制定与选择施工方案时，必须满足：方案切实可行、施工期限满足工程合同要求、工程质量和安全生产有可行的技术措施保障及施工费用最低。

4.4.1　施工方案的内容

1. 工程概况

（1）工程概况应包括工程主要情况、设计简介和工程施工条件等。

（2）工程主要情况应包括分部（分项）工程或专项工程名称，工程参建单位的相关情况，工程的施工范围，施工合同、招标文件或总承包单位对工程施工的重点要求等。

（3）设计简介应主要介绍施工范围内的工程设计内容和相关要求。

（4）工程施工条件应重点说明与分部（分项）工程或专项工程相关的内容。

2. 施工安排

（1）工程施工目标包括进度质量、安全、环境和成本等目标，各项目标应满足施工合同、招标文件和总承包单位对工程施工的要求。

（2）工程施工顺序及施工流水段应在施工安排中确定。

（3）针对工程的重点和难点，进行施工安排并简述主要管理和技术措施。

（4）工程管理的组织机构及岗位职责应在施工安排中确定并应符合总承包单位的要求。

提示：根据分部（分项）工程或专项工程的规模、特点、复杂程度、目标控制和总承包单位的要求设置项目管理机构，该机构各种专业人员配备齐全，完善项目管理网络，建立健全岗位责任制。

3. 施工进度计划

（1）分部（分项）工程或专项工程施工进度计划应按照施工安排，并结合总承包单位的施工进度计划进行编制。

提示：施工进度计划的编制应内容全面、安排合理、科学实用，在进度计划中应反映出各施工区段或各工序之间的搭接关系，施工期限和开始、结束时间。同时，施工进度计划应能体现和落实总体进度计划的目标控制要求；通过编制分部（分项）工程或专项工程进度计划进而体现总进度计划的合理性。

（2）施工进度计划可采用网络图或横道图表示，并附必要说明。

4. 施工准备与资源配置计划

（1）施工准备应包括下列内容：

1）技术准备：包括施工所需技术资料的准备、图纸深化和技术交底的要求、试验检验和测试工作计划、样板制作计划以及与相关单位的技术交接计划等。

2）现场准备：包括生产、生活等临时设施的准备以及与相关单位 进行现场交接的计划等。

3）资金准备：编制资金使用计划等。

（2）资源配置计划应包括下列内容：

1）劳动力配置计划：确定工程用工量并编制专业种劳动力计划表。

2）物资配置计划：包括工程材料和设备配置计划、周转材料和施工机具配置计划以及计量、测量和检验仪器配置计划等。

5. 施工方法及工艺要求

（1）明确分部（分项）工程或专项工程施工方法并进行必要的技术核算，对主要分项工程（工序）明确施工工艺要求。

提示：施工方法是工程施工期间所采用的技术方案、工艺流程、组织措施、检验手段等。它直接影响施工进度、质量、安全以及工程成本。本条所规定的内容应比施工组织总设计和单位工程施工组织设计的相关内容更细化。

(2) 对易发生质量通病、易出现安全问题、施工难度大、技术含量高的分项工程（工序）等应做重点说明。

(3) 对开发和使用的新技术、新工艺以及采用的新材料、新设备应通过必要的试验或论证并制定计划。

提示： 对于工程中推广应用的新技术、新工艺、新材料和新设备，可以采用目前国家和地方推广的，也可以根据工程具体情况由企业创新；对于企业创新的技术和工艺，要制定理论和试验研究实施方案，并组织鉴定评价。

(4) 对季节性施工应提出具体要求

提示： 根据施工地点的实际气候特点，提出具有针对性的施工措施。在施工过程中，还应根据气象部门的预报资料，对具体措施进行细化。

4.4.2　危险性较大工程的专项施工方案

4.4.2.1　专项施工方案

1. 根据中华人民共和国住房和城乡建设部颁布的《危险性较大的分部分项工程安全管理办法》（建质〔2009〕87 号）的规定，对于达到一定规模、危险性较大的工程，需要单独编制专项施工方案：

(1) 基坑支护、降水工程

开挖深度超过 3m（含 3m）或虽未超过 3m 但地质条件和周边环境复杂的基坑（槽）支护、降水工程。

(2) 土方开挖工程

开挖深度超过 3m（含 3m）的基坑（槽）的土方开挖工程。

(3) 模板工程及支撑体系

1）各类工具式模板工程：包括大模板、滑模、爬模、飞模等工程。

2）混凝土模板支撑工程：搭设高度 5m 及以上；搭设跨度 10m 及以上；施工总荷载 $10kN/m^2$ 及以上；集中线荷载 15kN/m 及以上；高度大于支撑水平投影宽度且相对独立无联系构件的混凝土模板支撑工程。

3）承重支撑体系：用于钢结构安装等满堂支撑体系。

(4) 起重吊装及安装拆卸工程

1）采用非常规起重设备、方法，且单件起吊重量在 10kN 及以上的起重吊装工程。

2）采用起重机械进行安装的工程。

3）起重机械设备自身的安装、拆卸。

(5) 脚手架工程

1）搭设高度 24m 及以上的落地式钢管脚手架工程。

2）附着式整体和分片提升脚手架工程。

3）悬挑式脚手架工程。

4）吊篮脚手架工程。

5）自制卸料平台、移动操作平台工程。

6）新型及异型脚手架工程。

（6）拆除、爆破工程

1）建筑物、构筑物拆除工程。

2）采用爆破拆除的工程。

（7）其他

1）建筑幕墙安装工程。

2）钢结构、网架和索膜结构安装工程。

3）人工挖扩孔桩工程。

4）地下暗挖、顶管及水下作业工程。

5）预应力工程。

6）采用新技术、新工艺、新材料、新设备及尚无相关技术标准的危险性较大的分部工程。

2. 建筑工程实行施工总承包的，专项方案应当由施工总承包单位组织编制。其中，起重机械安装拆卸工程、深基坑工程、附着式升降脚手架等专业工程实行分包的，其专项方案可由专业承包单位组织编制。施工单位应当在危险性较大的分部分项工程施工前编制专项方案。

3. 专项方案编制应当包括以下内容：

（1）工程概况：危险性较大的分部分项工程概况、施工平面布置、施工要求和技术保条件。

（2）编制依据：相关法律、法规、规范性文件、标准、规范及图纸（国标图集）、施工组织设计等。

（3）施工计划：包括施工进度计划、材料与设备计划。

（4）施工工艺技术：技术参数、工艺流程、施工方法、检查验收等。

（5）施工安全保证措施：组织保障、技术措施、应急预案、监测监控等。

（6）劳动力计划：专职安全生产管理人员、特种作业人员等。

（7）计算书及相关图纸。

4. 专项方案应当由施工单位技术部门组织本单位施工技术、安全、质量等部门的专业技术人员进行审核。经审核合格的，由施工单位技术负责人签字。实行施工总承包的，专项方案应当由总承包单位技术负责人及相关专业承包单位技术负责人签字。

不需专家论证的专项方案，经施工单位审核合格后报监理单位，由项目总监理工程师审核签字。

4.4.2.2 专家论证

1. 超过一定规模的危险性较大的分部（分项）工程专项方案应当由施工单位组织召开专家论证会。实行施工总承包的，由施工总承包单位组织召开专家论证会。

《危险性较大的分部分项工程安全管理办法》（建质〔2009〕87 号）规定了如下工程需进行专家论证。

（1）深基坑工程

1）开挖深度超过 5m（含 5m）的基坑（槽）的土方开挖、支护、降水工程。

2）开挖深度虽未超过 5m，但地质条件、周围环境和地下管线复杂，或影响毗邻建筑（构筑）物安全的基坑（槽）的土方开挖、支护、降水工程。

（2）模板工程及支撑体系

1）工具式模板工程：包括滑模、爬模、飞模工程。

2）混凝土模板支撑工程：搭设高度 8m 及以上；搭设跨度 18m 及以上，施工总荷 15 kN/m² 及以上；集中线荷载 20kN/m 及以上。

3）承重支撑体系：用于钢结构安装等满堂支撑体系，承受单点集中荷载 700kN 以上。

（3）起重吊装及安装拆卸工程

1）采用非常规起重设备、方法，且单件起吊重量在 l00kN 及以上的起重吊装工程。

2）起重量 300kN 及以上的起重设备安装工程；高度 200m 及以上内爬起重设备的拆除工程。

（4）脚手架工程

1）搭设高度 50m 及以上落地式钢管脚手架工程。

2）提升高度 150m 及以上附着式整体和分片提升脚手架工程。

3）架体高度 20m 及以上悬挑式脚手架工程。

（5）拆除、爆破工程

1）采用爆破拆除的工程。

2）码头、桥梁、高架、烟囱、水塔或拆除中容易引起有毒有害气（液）体或粉尘散、易燃易爆事故发生的特殊建、构筑物的拆除工程。

3）可能影响行人、交通、电力设施、通信设施或其他建、构筑物安全的拆除工程。

4）文物保护建筑、优秀历史建筑或历史文化风貌区控制范围的拆除工程。

（6）其他

1）施工高度 50m 及以上的建筑幕墙安装工程。

2）跨度大于 36m 及以上的钢结构安装工程；跨度大于 60m 及以上的网架和索膜结构安装工程。

3）开挖深度超过 16m 的人工挖孔桩工程。

4）地下暗挖工程、顶管工程、水下作业工程。

5）采用新技术、新工艺、新材料、新设备及尚无相关技术标准的危险性较大的分部分项工程。

2. 专家论证会的人员要求

(1) 专家组成员;

(2) 建设单位项目负责人或技术负责人;

(3) 监理单位项目总监理工程师及相关人员;

(4) 施工单位分管安全的负责人、技术负责人、项目负责人、项目技术负责人、专项方案编制人员、项目专职安全生产管理人员;

(5) 勘察、设计单位项目技术负责人及相关人员。

3. 专家组成员应当由 5 名及以上符合相关专业要求的专家组成,本项目参建各方的人员不得以专家身份参加专家论证会。

4. 专家论证的主要内容

(1) 专项方案内容是否完整、可行;

(2) 专项方案计算书和验算依据是否符合有关标准规范;

(3) 安全施工的基本条件是否满足现场实际情况。

专项方案经论证后,专家组应当提交论证报告,对论证的内容提出明确的意见,并在论证报告上签字。该报告作为专项方案修改完善的指导意见。

4.4.3 施工安排

4.4.3.1 施工程序

施工程序是指单位工程建设过程中各施工阶段、分部工程和专业工程之间的先后次序及其制约关系,主要解决时间搭接上的问题。工程施工有其本身的客观规律,按照反映客观规律的施工程序进行施工,能够使工序衔接紧密,加快施工进度,避免相互干扰和返工,保证施工质量和施工安全。

单位工程的施工程序是指单位工程中各分部工程(专业工程)或施工阶段的先后次序及其制约关系,主要解决时间搭接上的问题。民用建筑通常情况下应遵守以下几方面原则:

(1) 先地下后地上原则

指在地上工程开工之前,应尽量把埋设于地下的基础以及各种管道、线路(临时的及永久的)予以埋设完毕,以免对地上工程施工时产生干扰,给施工创造一个良好的施工环境。但"逆作法"施工除外。

【知识链接】逆作法施工方法

原理:先沿建筑物地下室轴线或周围施工地下连续墙或其他支护结构,同时建筑物内部的有关位置浇筑或打下中间支承桩和柱,作为施工期间于底板封底之前承受上部结构自重和施工荷载的支撑。然后施工地面一层的梁板楼面结构,作为地下连续墙刚度很大的支撑,随后逐层向下开挖土方和浇筑各层地下结构,直至底板封底。同时,由于地面一层的楼面结构已完成,为上部结构施工创造了条件,所以可以同时向上逐层进行地上结构的施工。如此地面上、下同时进行施工,直至工程结束。

分类：逆作法可以分为全逆作法、半逆作法、部分逆作法、分层逆作法。

(2) 先主体后围护的原则

即对框架结构或排架结构等结构形式的建筑物，首先进行主体结构施工，再进行围护结构的施工。为了加快施工进度，高层建筑施工中，围护结构施工与主体结构施工应尽量搭接施工，即主体施工数层后，围护结构也随后开始，这样既可以扩大现场施工作业面，又能缩短工期。

(3) 先结构后装修的原则

即首先施工主体结构，再进行装修工程的施工。对于工期要求紧的建筑工程，为了缩短工期，也可部分搭接施工，如有些临街建筑往往是上部主体结构施工时，下部一层或数层就进行装修并开门营业，这样可以加快进度，提高效益。又如一些多层或高层建筑在进行一定层数的主体结构施工后，穿插搭接部分的室内装修施工，以缩短建设周期，加快施工进度。

(4) 先土建后设备原则

即首先进行土建工程的施工，再进行水、电、暖、煤气、卫生洁具等建筑设备安装的施工。但它们之间还要考虑穿插和配合的关系，即设备安装的某一工序穿插在土建施工的某一工序之前或某一工序的施工过程中，如住宅或办公建筑中的各种预埋管线必须穿插在土建施工过程中进行等等。

此外，有些工业厂房，土建施工与设备安装可采取以下三种施工程序：

(1) 先土建施工，后设备安装施工

即待土建主体结构完成后，再进行设备基础及设备安装施工，亦称封闭式施工，适用于施工场地较小或设备比较精密的项目。其优点是有利于构件的现场预制、拼装和就位，能加快主体结构的施工进度；设备基础及设备安装能在室内施工，不受气温影响，可减少防雨、防寒等设施费用；有时还能利用厂房内的桥式吊车为设备基础和设备安装服务。其缺点是设备基础施工时，不便于采用机械挖土。当设备基础挖土深度大于厂房基础时，应有相应的安全措施保护厂房基础的安全。也可以将设备基础与房屋基础同时施工至±0.000后，先施工房屋至封顶，然后再作设备安装。由于不能提前为设备安装提供作业面，因而总的工期相对较长。

(2) 先进行设备安装施工，后进行土建主体结构施工（亦称敞开式施工）

其优缺点与封闭式施工刚好相反。有些重工业厂房或设备安装期较长的厂房，常常采用此种程序安排施工。进行土建施工时，对安装好的设备应采取一定的保护措施。

(3) 土建施工与设备安装施工同时进行

土建施工应为设备安装施工创造必要的条件，同时又要防止砂浆等垃圾污染、损坏设备。施工场地宽敞或建设工期较急的项目，可采用此种程序安排。

提示：以上原则并不是一成不变的，在特殊情况下，如在冬期施工之前，应尽可能完成土建和围护工程，以利于施工中的防寒和室内作业的开展，从而达到改善工人的劳动环境、缩短工期的目的；又如大板建筑施工，大板承重结构部分和某些装饰部分宜在加工厂同时完成。因此，随着我国施工技术的发展、企业经营管理水平的提高，以上原则也在进一步完善之中。

4.4.3.2 施工规划

1. 划分施工段

施工段划分的原则详见学习情境3，这里主要介绍一般住宅工程的施工段划分方法。

（1）基础工程：少分段或不分段，便于不均匀地基的处理。当结构平面比较大时，可以考虑2～3个单元为一段；

（2）主体工程：2～3个单元为一段，小面积的栋号平面内不分段，可以进行栋号间的流水；

（3）屋面工程：一般不分段，也可在高低层或伸缩缝处分段；

（4）装饰工程：外装饰以层分段或每层再分2～3段；内装饰每单元为一段或每层分2～3段。

提示：划分施工段的目的是为了适应流水施工的需要。

2. 流水的组织方式

建筑物（或构筑物）在组织流水施工时，应根据工程特点、性质和施工条件组织全等节拍、成倍节拍和分别流水的施工方式。例如：一般多层框架结构在竖向上需划分施工层，在平面上划分若干施工段，组织平面和竖向上的流水施工。

4.4.3.3 施工起点流向

施工起点流向是单位工程在平面或竖向上施工开始的部位和施工流动的方向，主要解决建筑物在空间上的合理施工顺序问题。一般情况下，对于单层建筑物（如单层工业厂房等），只需按其车间、施工段或节间，分区分段地确定其平面上的施工起点流向。对于多层建筑物，除了确定其每层平面上的施工起点流向外，还需确定其层间或单元空间竖向上的施工起点流向，如多层房屋的内墙抹灰施工可采取自上而下进行或自下而上进行。

确定单位工程施工流向一般应考虑下列因素：

（1）平面上各部分施工繁简程度。对技术复杂、工期较长的分部（分项）工程优先施工，如地下工程等。

（2）当有高低跨并列时，应从并列跨处开始吊装。

（3）保证施工现场内施工和运输的畅通。如单层工业厂房预制构件，宜以离混凝土搅拌机最远处开始施工，吊装时应考虑起重机退场等。

（4）满足用户在使用上的要求，生产性建筑要考虑生产工艺流程及先后投产顺序。

（5）考虑主导施工机械的工作效益，考虑主导施工过程的分段情况。

（6）工程现场条件和施工方案。施工场地大小、道路布置和施工方案所采用的施工机械也是确定施工流向的主要因素。例如，土方工程施工中，边开挖边余土外运，则施工起点应确定在远离道路的部位，由远及近地展开施工。又如，根据工程条件，挖土机械可选用正铲、反铲、拉铲等。吊装机械可选用履带吊、汽车吊或塔式起重机，这些机械的开行路线或布置位置便决定了基础挖土及结构吊装的施工流向。

（7）分部工程或施工阶段的特点及其相互关系。基础工程由施工机械和方法决定其平面的施工流向。主体结构工程平面上看，从哪一边先开始都可以；从竖向看，一般应自下而上施工。装饰工程竖向的施工流向比较复杂，下面做简单介绍。

根据装修工程的工期、质量和安全要求以及施工条件，室内装修工程的施工流向有"自上而下"、"自下而上"以及"自中而下再自上而中"三种。

①"自上而下"的施工流向。通常是指主体结构工程封顶、做好屋面防水层后，从顶层开始，逐层往下进行。"自上而下"的施工流向有水平向下和垂直向下两种情况，如图 4-2 所示，通常采用图 4-2（a）所示的水平向下的施工流向较多。

在组织流水施工时，如采用水平向下的施工流向，可以一层作为一个施工段；如采用垂直向下的施工流向，可以竖向空间划分的施工区段如单元作为一个施工段。

这种施工流向的优点是主体结构完成后，有一定的沉降时间，沉降变化趋于稳定，能保证装修工程的质量，同时，各工序之间交叉少，便于组织施工，保证施工安全，而且从上往下清理垃圾也很方便。其缺点是装修工程不能与主体结构施工进行搭接，因而工期较长。

②"自下而上"的施工流向。通常是指当主体结构工程施工到三层，且底层模板拆除后，装修工程即可从一层开始，逐层向上进行。自下而上的施工流向有水平向上和垂直向上两种情况，如图 4-3 所示。在组织流水施工时，如采用水平向上的施工流向，可以一层作为一个施工段；如采用垂直向上的施工流向，可以竖向空间划分的施工区段如单元作为一个施工段。

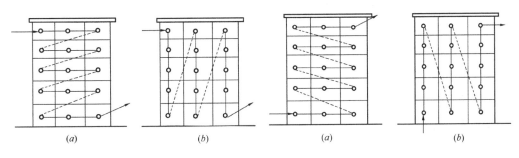

图 4-2　自上而下的施工流向　　　　图 4-3　自下而上的施工流向
（a）水平向下；（b）垂直向下　　　　（a）水平向上；（b）垂直向上

这种施工流向的优点是装修工程与主体结构交叉施工，故工期缩短。其缺点是工序之间相互交叉多，需要很好地组织施工，并采取安全措施。

一般的室内装修工程施工一般采用"自下而上"的施工流向。

③高层建筑室内装修的"分段自上而下"（自中而下，再自上而中）施工流向。其综合了上述两者的优点，克服了缺点，通常是高层建筑主体结构施工到一半左右的时候，即可"自中而下"进行室内装修工程的施工；当主体结构工程施工结束、且中间楼层的装修工程结束时，即可"再自上而中"进行内装修工程的施。

室外装修工程的施工流向：为"自上而下"。

4.4.3.4 分部（分项）工程的施工顺序

施工顺序是指单位工程中各分项工程或各工序之间施工的先后次序。因建筑工程是在一个建筑物上垒积木，施工有着严密的系统性，施工的先后顺序必须符合工艺要求，不能随意颠倒。但对某些施工过程也有一定的灵活性，而且随着所在地区、施工单位的传统习惯和工期要求的不同而有所不同，它主要体现在各主体工程和各工种之间的穿插或交叉施工方面，当然也不乏因工艺改进而使施工顺序有所改变的现象，如逆作法，类似不胜枚举。但它们之间仍需遵从一定的施工顺序。

在组织单位（或单项）工程施工时，一般将其划分为若干个分部工程（或施工阶段），每一分部工程（或施工阶段）又可划分为若干个分项工程（或工序），应对各个分项工程（或工序）之间的先后顺序做出合理安排。确定施工顺序应遵循下列要求。

（1）遵守施工程序。施工程序确定了大的施工阶段之间的先后次序。在组织具体施工时，必须遵守施工程序，如先地下后地上的程序。

（2）必须符合施工组织设计的要求。施工组织设计是对一个建筑群体或一个单位工程的总体规划，它综合考虑到协调每个单体，使得总的成果更佳。作为一个局部必须符合总体要求，如地下室混凝土地坪，可以在地下室楼板铺设前施工，也可以在地下室楼板铺设后施工。但从施工组织角度来看，前者比较合理，因为这样可以利用安装楼板的施工机械下地下室运输混凝土，加快混凝土地坪的施工速度。这要服从施工组织设计的总体安排。

（3）必须符合施工方案和所配施工机械的要求

施工中任何一个施工过程的进行，都离不开施工机械的配合，施工方案的实施亦不例外。对预制构件安装的厂房，其构件的预制是在工地还是场外加工成成品运到工地，对机械行走路线和使用机械的规格型号都不尽相同，所以在施工方案做出选择之后，施工顺序安排中对机械的配合作业，就应尽量考虑使用已定机械，不宜另配一套机械设备，以节省投入。

（4）必须考虑施工工艺要求。建筑工程有如垒积木一样必须在前一施工过程完成，其紧后施工过程方可投入，否则就没有供其施工的空间，如混凝土现浇框架和楼板工程，虽然本层的框架和楼板混凝土已浇完成，还必须在其楼板达到足以能够满足在楼板进行活动或堆置脚手架、物料的强度后，方可进行上层作业，否则将给楼板混凝土带来不良的质量后果。

（5）必须考虑施工质量的要求。例如，楼梯抹灰应在全部墙面、地面和顶棚抹灰完成之后，自上而下一次完成。

（6）必须考虑当地的气候条件。例如：在冬期和雨期施工到来之前，应尽量先做基础工程、室外工程、门窗玻璃工程，为地上和室内工程施工创造条件。这样有利于改善工人的劳动环境，有利于保证工程质量。

（7）必须考虑安全施工的要求。例如，多层房屋结构施工与装饰搭接施工时，只有完成两个楼板的浇筑后，才允许在底层进行装饰施工。

1. 现浇混凝土结构房屋的施工顺序

钢筋混凝土框架结构房屋的施工，一般也划分为地下工程（包括基础工程）、主体结构工程、屋面工程和装修工程四个阶段。

（1）地下工程的施工顺序

地下工程一般指设计标高（±0.000）以下的所有工序项目，一般的浅基础的施工顺序为：放线→挖土（基础开挖深度较大、地下水位较高，则在挖土前尚应进行降水及土壁支护工作）→清除地下障碍物→打钎验槽→软弱地基处理（需要时）→垫层→地下室底板防水施工（需要时）→基础施工（钢筋混凝土基础施工包括绑扎钢筋→支撑模板→浇筑混凝土→养护→拆模）→一次回填土→地下室施工→地下室外墙防水施工→二次回填土及地面垫层。

提示： 在基础工程施工阶段组织施工时，应注意以下几个方面：

①土方施工结束后，应尽快进行垫层施工，以防止雨期基坑被雨水浸泡，降低地基承载力，垫层施工后应注意养护；

②如果在垫层施工的时候使用塔式起重机，则立塔式起重机的工作应在垫层施工前完成；

③避雷的施工应在基础扎筋的时候开始；

④浇混凝土结束后，应进行养护和弹线（组织间歇）工作。

（2）主体结构工程的施工顺序

主体结构工程施工顺序一般为：绑扎柱钢筋→支柱、梁、板模板→浇柱混凝土→绑扎梁、板钢筋→浇梁、板混凝土。柱、梁、板的支模、绑筋、浇混凝土等施工工程的工程量大、耗用的劳动力和材料多，而且对工程质量和工期起着决定性的作用。故需把多层框架在竖向上分成施工层，平面上分成施工段，组织平面和竖向上的流水施工。

（3）围护工程的施工顺序

围护工程的施工包括墙体工程、安装门窗和屋面工程。墙体工程包括搭设脚手架，内、外墙砌筑等分项工程。不同的施工之间可平行、搭接、立体交叉施工。屋面工程、墙体工程应密切配合，如在主体工程结束之后，先进行墙体工程，待外墙砌到顶后，再进行屋面工程的施工。脚手架应配合砌筑工程搭设，在室外装饰之后做散水之前拆除。

(4) 屋面工程的施工顺序

这个阶段具有施工内容多且繁杂，劳动消耗量大，手工操作多且需要时间长等特点。因此，应合理安排屋面工程和装修工程的施工顺序，组织立体交叉流水施工，加快工程进度。

屋面防水一般分为柔性防水和刚性防水，通常采用柔性防水。柔性防水采用卷材防水，其施工顺序为：清理基层→抹找平层→隔汽层→铺保温层和找坡层→抹找平层→铺隔离层→铺贴防水层→抹（或涂刷）保护层。屋面防水应在主体结构封顶后，尽早开始施工，以便为装饰工程施工提供条件。一般情况下，屋面工程可以和装修工程进行搭接施工。

在屋面工程施工阶段组织施工时，应注意以下几个方面：

1) 隔气层和防水层施工前，要求找平层至少达到八成干（可通过由傍晚至次日清晨或晴天的 1~2 小时内于找平层上铺盖 1m×1m 的卷材，当卷材内侧无结露时，即认为找平层已基本干燥），以保证隔气层和防水层的施工效果。

2) 雨期施工保温层应通过气象部门了解施工期间的气候情况，一旦施工完毕，应尽快做好找坡层与找平层，以防止保温层被雨水浸泡，影响保温效果。

3) 屋面保护层使用涂料施工时，应合理确定屋面保护层与后道工序的关系，最好在拆除吊脚手架后进行保护层的施工，以免屋面上人影响保护层的质量，同时也影响室外装修工程的进度。一般在第二道找平层达到八成干时，即可进行室外装修工程的施工。

(5) 装修工程的流向与施工顺序

一般的装饰包括抹灰、勾缝、饰面、喷浆、门窗扇安装、玻璃安装、油漆等。其中抹灰是主导工程。装饰工程没有一定严格的顺序，但须考虑装饰工程与主体结构、各装饰工艺的先后顺序。

1) 主体结构工程与装饰工程的施工顺序关系，在工程施工流向中已经阐述。

2) 室内与室外装饰工程的先后顺序关系：

室外装修工程的施工流向："自上而下"。

在室外装修工程施工阶段组织施工时，应注意以下几个方面。

①安装吊脚手架一般在屋面工程的第一道找平层养护达到要求后进行，以保证外墙抹灰能及早进行，节约工期。拆除脚手架一般在屋面保护层施工前进行，防止对保护层造成破坏。

②安水落管应在外墙抹灰养护达到要求后进行，防止对外墙抹灰造成破坏。

③室内外装修工程的施工顺序，通常有"先内后外"、"先外后内"和"内外同时进行"三种，具体采用哪种顺序应视施工条件和气候条件而定。通常冬季到来之前，应先完成室外装修工程的施工，即采用"先外后内"的施工顺序。当室内为水磨石楼面，为防止楼面施工时渗漏水对外墙面的影响，应先完成水磨石的施工，即采用"先内后外"的施工顺序。如工期很紧，可采用"内外同时进行"的施工顺序，但此时应

注意抹灰工人的数量能否满足施工的需要。

3）顶棚、墙面与楼地面抹灰的顺序关系：

在同一层内抹灰工作不宜交叉进行，顶棚、墙面与地面抹灰的顺序可灵活安排。一般有两种方式：

①楼地面抹灰→顶棚抹灰→墙面抹灰。

②顶棚抹灰→墙面抹灰→楼地面抹灰。

第①种方法，先楼地面后顶棚、墙面，有利于收集落地灰以节约材料，但顶棚、墙抹灰脚手架易损坏地面，应做好成品保护；第②种方法，先顶棚、墙面后楼地面，则必将结构层上的落地灰清扫干净再做楼地面，以保证楼地面面层的质量。另外，为了保证和提高施工质量，楼梯间的抹灰和踏步抹面通常在其他抹灰工作完以后，自上而下地进行，内墙涂料必须待顶棚、墙面抹灰干燥后方可进行。

提示：在室内装修工程施工阶段组织施工时，应注意以下几个方面。

①内隔墙施工后应有养护时间，以保证后续抹灰工程的施工质量。

②由于楼梯间墙面和踏步抹灰在施工期间极易受到损坏，故通常安排在各层装修工程基本完成后，自上而下统一组织施工。

③底层地面抹灰一般多在各层天棚、墙面和楼面抹灰完成之后进行。

④木门窗框的安装可在砌筑过程中进行；塑钢门窗框的安装可在砌筑完成后进行。

⑤门窗扇的安装应视气候和施工条件而定，可以在抹灰之前或之后进行，如无气候影响一般应在抹灰后进行，防止门窗扇被水泥污染。

⑥门窗扇的安装一般楼面抹灰养护后、上人对楼面抹灰没有破坏后才能进行。木门窗的玻璃安装一般在门窗扇油漆之后进行，防止油漆对玻璃的污染。

4）室内精装饰工程的施工顺序

室内精装饰工程的施工顺序一般为：砌隔墙→安装门窗框→防水房间防水施工→楼（地）面抹灰→顶棚抹灰→墙面抹灰→楼梯间及踏步抹灰→墙、地贴面砖→安门窗扇→木装饰→顶棚、墙体涂料→木制品油漆→铺装木地板→检查整修。

（6）水、电、暖、卫、燃等与土建的关系

水、电、暖、卫、燃等工程需与土建工程中有关分部（分项）工程交叉施工，且应紧配合。

① 在基础工程施工时，应将上下水管沟和暖气管沟的垫层、墙体做好后再回填土。具备条件时应预留位置；

② 在主体结构施工时，应在砌墙和现浇钢筋混凝土楼板的同时，预留上下水、燃气暖气立管的孔洞及配电箱等设备的孔洞，预埋电线管、接线盒及其他预埋件；

③ 在装饰装修施工前，应完成各种管道、水暖、卫的预埋件，设备箱体的安装等，敷设好电气照明的墙内暗管、接线盒及电线管的穿线；

④ 室外上下水及暖燃等管道工程可安排在基础工程之前或主体结构完工之后

进行。

2. 装配式单层工业厂房

装配式单层工业厂房的施工，一般分为基础工程、预制工程、吊装工程、围护装饰工程和设备安装工程等施工阶段。

(1) 基础工程阶段

1) 厂房基础：挖土→混凝土垫层→杯基扎筋→支模→浇混凝土→养护→拆模→回填土。

2) 设备基础：采用开敞式施工方案时，设备基础与杯基同时施工；采用封闭式施工方案时，设备基础在结构完工后施工。

(2) 预制构件工程阶段

1) 柱：地胎模→扎筋→支侧模→浇混凝土（安木芯模）→养护→拆模→翻身吊装；

2) 屋架：砖底模→扎筋、埋管→支模（安预制腹杆）→浇混凝土→抽芯→养护→穿预应力筋、张拉、锚固→灌浆→养护→翻身吊装。

(3) 吊装工程阶段

1) 单件法吊装：准备→吊装柱子→吊装基础梁、吊车梁、连系梁→吊装屋盖系统；

2) 综合法吊装：准备→吊装第一节间柱子→吊装第一节间基础梁、吊车梁、连系梁→吊装第一节间屋盖系统→吊装第二节间柱子→……→结构安装工程完成。

(4) 围护、屋面、装饰工程阶段

围护：砌墙（搭脚手架）、浇筑圈梁、安门窗框；

装饰：安门窗扇→内外墙勾缝→顶墙喷浆→门窗油漆玻璃→地面、勒脚、散水。

(5) 设备安装阶段

设备安装，由于专业性强、技术要求高等，一般由专业公司分包安装。

上面所述现浇钢筋混凝土结构和装配式单层工业厂房的施工顺序，仅适用于一般情况。建筑施工顺序的确定既是一个复杂的过程，因此，必须针对每一个工程施工特点和具体情况，合理确定施工顺序。

4.4.4 施工方法和施工机械的选择

施工方法和施工机械的选择是制定施工方案的关键，必须从先进、经济、合理的角度出发选择施工方法和施工机械，以达到提高工程质量、降低工程成本、提高劳动生产率和加快工程进度的预期效果。

施工方法和施工机械的选择主要应根据工程建筑结构特点、质量要求、工期长短、资源供应条件、现场施工条件、施工单位的技术装备水平和管理水平等因素综合考虑。选择施工方法和施工机械的基本要求：

(1) 以主要分部分项工程为主；

（2）符合施工组织设计的要求；

（3）满足施工工艺及技术要求；

（4）能够提高工厂化、机械化程度；

（5）满足先进、合理、可行、经济的要求；

（6）满足工期、质量、成本和安全要求。

4.4.4.1 施工方法的选择

施工方法是针对拟建工程的主要分部（分项）工程而言的，其内容应简明扼要，重点突出。应着重研究那些影响施工全局的重要分部工程，凡新技术、新工艺和对拟建工程起关键作用的项目，应详细而具体地拟定该项目的操作过程、方法、质量、技术、安全措施。一般情况下，土建工程主要项目的施工方法有以下内容：

1. 测量放线

（1）测量工作的总要求。在充分了解图纸设计的基础上，精确确定房屋的平面位置和高程控制位置。要求操作人员必须按照操作程序、操作规程进行操作，经常进行仪器、观测点和测量设备的检查验证，配合好各工序的穿插和检查验收工作。

（2）建筑工程轴线的控制。确定实测前的准备工作，确定建筑物平面位置的测定方法以及首层及各楼层轴线的定位、放线方法及轴线控制要求。

（3）建筑工程垂直度控制。说明建筑物垂直度控制的方法，包括外围垂直度和内部每层垂直度的控制方法，并说明确保控制质量的措施。如某框架剪力墙结构工程，建筑物垂直度的控制方法为：外围垂直度的控制采用经纬仪进行控制，在浇混凝土前后分别进行施测，以确保将垂直偏差控制在规范允许的范围内；内部每层垂直度则采用线锤进行控制，并用激光铅直仪进行复核，加强控制力度。

（4）房屋的沉降观测。可根据设计要求，说明沉降观测的方法、步骤和要求。如某工程根据设计要求，在室内外地坪上 0.6m 处设置永久沉降观测点。设置完毕后，进行第一次观测，以后每施工完一层做一次沉降观测，且相邻两次观测时间间隔不得大于两个月，竣工后每两个月作一次观测，直到沉降稳定为止。

2. 土石方与地基处理工程

（1）挖土方法。根据土方量大小，确定采用人工挖土还是机械挖土，当采用人工挖土时，应按进度要求确定劳动力人数，分区分段施工。当采用机械挖土时，应根据土质的组成、地下水位的高低等因素，首先确定机械挖土的方式，再确定挖土机的型号、数量，机械开挖方向与路线，人工如何配合修整基底、边坡等施工方法。

（2）地面水、地下水的排除方法。确定拦截和排除地表水的排水沟渠位置、流向以及开挖方法，确定降低地下水的集水井、井点等的布置及所需设备的型号、数量。

（3）开挖深基坑方法。应根据土壤类别及场地周围情况，确定边坡的放坡坡度或土壁的支撑形式和设置方法，确保施工安全。

（4）石方施工。确定石方的爆破或破碎方法以及所需机具、材料等。

（5）场地平整。确定场地平整的设计平面，进行土方挖填的平衡计算，绘制土方平衡调配表，确定场地平整的施工方法和相应的施工机械。

（6）确定土方运输方式、运输机械型号及数量。

（7）土方回填的施工方法，填土压实的要求及压实机械选择。

（8）地基处理的方法（换填地基、夯实地基、挤密桩地基、注浆地基等）及相应的材料、机械设备。

3. 降水与基坑支护

基坑支护是指基坑开挖期间挡土、护壁，保证基坑开挖和地下结构的安全，并保证在地下施工期间不会对邻近的建筑物、道路、地下管线等造成危害。主要应说明施工现场地下水条件、降水情况、是否需要降水、降水深度是否能满足施工要求、降水对相邻建筑物的影响及采取的措施；说明工程现场施工条件、邻近建筑物等与基坑的距离、邻近地下管线对基坑的影响、基坑放坡的坡度、基坑开挖深度或基坑支护方法、坑边立塔吊或超载所应采取的措施、基坑的变形观测等。

4. 基础工程

（1）浅基础工程。主要是垫层、混凝土基础和钢筋混凝土基础施工的技术要求，有地下室时，还包括地下室地板混凝土、外墙体（砖砌外墙、钢筋混凝土外墙）的技术要求。

（2）桩基础。明确桩基础的类型和施工方法，施工机械的型号，预制桩的入土方法和入土深度控制、检测、质量要求等，以及灌注桩的成孔方法，施工控制、质量要求等。

（3）基础设置深浅不同时，应确定基础施工的先后顺序、标高控制、质量安全措施等。

（4）各种变形缝。确定留设方法、设置位置及注意事项。

（5）混凝土基础施工缝。确定留置位置、技术要求。

5. 地下防水工程

应根据防水方法（混凝土结构自防水、水泥砂浆抹面防水层、卷材防水层、涂料防水），确定用料要求、施工方法和相关技术措施等。主要应说明地下防水层采用的材料、层数、厚度，防水材料进场是否按规定进行了外观检验及复试，分包单位情况；防水层基层的要求、防水导墙做法、临时保护墙做法、防水层保护层做法等；变形缝、后浇带、水平施工缝、竖直施工缝、避雷装置出外墙的做法及管道穿墙处等细部防水的做法。工程为结构自防水时，还应说明工程在结构施工中的防水措施（如止水带设置等）、外墙的结构处理、掺入何种外加剂等。

6. 模板工程

（1）模板的类型和支模方法的确定。根据不同的结构类型，现场施工条件和企业实际施工装备，确定模板种类（组合式模板、工具式模板、永久性模板、胶合板模板等）以及支撑方法（钢桁架、钢管支架、托架等），并分别列出采用的项目、部位、数量，明确加工制作的分工。对于比较复杂的模板，应进行模板设计并绘制模板构造图或放样图。

（2）确定墙柱侧模、楼板底模、异型模板、梁侧模、大模板的支顶方法和精度控制；确定电梯井筒的支撑方法；确定特殊部位的施工方法（后浇带、变形缝等），明确层高和墙厚变化时模板的处理方法；明确各构件的施工方法、注意事项和预留支撑点的位置；明确模板支撑上、下层支架的立柱对中的控制方法和支拆模板所需的架子和安全防护措施；明确模板拆除时间、混凝土强度及拆模后的支撑要求，模板的使用维护措施要求。

（3）隔离剂的选用。确定隔离剂的类型，明确使用要求。模板工程应向工具化、多样化方向努力，推广"快速脱模"，提高模板周转利用率。采取分段流水工艺，减少模板一次投入量，还应确定模板供应渠道（如租用、购置或企业内部调拨）。

7. 钢筋工程

（1）钢筋的供货方式、进场检验和材料的堆放。

（2）钢筋的加工情况：明确现场钢筋的加工机具，钢筋接头的类别、等级和加工方式。

（3）钢筋的加工、运输和安装方法的确定。明确构件厂或现场加工的范围（如成型程度是加工成单根、网片或骨架等）；明确除锈、调直、切断、弯曲成型方法；明确钢筋冷拉、施加预应力方法；明确焊接方法（如电弧焊、对焊、点焊、气压焊等）或机械连接方法（如挤压连接、锥螺纹连接、直螺纹连接等）；钢筋运输和安装方法；明确相应机具设备型号、数量。

（4）钢筋绑扎施工。根据构件的受力情况，明确受力筋的方向和位置、主筋搭接部位、水平钢筋绑扎顺序、接头位置、钢筋接头形式、箍筋间距；马凳、垫块钢筋保护层的要求；图纸中墙、柱等竖钢筋保护层要求；竖向钢筋的生根及绑扎要求；钢筋的定位和间距控制措施。预埋钢筋的留设方法，尤其是围护结构拉结筋。主体结构若有墙体、柱变截面，还应说明钢筋在变截面处的做法。

（5）装配式单层工业厂房的牛腿柱和屋架等大型现场预制钢筋混凝土构件。确定柱与屋架现场预制平面布置图，明确预制场地的要求、模板设置要求、预应力的施加方法。

8. 混凝土工程

（1）混凝土搅拌和运输方法的确定。明确混凝土供应方式（现场搅拌或商品混凝土）及垂直或水平运输方式，若当地有商品混凝土供应时，首先应采用商品混凝土；否则，应根据混凝土工程量大小，合理选用搅拌方式，是集中搅拌还是分散搅拌；选用搅拌机型号、数量；进行配合比设计；确定掺合料、外加剂的品种数量；确定砂石筛选、计量和后台上料方法；确定混凝土运输方法和运输要求。

（2）混凝土的浇筑。确定混凝土浇筑的起点流向、浇筑顺序、浇筑高度的控制措施、施工缝留设位置、分层高度、工作班制、振捣方法、养护制度及相应机械工具的型号、数量。

(3) 冬期或高温条件下浇筑混凝土。应制定相应的防冻或降温措施，落实测温工作，明确外加剂品种、数量和控制方法。

(4) 浇筑厚大体积混凝土。明确浇筑方案，制定防止温度裂缝的措施，落实测温孔的设置和测温记录等工作。

(5) 有防水要求的特殊混凝土工程。明确混凝土的配合比以及外加剂的种类、加入量，做好抗渗试验等工作，明确用料和施工操作等要求，加强检测控制措施，保证混凝土抗渗的质量。

9. 砌体工程

(1) 明确工程中所采用的砌体材料、砂浆强度、使用部位；明确砌筑工程施工工艺、施工方法、墙体压顶的施工方法和墙体拉筋、压筋的留置方式；明确构造柱、圈梁的设置要求、质量要求等。

(2) 明确砌体的组砌方法和质量要求，皮数杆的控制要求，流水段和劳动力组合形式，砌筑用块材的垂直和水平运输方式以及提高运输效率的方法等。

(3) 明确砌体与钢筋混凝土构造柱、梁、圈梁、楼板、阳台、楼梯等构件的连接要求。

(4) 明确配筋砌体工程的施工要求。

(5) 明确砌筑砂浆的配合比计算及原材料要求，拌制和使用时的要求，砂浆的垂直和水平运输方式和运输工具等。

(6) 确定脚手架搭设方法、要求以及安全网架设的方法。

10. 结构安装工程

(1) 确定吊装工程准备工作内容。主要包括起重机行走路线的压实加固，各种索具、吊具和辅助机械的准备，临时加固、校正和临时固定的工具、设备的准备，吊装质量要求和安全施工等相关技术措施。

(2) 选择起重机械的类型和数量。根据建筑物外形尺寸，所吊装构件外形尺寸、位置、重量、起重高度，工程量和工期，现场条件，吊装工地的现场条件，工地上可能获得吊装机械的类型等，综合确定起重机械的类型、型号和数量。

(3) 确定构件的吊装方案。其内容包括：确定吊装方法（分件吊装法、综合吊装法），确定吊装顺序，确定起重机械的行驶路线和停机点，确定构件预制阶段和拼装、吊装阶段的场地平面布置。

(4) 确定构件的吊装工艺。主要包括：柱、吊车梁、屋架等构件的绑扎和加固方法、吊点位置的设置、吊升方法（旋转法或滑行法等）、临时固定方法、校正的方法和要求、最后固定的方法和质量要求。尤其是对跨度较大的建筑物的屋面吊装，应认真制定吊装工艺，设定构件吊点位置，确定吊索的长短及夹角大小，起吊和扶直时的临时稳固措施，垂直度测量方法等。

(5) 确定构件运输要求。主要包括：构件运输、装卸、堆放办法，所需的机具设备（如平板拖车、载重汽车、卷扬机及架子车等）型号、数量，对运输道路的要求。

11. 屋面工程

（1）屋面各个分项工程（如卷材防水屋面一般有找坡找平层、隔汽层、保温层、防水层、保护层或上人屋面面层等分项工程；刚性防水屋面一般有隔离层、刚性防水层、保温隔热层等分项工程）的各层材料、操作方法及其质量要求。特别是防水材料，应确定其质量要求、施工操作要求等。

（2）屋盖系统的各种节点部位及各种接缝的密封防水施工方法和相关要求。

（3）屋面材料的运输方式。包括场地外运输和场地内的水平和垂直运输。

12. 装饰装修工程

（1）施工部署及准备。可以以表格形式列出各楼层房间的装修做法明细表；确定总的装修工程施工顺序及各工种；如何与专业施工相互穿插、配合；绘制内、外装修的工艺流程。

（2）外墙饰面工程。外墙饰面材料的使用情况、施工方法、质量要求、成品保护、控制要点及与室外垂直运输设备拆除之间的时间关系等。

（3）内墙饰面工程。饰面材料的使用情况、施工方法、成品保护、控制要点，制定施工方法及质量要求。

（4）楼地面工程。明确材料使用情况、控制要点、质量要求、施工时间、地面施工做法、保养和成品保护，特别注意应保证施工期间有一条上下贯通的通道。

（5）棚面及内隔墙。施工方法、棚面及内隔墙的做法情况、材料选用、质量要求及与水电专业之间的协调配合关系。

（6）门窗安装。包括材料、施工工艺和成品保护等问题；门窗规格、有无附框、外墙金属窗、塑料窗的三性试验要求；外墙金属窗的防雷接地做法要结合防雷及各类专业劫范进行明确。

（7）木装修工程。说明木装修内容材料使用情况、质量标准、控制要点及注意事项。

（8）油漆、涂料工程。包括材料选用及施工方法、质量要求、成品的保护、注意事项等。

13. 脚手架工程

（1）明确内外脚手架的用料、搭设、使用、拆除方法及安全措施。多层建筑的外墙脚手架大多从地面开始搭设，根据土质情况，应有防止脚手架不均匀下沉的措施。高层建筑的外脚手架，一般分段搭设，大多采用工字钢或槽钢作为外挑梁或设置钢三脚架外挑等做法，每隔几层与主体结构做固定拉接，应通过设计计算来保证脚手架整体稳固。

（2）脚手架在搭设和使用过程中必须考虑的因素包括：杆件的承载力、刚度和稳定性；脚手架的整体性和稳定性；架子支撑、拆除的顺序和方法；马道的设置位置及方法；内外架子的类型、构造要求、卸荷及与结构拉结方式；装修内外架子的类型；钢筋绑扎、柱墙混凝土浇筑、外墙施工、电梯井内施工采用的架子；架子对下部结构的要求；临边防护措施等。

（3）应明确特殊部位脚手架的搭设方案。如施工现场的主要出入口处（施工安全通道），脚手架应留有较大的空间，便于行人甚至车辆进出，出入口两边和上边均应用双杆处理，并局部设置剪刀撑，并加强与主体结构的拉接固定。

（4）室内施工脚手架宜采用轻型的工具式脚手架，装拆方便省工、成本低。对高度较高或跨度较大的厂房顶棚喷刷工程，宜采用移动式脚手架，省工又不影响其他工程。

（5）脚手架工程还需确定安全网挂设方法、"四口五临边"防护方案。

14. 现场水平垂直运输设施

（1）确定垂直运输量。对有标准层的需确定标准层运输量，一般列表说明。

（2）选择垂直运输方式及其机械型号、数量、布置、安全装置、服务范围、穿插班次。明确垂直运输设施使用注意事项和安全防护措施。

（3）选择水平运输方式及其设备型号、数量以及配套使用的专用工具设备（如混凝土布料杆、砖车、混凝土车、灰浆车、料斗等）。

（4）确定地面和楼面上水平运输的行驶路线及其要求。

15. 特殊项目

（1）对于采用四新（新结构、新工艺、新材料、新技术）的项目及高耸、大跨、重型构件，水下、深基础、软弱地基，冬期施工等项目，均应单独编制如下内容：选择施工方法，阐述工艺流程，绘制平立剖示意图，确定技术要求、质量安全注意事项、施工进度、劳动组织、材料构件及机械设备需要量等。

（2）对于大型土石方、打桩、构件吊装等项目，一般均需单独提出施工方法和技术组织措施。

4.4.4.2　选择施工机械

施工机械对施工工艺、施工方法有直接的影响，施工机械化是现代化大生产的显著标志，对加快建设速度，提高工程质量，保证施工安全，节约工程成本起着至关重要的作用。因此，选择施工机械成为确定施工方案的一个重要内容。

1. 选择施工机械原则

（1）选择施工机械应首先根据工程特点，选择适宜主导工程的施工机械。例如，在选择装配式单层厂房结构安装用的起重机械时，若工程量大而集中，可选用生产效率高的塔式起重机或桅杆式起重机，若工程量较小或虽然较大但却较分散时，则采用无轨自行式起重机械；在选择起重机型号时，应使起重机性能满足起重量、起重高度、起重半径和起重臂长等的要求。

（2）施工机械之间的生产能力应协调一致。

要充分发挥主导施工机械的效率，同时，在选择与之配套的各种辅助机械和运输工具时，应注意它们之间的协调。例如，挖土机与运土汽车配套协调，可使挖土机能充分发挥其生产效率。

(3) 在同一建筑工地上的施工机械的种类和型号应尽可能少。

为了便于现场施工机械的管理及减少转移，对于工程量大的工程应采用专用机械；对于工程量小而分散的工程，则应尽量采用多用途的施工机械。例如挖土机既可用于挖土也可用于装卸、起重和打桩。

(4) 在选用施工机械时，应尽量选用施工单位现有的机械，以减少资金的投入，充分发挥现有机械效率。若施工单位现有机械不能满足工程需要，则可考虑租赁或购买。

2. 现场垂直运输的选择

(1) 现场垂直和水平运输方案一般包括下列内容：

1) 确定标准层垂直运输量。如模板、钢筋、混凝土、各种预制构件、砖、砌块、砂浆、门窗和各种装修用料、水电材料、工具和脚手架等。

2) 选定水平运输方式，如各种运输车（小推车、机动小翻斗车、架子车、构件安装小车、钢筋小车等）和输送泵及其型号和数量。

3) 确定和上述配套使用的工具和设备，如砖车、砖笼、混凝土罐车、砂浆罐车等。

4) 确定地面和楼层水平运输的行驶路线。

5) 合理布置垂直运输机械位置，综合安排各种垂直运输设施的任务的服务范围。如划分运送砖、砌块、构件、砂浆、混凝土的时间和工作班次。

6) 确定搅拌混凝土、砂浆后台上料所需机具，如皮带运输机、提升料斗、铲车、装载机或流槽的型号和数量。

(2) 垂直运输机械

在确定垂直运输机械时，一般是几种垂直运输机械组合。例如：塔式起重机与施工电梯组合；塔式起重机、混凝土泵和施工电梯组合；塔式起重机、井架和施工电梯组合；井架和施工电梯组合；井架、快速提升机和施工电梯组合。

1) 塔式起重机的选择

塔式起重机类型的选择应根据建筑物的结构平面尺寸、层数、高度、施工条件及场地周围的环境等因素综合考虑。对于中高层建筑，可选用附着自升式塔式起重机或爬升式塔式起重机，其起重高度随建筑物的施工高度而增加，如 QT4-10 型、QT5-4/40 型、QT5-4/60 型等；如果建筑物体积庞大、建筑结构内部又有足够的空间（电梯间、设备间），可选择内爬式塔式起重机。

2) 混凝土输送泵的选择

输送泵有泵车和固定泵两种，多层结构一般不在现场设地泵，混凝土浇筑时，将泵车开到现场进行混凝土水平和垂直运输，高层结构一般在现场设固定泵。在选用泵送混凝土的同时，对于浇筑零星混凝土通常需要采用塔吊运输方式配合补充。

提示： 选择设备技术与经济要结合，综合考虑使用机械的各项费用（如运输费、折旧费、租赁费、对工期的延误而造成的损失等）后进行成本的分析和比较，从而决定是选择社会租赁机械还是采用内部租赁或者重新购置，有时采用租赁的成本更低。

4.4.5　主要施工管理计划

任何一个工程的施工，都必须严格执行现行的建筑安装工程施工及验收规范、建筑安装工程质量检验及评定标准、建筑安装工程技术操作规程、建筑工程建设标准强制性条文等有关法律法规，并根据工程特点、施工中的难点和施工现场的实际情况，制订相应施工管理计划。

施工管理计划应包括进度管理计划、质量管理计划、安全管理计划、环境管理计划、成本管理计划以及其他管理计划等内容。

提示： 施工管理计划在目前多作为管理和技术措施编制在施工组织设计中，这是施工组织设计必不可少的内容。施工管理计划涵盖很多方面的内容，可根据工程的具体情况加以取舍。在编制施工组织设计时，各项管理计划可单独成章，也可穿插在施工组织设计的相应章节中。

1. 进度管理计划

进度管理计划应包括下列内容：

（1）对项目施工进度计划进行逐级分解，通过阶段性目标的实现保证最终工期目标的完成；

提示： 在施工活动中通常是通过对最基础的分部（分项）工程的施工进度控制来保证各个单项（单位）工程或阶段工程进度控制目标的完成，进而实现项目施工进度控制总体目标；因而需要将总体进度计划进行一系列从总体到细部、从高层次到基础层次的层层分解，一直分解到在施工现场可以直接调度控制的分部（分项）工程或施工作业过程为止。

（2）建立施工进度管理的组织机构并明确职责，制定相应管理制度；

（3）针对不同施工阶段的特点，制定进度管理的相应措施，包括施工组织措施、技术措施和合同措施等；

（4）建立施工进度动态管理机制，及时纠正施工过程中的进度偏差，并制定特殊情况下的赶工措施；

（5）根据项目周边环境特点，制定相应的协调措施，减少外部因素对施工进度的影响。

2. 质量管理计划

质量管理计划应包括下列内容：

（1）按照项目具体要求确定质量目标并进行目标分解，质量指标应具有可测量性；

（2）建立项目质量管理的组织机构并明确职责；

(3) 制定符合项目特点的技术保障和资源保障措施，通过可靠的预防控制措施，保证质量目标的实现；

(4) 建立质量过程检查制度，并对质量事故的处理做出相应规定。

提示： 应采取各种有效措施，确保项目质量目标的实现；这些措施包含但不局限于：原材料、构配件、机具的要求和检验，主要的施工工艺、主要的质量标准和检验方法，夏季、冬期和雨期施工的技术措施，关键过程、特殊过程、重点工序的质量保证措施，成品、半成品的保护措施，工作场所环境以及劳动力和资金保障措施等。

3. 安全管理计划

安全管理计划应包括下列内容：

(1) 确定项目重要危险源，制定项目职业健康安全管理目标；

(2) 建立有管理层次的项目安全管理组织机构并明确职责；

(3) 根据项目特点，进行职业健康安全方面的资源配置；

(4) 建立具有针对性的安全生产管理制度和职工安全教育培训制度；

(5) 针对项目重要危险源，制定相应的安全技术措施；对达到一定规模的危险性较大的分部（分项）工程和特殊工种的作业应制定专项安全技术措施的编制计划；

(6) 根据季节、气候的变化制定相应的季节性安全施工措施；

(7) 建立现场安全检查制度，并对安全事故的处理做出相应规定。

提示： 建筑施工安全事故（危害）通常分为七大类：高处坠落、机械伤害、物体打击、坍塌倒塌、火灾爆炸、触电、窒息中毒。安全管理计划应针对项目具体情况，建立安全管理组织，制定相应的管理目标、管理制度、管理控制措施和应急预案等。

4. 环境管理计划

环境管理计划应包括下列内容：

(1) 确定项目重要环境因素，制定项目环境管理目标；

(2) 建立项目环境管理的组织机构并明确职责；

(3) 根据项目特点进行环境保护方面的资源配置；

(4) 制定现场环境保护的控制措施；

(5) 建立现场环境检查制度，并对环境事故的处理做出相应的规定。

提示： 一般来讲，建筑工程常见的环境因素包括如下内容：大气污染、垃圾污染、建筑施工中建筑机械发出的噪声和强烈的振动、光污染、放射性污染、生产、生活污水排放。应根据建筑工程各阶段的特点，依据分部（分项）工程进行环境因素的识别和评价，并制定相应的管理目标、控制措施和应急预案等。

5. 成本管理计划

成本管理计划应包括下列内容：

(1) 根据项目施工预算，制定项目施工成本目标；

(2) 根据施工进度计划，对项目施工成本目标进行阶段分解；

(3) 建立施工成本管理的组织机构并明确职责，制定相应管理制度；

（4）采取合理的技术、组织和合同等措施，控制施工成本；

（5）确定科学的成本分析方法，制定必要的纠偏措施和风险控制措施。

提示：成本管理是与进度管理，质量管理，安全管理和环境管理等同时进行的，是针对整体施工目标系统所实施的管理活动的一个组成部分。在成本管理中，要协调好与进度、质量、安全和环境等的关系，不能片面强调成本节约。

6. 其他管理计划

其他管理计划宜包括绿色施工管理计划、防火保安管理计划、合同管理计划、组织协调管理计划、创优质工程管理计划、质量保修管理计划以及对施工现场人力资源、施工机具、材料设备等生产要素的管理计划等。各项管理计划的内容应有目标，有组织机构，有资源配置，有管理制度和技术、组织措施等。

学习单元 5　施工进度计划的编制

单位工程施工进度计划是单位工程施工组织设计的重要组成部分，是控制各分部（分项）施工进度的主要依据，也是编制季、月度施工作业计划及各项资源需用计划的依据；它是在已确定的施工方案及合理安排施工顺序基础上编制的。它要符合规定的工期要求和技术及资源供应的条件；是用图表形式表示各施工项目（各分部分项工程）在时间上和空间上的安排和相互间的搭配和配合的关系。

4.5.1　单位工程施工进度计划的作用和依据

单位工程施工进度计划的主要作用有：控制单位工程施工进度，保证在规定工期内使项目建成启动；确定各施工过程中的施工顺序、持续时间及相互逻辑关系；为编制季度、月生产作业计划提供依据；为编制施工准备工作计划和各种资源计划提供依据；指导现场的施工安排，确保施工任务如期完成。

单位工程施工进度计划的编制依据主要包括：施工图、工艺图及有关标准图等技术资料；施工组织总设计对本工程的要求；施工工期要求；施工方案、施工定额以及施工资源供应情况。

4.5.2　施工进度计划的编制内容和步骤

1. 施工过程的划分

施工过程划分应考虑以下要求：

（1）施工过程划分粗细的要求。

（2）对施工过程进行适当合并，达到简明清晰的要求。

对于一些次要的、零星的分项工程，不必分项列上，可以合并为"其他工程"，在计算劳动量时给予综合考虑即可。

（3）施工过程划分的工艺性要求。

住宅建筑的水、暖、煤、卫、电等房屋设备安装是建筑工程的重要组成部分，应单独列项；工业厂房的各种机电等设备安装也要单独列项，但不必细分，可由专业队或设备安装单位单独编制其施工进度计划。土建施工进度计划中列出其施工过程，表明其与土建施工的配合关系。

（4）施工项目排列顺序的要求。确定的施工项目，应按拟建工程的总的施工工艺顺序的要求排列，即先施工的排前面，后施工的排后面。以便编制单位工程施工进度计划时，做到施工先后有序，横道进度线编排时，做到图面清晰。

2. 计算工程量

工程量的计算应严格按照施工图和工程量计算规则进行。若编制计划时已经有了预算文件，则可以直接利用预算文件中的有关工程量数据。若某些项目不一致，则应根据实际情况加以调整或补充，甚至重新计算。计算工程量时应注意如下几个方面的问题：

（1）各分部（分项）工程量的计算单位应与现行施工定额的计算单位相一致，以便计算劳动量、材料、机械台班时直接套用定额，以免进行换算。

（2）计算工程量时应结合施工方法和技术安全的要求计算工程量。例如，基础工程中挖土方中的人工挖土、机械挖土、是否放坡、坑底是否留工作面、是否设支撑等，其土方量计算是不同的。

（3）结合施工组织的要求，分区、分段、分层计算工程量，以便组织流水作业。若每层、每段上的工程量相等或相差不大时，可根据总数分别除以层数、段数，可得到每层、每段上的量。

（4）如果编制单位工程施工进度计划时，已编制出预算文件，则工程量可从预算文件中抄出并汇总。但是，施工进度计划中有的施工过程与预算文件的内容不同或有出入时，则应根据施工实际情况加以修改、调整或重新计算。

3. 计算劳动量及机械台班量

根据工程量及确定采用的施工定额，即可进行劳动量及机械台班量的计算。

（1）劳动量的计算。劳动量也称劳动工日数。凡是采用手工操作为主的施工过程，其劳动量均可按下式计算：

$$P_i = \frac{Q_i}{S_i} = Q_i H_i \qquad (4\text{-}1)$$

式中　P_i——某施工过程所需劳动量，工日；

　　　Q_i——该施工过程的工程量，m³、m²、m、t 等；

　　　S_i——该施工过程采用的产量定额，m³/工日、m²/工日、m/工日、t/工日等；

　　　H_i——该施工过程采用的时间定额，工日/m³、工日/m²、工日/m、工日/t 等。

当某一施工过程是由两个或两个以上不同分项工程合并而成时，其总劳动量应按下式计算：

$$P_总 = \sum_{i=1}^{n} P_i = P_1 + P_2 + \cdots + P_n \tag{4-2}$$

【案例 4-4】某钢筋混凝土基础工程，其支设模板、绑扎钢筋、浇筑混凝土三个施工过程的工程量分别为 650m²、6t、230m³，查劳动定额得其时间定额分别为 0.253 工日/m²、5.28 工日/t、0.833 工日/m³，试计算完成钢筋混凝土基础所需劳动量。

解：$P_模 = 650 \times 0.235 = 152.8$ 工日

$P_扎筋 = 6 \times 5.28 = 31.68$ 工日

$P_混凝土 = 230 \times 0.833 = 192$ 工日

$P_杯基 = P_模 + P_扎筋 + P_混凝土 = 152.8 + 31.68 + 192 = 376.48$ 工日

（2）当某一施工过程是由同一工种、但不同做法、不同材料的若干个分项工程合并组成时，应先按式（4-3）计算其综合产量定额，再求其劳动量。

$$\overline{S} = \frac{\sum_{i=1}^{n} Q_i}{\sum_{i=1}^{n} P_i} = \frac{Q_1 + Q_2 + \cdots + Q_n}{P_1 + P_2 + \cdots + P_n} = \frac{Q_1 + Q_2 + \cdots + Q_n}{\dfrac{Q_1}{S_1} + \dfrac{Q_2}{S_2} + \cdots \dfrac{Q_n}{S_n}} \tag{4-3}$$

$$\overline{H} = \frac{1}{S} \tag{4-4}$$

式中　$\overline{S}$——某施工过程的综合产量定额，m³/工日、m²/工日、m/工日、t/工日等；

$\overline{H}$——某施工过程的综合时间定额，工日/m³、工日/m²、工日/m，工日/t 等；

$\sum_{i=1}^{n} Q_i$——总工程量，m³、m²、m、t 等；

$\sum_{i=1}^{n} P_i$——总劳动量，工日；

Q_1、$Q_2 \cdots Q_n$——同一施工过程的各分项工程的工程量；

P_1、$P_2 \cdots P_n$——与 Q_1、$Q_2 \cdots Q_n$ 相对应的产量定额。

【例 4-5】某工程，其外墙面装饰有外墙涂料、真石漆、面砖三种做法，其工程量分别是 680.2、300.1、280.3m²；采用的产量定额分别是 7.56m²/工日、4.35m²/工日、4.05m²/工日。计算它们的综合产量定额及外墙面装饰所需的劳动量。

解：$\overline{S} = = \dfrac{Q_1 + Q_2 + \cdots + Q_n}{P_1 + P_2 + \cdots + P_n} = \dfrac{680.2 + 300.1 + 280.3}{\dfrac{680.2}{7.56} + \dfrac{300.3}{4.35} + \cdots \dfrac{280.3}{4.05}} = \dfrac{1260.6}{89.9 + 69 + 69.2}$

$= 5.52\text{m}^2/$ 工日

$$P = \frac{\sum_{i=1}^{n} Q}{\overline{S}} = \frac{1260.6}{5.52} = 228 \text{ 工日}$$

（3）机械台班量的计算

凡是采用机械为主的施工过程，可按公式（4-5）计算其所需的机械台班数。

$$P_{机械} = \frac{Q_{机械}}{S_{机械}} \text{ 或 } P_{机械} = Q_{机械} \times H_{机械} \tag{4-5}$$

式中　$P_{机械}$——某施工过程需要的机械台班数，台班；

　　　$Q_{机械}$——机械完成的工程量，m^3、t、件等；

　　　$S_{机械}$——机械的产量定额，m^3/台班、t/台班等；

　　　$H_{机械}$——机械的时间定额，台班/m^3，台班/t 等。

在实际计算中 $S_{机械}$ 或 $H_{机械}$ 的采用应根据机械的实际情况、施工条件等因素考虑、确定，以便准确地计算需要的机械台班数。

【案例 4-6】某工程基础挖土采用 W-100 型反铲挖土机，挖方量为 $1544m^3$，经计算采用的机械台班产量为 $120m^3$/台班。计算挖土机所需台班量。

解：
$$P_{机械} = \frac{Q_{机械}}{S_{机械}} = \frac{1544}{120} = 12.8 \text{ 台班}$$

4. 计算确定施工过程的持续时间

施工过程持续时间的确定方法有三种：经验估算法、定额计算法和倒排计划法。

在使用定额法计算时需注意：

①施工班组人数的确定：在确定施工班组人数时，应考虑最小劳动组合人数、最小工作面和可能安排的施工人数等因素。

最小劳动组合，即某一施工过程进行正常施工所必需的最低限度的班组人数及其合理的组合。最小劳动组合决定了最低限度应安排多少工人，如砌墙就要按技工和普工的最少人数及合理比例组成施工班组，人数过少或比例不当都将引起劳动生产率下降。

最小工作面，即施工班组为保证安全生产和有效地操作所必须的工作面。最小工作面决定了最高限度可安排多少工人。不能为了缩短工期而无限制地增加人数，否则将造成工作面的不足而产生窝工。

可能安排人数，是指施工单位所能配备的人数。一般只要在上述最低和最高限度之间，根据实际情况确定就可以了。有时为了缩短工期，可在保证足够工作面的条件下组织非专业工种的支援。如果在最小工作面情况下，安排最高限度的工人数仍不能满足工期要求时，可组织两班制或三班制施工。

②机械台数的确定：与施工班组人数确定情况相似，也应考虑机械生产效率、施工工作面、可能安排台数及维修保养时间等因素确定。

③工作班制的确定：一般情况下，当工期容许、劳动力和机械周转使用不紧迫、施工工艺上无连续施工要求时，可采用一班制施工。当工期较紧或为了提高施工机械的使用率及加速机械的周转，或工艺上要求连续施工时，某些项目可考虑两班制甚至三班制施工。

5. 初排施工进度

上述各项计算内容确定之后，开始初排施工进度，必须考虑各分部分项工程的合理施工顺序，应力求同一施工过程连续施工，并尽可能组织平行流水施工，将各个施工阶段最大限度地搭接起来，以缩短工期。对某些主要工种的专业工人应力求使其连续工作。

在编排施工进度时，先安排主导施工过程的施工进度，即先安排好采用主要的机械、耗费劳动力及工时最多的过程。然后再安排其余的施工过程，它应尽可能配合主导施工过程并最大限度搭接，保证施工的连续进行，形成施工进度计划的初步方案。应使每个施工过程尽可能早地投入施工。

编排施工进度时，可先排出各施工阶段的控制性计划，在控制性计划的基础上，再按施工程序，分别安排各个施工阶段内各分部分项工程的施工组织和施工顺序及其进度，并将相邻施工阶段内最后一个分项工程和接着进行的下一施工阶段的最先开始的分项工程，使其相互之间最大限度地搭接，最后汇总成整个单位工程施工进度计划的初步方案。

6. 施工进度计划的检查和调整

施工进度计划初步方案编出后，应根据上级要求、合同规定、经济效益及施工条件等，先检查各施工项目之间的施工顺序是否合理、工期是否满足要求、劳动力等资源需要量是否均衡，然后进行调整，直至满足要求，最后编制正式施工计划。

(1) 整体进度是否满足工期要求；持续时间、起止时间是否合理。

(2) 技术、工艺、组织上是否合理；各施工过程之间的相互衔接穿插是否符合施工工艺和安全生产的要求；技术与组织上的停歇时间是否考虑；有立体交叉或平行搭接者在工艺、质量、安全上是否正确。

(3) 各主要资源的需求关系是否与供给相协调；劳动力的安排是否均衡；有无劳动力、材料、机械使用过分集中或冲突现象。

(4) 修改或调整某一项工作可能影响若干项，故其他工作也需调整。

【知识链接】

劳动力消耗的均衡性可用均衡系数来表示，用下式计算：

$$K = \frac{高峰出工人数}{平均出工人数} \tag{4-6}$$

式 (4-6) 中的平均出工人数即为施工总工日数除总工期所得人数。

劳动力均衡系数 K 接近于 1。一般认为 K 在 2 以内为好，超过 2 不正常。

初始方案经过检查，对不符合要求的部分需进行调整。调整方法一般有：增加或缩短某些施工过程的施工持续时间；在符合工艺关系的条件下，将某些施工过程的施工时间向前或向后移动。必要时，还可以改变施工方法。

应当指出，上述编制施工进度计划的步骤不是孤立的，而是互相依赖、互相联系的，有的可以同时进行。还应看到，由于建筑施工是一个复杂的生产过程，受周围客观条件影响的因素很多，在施工过程中，由于劳动力和机械、材料等物资的供应及自然条件等因素的影响，使其经常不符合原计划的要求，因此我们不但要有周密的计划，而且必须善于使自己的主观认识随着施工过程的发展而转变，并在实际施工中不断修改和调整，以适应新的情况变化。同时在制订计划的时候要充分留有余地，以免在施工过程发生变化时，陷入被动的处境。

4.5.3　资料需要量计划的编制

单位工程施工进度计划编好后，即可着手配置资源计划，应包括劳动力计划和物资配置计划等。它们是做好劳动力与物资的供应、平衡、调度、落实的依据，也是施工单位编制施工作业计划的主要依据之一。

1. 劳动力需要量计划

劳动力需要量计划，主要是作为安排劳动力的平衡、调配和衡量劳动力耗用指标、安排生活福利设施的依据，其编制方法是将施工进度计划表内所列各施工过程每天（或旬、月）所需工人人数按工种汇总而得。其表格形式见表 4-13。

劳动力需要量计划表　　　　　　　　　　表 4-13

序号	工种名称	人数	××月			××月			××月			××月		
			上	中	下	上	中	下	上	中	下	上	中	下

2. 主要材料需要量计划

主要根据工程量及预算定额统计计算并汇总的施工现场需要的各种主要材料用量。作为组织供应材料、拟定现场堆放场地及仓库面积需用量及运输计划提供依据。编制时，应提出各种材料的名称、规格、数量、使用时间等要求，其计划表格形式见表 4-14。

主要材料需要量计划　　　　　　　　　　表 4-14

序号	材料名称	规格	需要量		需要时间										
					××月			××月			××月			××月		
			单位	数量	上	中	下	上	中	下	上	中	下	上	中	下

3. 施工机械、主要机具需要量计划

主要根据单位工程分部（分项）施工方案及施工进度计划要求，提出各种施工机械、主要机具的名称、规格、型号、数量及使用时间，其表格见表 4-15。

施工机械、主要机具需要量计划表　　　　　　　　　　表 4-15

序号	机械及机具名称	规格型号	需要量		机械来源	使用起止日期		备注
			单位	数量		月/日	月/日	

4. 预制构件、半成品需要量计划

构件和半成品需要量计划是根据施工图、施工方案及施工进度计划要求编制，主要反映施工中各种预制构件的需要量及供应日期，并作为预制构件加工单位及按所需规格、数量和使用时间组织构件进场的依据，表格见表 4-16。

预制构件需要量计划表   表 4-16

序号	构件名称	规格	图号	需要量		使用部位	加工单位	进场日期	备注
				单位	数量				

学习单元 6 单位工程施工平面图的设计

单位工程施工平面图是施工组织设计的重要组成部分。它是根据拟建工程的规模、施工方案、施工进度及施工生产中的需要，结合现场的具体情况和条件，对施工现场做出的规划、部署和具体安排。

施工平面图是施工方案在现场空间上的体现，反映已建工程和拟建工程之间，以及各种临时建筑、临时设施之间的合理位置关系。现场布置得好，就可以使现场管理得好，为文明施工创造条件；反之，如果现场施工平面布置得不好，施工现场道路不畅通，材料堆放混乱，就会对工程进度、质量、安全、成本产生不良后果。因此，施工平面图设计是施工组织设计中一个很重要的内容。

4.6.1 单位工程施工平面图设计内容

（1）施工现场内已建和拟建的地上和地下的一切建筑物、构筑物及其他设施。

（2）塔式起重机位置、运行轨道，施工电梯或井架位置，混凝土和砂浆搅拌站位置。

（3）测量轴线及定位线标志，测量放线桩及永久水准点位置。

（4）为施工服务的一切临时设施的位置和面积，主要有以下几方面：

1）场内外的临时道路，可利用的永久道路；

2）各种材料、构配件、半成品的堆场及仓库；

3）装配式结构构件制作和拼装地点；

4）行政、生产、生活用的临时设施，如办公室、加工车间、食堂、宿舍、门卫、围墙等；

5）临时水电管线；

6）一切安全和消防设施的位置，如高压线、消防栓的位置等。

4.6.2　施工平面图设计原则

(1) 在尽可能的条件下，平面布置力求紧凑，尽量少占施工用地。

(2) 在保证工程顺利进行的条件下，尽量减少临时设施用量。

(3) 最大限度缩短场内运输距离，减少场内二次搬运。

(4) 临时设施布置，应有利于施工管理和工人的生产和生活。

(5) 施工平面布置要符合劳动保护、技术安全和消防要求。

设计施工平面图除考虑上述基本原则外，还必须结合施工方法、施工进度，设计几个施工平面布置方案，通过对施工用地面积、临时道路和管线长度、临时设施面积和费用等技术经济指标进行比较，择优选择方案。

4.6.3　单位工程施工平面图设计依据

(1) 设计资料，包括建筑总平面图、地形图、区域规划图、建设项目范围内一切已有的和拟建的地下管网位置资料等。

(2) 现场踏勘资料，包括施工场地状况及场地主要出入口交通状况。

(3) 建设地区及建设项目的概况，包括建设地区的自然条件和技术经济条件，建设项目拟采用的施工工艺、施工程序及施工进度计划等。

(4) 各种资源需要量计划，包括工人、建筑材料、施工机械及机具等在各个施工阶段的需要量。

(5) 各种生产、生活临时设施需要量。

(6) 国家及地方关于施工现场文明、安全施工的法律、法规等。

4.6.4　单位工程施工平面图设计步骤

建筑施工是一个复杂而多变的生产过程，各种施工机械、材料、构件在工地上的实际布置情况是随着工程的进展改变的，所以在布置各阶段的施工平面图时，就需要按不同施工阶段分别设计几张施工平面图，以便能把不同施工阶段的合理布置具体反映出来。在布置各阶段的施工平面图时，对整个施工期间使用的一些主要道路、水电管线和临时房屋等，不易轻易变动，以节省费用。对较小的建筑物，一般按主要施工阶段的要求布置施工平面图，但同时考虑其他施工阶段对场地如何周转使用。

一般情况下，单位工程施工平面图布置步骤为：确定起重机的位置→确定搅拌站、仓库、材料和构件堆场、加工厂的位置→确定运输道路的布置→布置行政、文化、生活、福利等临时设施→布置水电管线。

4.6.4.1　确定垂直运输机械的位置

垂直运输设备的位置直接影响仓库、材料、砂浆和混凝土搅拌站的位置，以及场内运输道路和水电线路的布置等，因此，应予以首先考虑。

    常用的垂直运输机械有建筑施工电梯、塔式起重机、井架、门架等，选择时主要根据机械性能，建筑物平面形状和大小，施工段划分情况、起重高度、材料和构件的重量、材料供应和已有运输道路等情况来确定。其目的是充分发挥起重机械的能力，做到使用安全、方便，便于组织流水施工，并使地面与楼面的水平运输距离最短。一般来讲，多层房屋施工中，多采用轻型塔式起重机、井架等；而高层房屋施工，一般采用建筑电梯和自升式或爬升式塔式起重机等作为垂直运输机械。

    1. 起重机械数量的确定

    起重机械的数量应根据工程量大小和工期要求，考虑到起重机的生产能力，按经验公式进行确定：

$$N = \frac{1}{TCK} \times \Sigma \frac{Q_i}{S_i} \tag{4-7}$$

式中　　N——起重机台数；

      T——工期（天）；

      C——每天工作班次；

      K——时间利用参数，一般取 $0.7\sim0.8$；

      Q_i——各构件（材料）的运输量；

      S——每台起重机械每班运输产量。

    常用起重机械的台班产量见表 4-17。

常用起重机械台班产量一览表　　　　　　　　　表 4-17

起重机械名称	工作内容	台班产量
履带式起重机	构件综合吊装，按每吨起重能力计	$5\sim10t$
轮胎式起重机	构件综合吊装，按每吨起重能力计	$7\sim14t$
汽车式起重机	构件综合吊装，按每吨起重能力计	$8\sim18t$
塔式起重机	构件综合吊装	$80\sim120$ 吊次
卷扬机	构件提升，按每吨牵引力计	$30\sim50t$
	构件提升，按提升次数计（四、五层楼）	$60\sim100$ 次

    2. 起重机械的布置

    由于各种起重机械的性能不同，其布置位置也不相同。

    （1）塔式起重机

    塔式起重机是集起重、垂直提示和水平运输三种功能为一身的机械设备。按其在工地上使用、架设的要求不同可分为轨道式、固定式、附着式和内爬式。

    轨道式起重机可沿轨道两侧全幅作业范围内进行吊装，占用施工场地大，铺设路基工作量大，且使用高度受到限制，一般沿建筑物长向布置，但由于其稳定性差已经逐渐淘汰。

    固定式塔式起重机不需敷设轨道，但作业范围小，布置时要考虑其混凝土基础距建筑物应保持一定的距离，同时考虑机械性能、建筑物的平面形状和尺寸、施工段划分的情况、材料来向和已有运输道路情况而定。其布置原则是：充分发挥起重机械的能力，并使地面和楼面的水平运距最小。其布置时应考虑以下几个方面。

1）当建筑物各部位的高度相同时，应布置在施工段的分界线附近；当建筑物各部位的高度不同时，应布置在高低分界线较高部位一侧，以使楼面上各施工段的水平运输互不干扰。

2）塔式起重机的装设位置应具有相应的装设条件。如具有可靠的基础并设有良好的排水措施，可与结构可靠拉结和水平运输通道条件等。

附着式塔式起重机占地面积小，且起重量大，可自行升高，但对建筑物有附着力。其塔身中心至建筑物外墙边缘的附着距离，一般为 $4.1 \sim 6.5 \mathrm{m}$，有时也可大至 $10 \sim 15 \mathrm{m}$。

内爬式起重机布置在建筑物中间，其作用的有效范围大，适用于高层建筑施工。

3. 布置塔式起重机的注意事项

(1) 复核塔式起重机的工作参数。塔式起重机的平面布置确定后，应当复核其主要工作参数，使其满足施工需要。主要参数包括工作幅度 (R)、起重高度 (H)、起重量 (Q) 和起重力矩。

①工作幅度 (R) 为塔式起重机回转中心至吊钩中心的水平距离。最大工作幅度 $R_{\max}$ 为最远吊点至回转中心的距离。

塔式起重机的工作幅度（回转半径）要满足式（4-8）的要求。

$$R \geqslant B + A \tag{4-8}$$

式中　R——塔式起重机的最大回转半径（m）；

B——建筑物平面的最大宽度（m）；

A——塔式起重机中心线至外墙外边线的距离（m）。

一般当无阳台时，A＝安全网宽度＋安全网外侧至塔机回转中心线距离；

当有阳台时，A＝阳台宽度＋安全网宽度＋安全网外侧至塔机回转中心线距离。

②起重高度 (H) 应不小于建筑物总高度加上构件（或吊斗料笼）吊索（吊物顶面至吊钩）和安全操作高度（一般为 $2 \sim 3 \mathrm{m}$）。当塔式起重机需要超越建筑物顶面的脚手架、井架或其他障碍物时，其超越高度一般不小于 $1 \mathrm{m}$。

塔式起重机的起重高度 H 应满足式（4-9）。

$$H \geqslant H_0 + h_1 + h_2 + h_3 \tag{4-9}$$

式中　H_0——建筑物的总高度；

h_1——吊运中的预制构件或起重材料与建筑物之间的安全高度；

h_2——预制构件或起重材料底边至吊索绑扎点（或吊环）之间的高度；

h_3——吊具、吊索的高度。

③起重量 (Q) 包括吊物（包括笼斗和其他容器）、吊具（铁扁担、吊架）和索具等作用于塔机起重吊钩上的全部重量，起重力矩为起重量乘以工作幅度。因此，塔机的技术参数中一般都给出最小工作幅度时的最大起重量和最大工作幅度时的最大起重量。应当注意，塔式起重机一般宜控制在其额定起重力矩的 75% 以下，以保证塔

式起重机本身的安全，延长使用寿命。

④ 塔式起重机的起重力矩 M 要大于或等于吊装各种预制构件时所产生的最大力矩 M_{max}，其计算公式为

$$M \geqslant M_{max} = \max\{(Q_i + q) \times R_i\} \tag{4-10}$$

式中　Q_i——某一预制构件或起重材料的自重；

　　　R_i——该预制构件或起重材料的安装位置至塔机回转中心的距离；

　　　q——吊具、吊索的自重。

（2）绘出塔式起重机服务范围。以塔基中心点为圆心，以最大工作幅度为半径画出一个圆形，该图形所包围的部分即为塔式起重机的服务范围。

塔式起重机布置的最佳状况应使建筑物平面尺寸均在塔式起重机服务范围之内，以保证各种材料与构件直接运到建筑物的设计部位上，尽可能不出现死角（建筑物处于塔式起重机服务范围以外的阴影部分称为死角）。如果难以避免，则要求死角越小越好，且使最重、最大、最高的构件不出现在死角，有时配合龙门架以解决死角问题。并且在确定吊装方案时，提出具体的技术和安全措施，以保证处于死角的构件顺利安装。此外，在塔式起重机服务范围内应考虑有较宽的施工场地，以便安排构件堆放、搅拌设备出料后能直接起吊，主要施工道路也应处于塔式起重机服务范围内。

（3）与架空输电线的安全距离

施工场地范围有架空输电线时，高压线必须高出塔式起重机，塔机的定位应参照《塔式起重机安全规程》GB 5144—2006，塔机与架空线路边线的最小安全距离进行布置（见表 4-18），否则应采取安全防护措施。

塔式起重机和架空线边线的最小安全距离　　　　　　　表 4-18

电压	电压（kV）				
安全距离（m）	<1	1~15	20~40	60~110	220
沿垂直方向	1.5	3.0	4.0	5.0	6.0
沿水平方向	1.5	2.0	3.5	4.0	6.0

（4）结合其他相邻塔式起重机布置

在群塔工作的情况下，任何一台塔式起重机的定位均应考虑相邻塔机的布置。在保证施工安全的前提下，结合项目自身情况，可在相邻塔机的定位上考虑现场塔机的协同作业和相互安装、拆卸关系。两台塔式起重机之间的最小架设距离应保证处于低位塔式起重机的起重臂端部与另一塔式起重机的塔身之间至少有 2m 的距离。

（5）塔身与建筑物的安全距离

塔机应与建筑物保持一定的安全距离。定位时，需结合建筑物总体综合考虑，应考虑距离塔机最近的建筑物各层是否有外伸挑板、露台、雨篷、（错层）阳台、廊桥、幕墙或其他建筑造型等，防止其碰撞塔身。如建筑物外围设有外脚手架，则还需考虑外脚手架的设置与塔身的关系。按照《塔式起重机安全规程》GB 5144—2006，塔机

的尾部与周围建筑物及其外围施工设施之间的安全距离不小于 0.6m。

（6）考虑塔机附墙的位置

严格参照塔机使用说明书中对附墙的要求，选择可以设置塔机附墙的位置布置塔机。

（7）考虑塔机通视良好

在高层建筑施工过程中塔机往往有视线盲区，塔机司机仅能通过信号工的指挥信号进行吊装施工，如果塔机通视良好，尽可能减少塔机司机的视线盲区，将在一定程度上有利于提高塔机的使用效率，并防范盲区吊装作业的施工安全风险。

（8）考虑当地的风向

在沿海地区，布置塔机时应适当考虑台风的影响，宜根据当地的风向，将塔机布置在建筑物的背风面。

（9）考虑塔机应易于拆除

在选定拟安装塔机的位置后，应考虑塔机是否易于拆除，应保证降节时塔机起重臂、平衡臂与建筑物无碰撞、有足够的安全距离。如果采用其他塔机辅助拆除，则应考虑该辅助塔机的起吊能力及范围；如果采用汽车吊等辅助吊装设备，应提前考虑拆除时汽车吊等设备的所在位置，是否有可行的行车路线与吊装施工场地。

4. 井字架、龙门架的布置

井字架和龙门架是固定式垂直运输机械，它的稳定性好、运输量大，是施工中最常用的，也是最为简便的垂直运输机械，采用附着式可搭设超过 100m 的高度。井架内设吊盘（也可在吊盘下加设混凝土料斗），井架截面尺寸 1.5～2.0m，可视需要设置拔杆，其起质量一般为 0.5～1.5t，回转半径可达 10m。

井字架和龙门架的布置，主要是根据机械性能，工程的平面形状和尺寸、流水段划分情况、材料来向和已有运输道路情况而定。布置的原则是：充分发挥起重机械的能力，并使地面和楼面的水平运输最短。布置时应考虑以下几个方面的因素。

（1）当建筑物呈长条形，层数、高度相同时，一般布置在流水段分界处或长度方向居中位置。

（2）当建筑物各部位高度不同时，应布置在高低分界线较高部位一侧。

（3）其布置位置以窗口处为宜，以避免砌墙留槎和减少井架拆除后的修补工作。

（4）一般考虑布置在现场较宽的一面，因为这一面便于堆放材料和构件，以达到缩短运距的要求。

（5）井架的高度应视拟建工程屋面高度和井架型式确定。一般不带悬臂拔杆的井架应高出屋面 3～5m。

（6）井架的方位一般与墙面平行，当有两条进楼运输道路时，井架也可按与墙面呈 45°的方位布置。

（7）井字架、龙门架的数量要根据施工进度，提升的材料和构件数量，台班工作效率等因素计算确定，其服务范围一般为 50～60m。

（8）卷扬机应设置安全作业棚，其位置不应距起重机械太近，以便操作人员的视线能看到整个升降过程，一般要求此距离大于建筑物高度，且最短距离不小于10m，水平距外脚手架3m以上。

（9）井架应立在外脚手架之外并有一定距离为宜，一般为5～6m。

（10）缆风设置，高度在15m以下时设一道，15m以上时每增高10m增设一道，宜用钢丝绳，与地面夹角以30°～45°宜，不得超过60°，着于建筑物时可不设缆风。

5. 建筑施工电梯的布置

建筑施工电梯（也称施工升降机、外用电梯）是高层建筑施工中运输施工人员及建筑器材的主要垂直运输设施，它附着在建筑物外墙或其他结构部位上，随着建筑物升高，架设高度可达200m以上。

在确定建筑施工电梯的位置时，应考虑便于施工人员上下和物料集散；由电梯口至各施工处的平均距离应最短；便于安装附墙装置；接近电源，有良好的夜间照明。

6. 自行无轨式起重机械

自行无轨式起重机械分履带式、汽车式和轮胎式三种起重机，它移动方便灵活，能为整个工地服务，一般专作构件装卸和起吊之用。适用于装配式单层工业厂房主体结构的吊装。其吊装的开行路线及停机位置主要取决于建筑物的平面布置、构件重量、吊装高度和吊装方法等。

7. 混凝土泵和泵车

高层建筑施工中，混凝土的垂直运输量十分巨大，通常采用泵送方法进行。混凝土泵是在压力推动下沿管道输送混凝土的一种设备，它能一次连续完成水平运输和垂直运输，配以布料杆或布料机还可以有效地进行布料和浇筑。在泵送混凝土的施工中，混凝土泵和泵车的停放布置是一个关键，不仅影响混凝土输送管的配置，同时也影响到泵送混凝土的施工能否按质按量完成，其布置要求如下：

（1）混凝土泵设置处的场地应平整坚实，具有重车行走条件，且有足够的场地、道路畅通，使供料调车方便。

（2）混凝土泵应尽量靠近浇筑地点。

（3）其停放位置接近排水设施，供水、供电方便，便于泵车清洗。

（4）混凝土泵作业范围内，不得有障碍物、高压电线，同时要有防范高空坠物的措施。

（5）当高层建筑采用接力泵泵送混凝土时，其设置位置应使上、下泵的输送能力匹配，且验算其楼面结构部位的承载力，必要时采取加固措施。

4.6.4.2 确定搅拌站、加工厂、各种材料和构件的堆场或仓库的位置

1. 搅拌站位置取决于垂直运输机械。布置搅拌机时，应考虑以下因素：

（1）根据施工任务大小和特点，选择适用的搅拌机及数量，然后根据总体要求，将搅拌机布置在使用地点和起重机附近，并与垂直运输机具协调，以提高机械的利用率。

（2）搅拌机的位置尽可能布置在运输道路附近，且与场外运输道路相连接，以保证大量的混凝土原材料顺利进场。

（3）搅拌机布置应考虑后台有上料的地方，砂石堆场距离率越近越好，并能在附近布置水泥库。

（4）特大体积混凝土施工时，其搅拌机尽可能靠近使用地点。

（5）混凝土搅拌台所需面积 $25m^2$；砂浆搅拌机需 $15m^2$ 左右，它们四周应有排水沟，避免现场积水。

2. 仓库和材料、构件的堆场与布置

（1）材料的堆放和仓库应尽量靠近使用地点，减少或避免二次搬运，并考虑到运输料方便。基础施工用的材料可堆放在基坑四周，但不宜离基坑（槽）太近，一般不小于 0.5m，以防压塌土壁。

（2）如用固定式垂直运输设备，则材料、构件堆场应尽量靠近垂直运输设备，以减少二次搬运，或布置在塔吊起重半径之内。

（3）预制构件的堆放位置要考虑到吊装顺序。先吊的放在上面，吊装构件进场时间应密切与吊装进行配合，力求直接卸到就位位置，避免二次搬运。

（4）砂石应尽可能布置在搅拌站后台附近，石子的堆场更应靠近搅拌机一些，并按石子的不同粒径分别设置。如用袋装水泥，要设专门干燥、防潮的水泥库房；采用散装水时，则一般设置圆形贮罐。

（5）石灰、淋灰池要接近灰浆搅拌站布置。沥青堆放和熬制地点均应布置在下风向，要离开易燃、易爆库房。

（6）模板、脚手架等周转材料，应选择在装卸、取用、整理方便和靠近拟建工程的地方布置。

（7）钢筋应与钢筋加工厂统一考虑布置，并应注意进场、加工和使用的先后顺序，应按型号、直径、用途分门别类堆放。

（8）油库、氧气库和电石库，危险品库宜布置在僻静、安全之处。

（9）易燃材料的仓库设在拟建工程的下风方向。

加工厂（如木工棚、钢筋加工棚）的位置，宜布置在建筑物四周稍远处，且应有一定的材料、成品的堆放场地；石灰仓库、淋灰池的位置应靠近搅拌站，并设在下风口；沥青堆放场及熬制锅的位置应远离易燃品，也应设在下风口。

4.6.4.3　确定场内运输道路

运输道路的布置主要解决运输和消防两个问题，应按材料和构件运输的需要，沿着仓库和堆场进行布置。现场主要道路应尽可能利用永久性道路，或先建好永久性道路路基，在土建工程结束之前再铺路面，以节约费用。现场道路布置时注意保证行驶通畅，使运输工具有回转的可能性。因此，运输路线最好围绕建筑物布置成一条环形道路。主干道路宽度单行道不应小于 3.5m，双行道不应小于 6.0m。木材场两侧应有 6m 宽通道，端头处应有 12m×12m 回车场，消防车道不应小于 4.0m，载重车转弯半径不宜小于15m。

道路一侧一般应结合地形设置排水沟，沟深不小于0.4m，底宽不小于0.3m。

4.6.4.4 临时设施的布置

施工现场的临时设施可分为生产性与非生产性两大类。

生产性临时设施内容包括：在现场加工制作的作业棚，如木工棚、钢筋加工棚、薄钢板加工棚；各种材料库、棚，如水泥库、油料库、卷材库、沥青棚、石灰棚；各种机械操作棚，如搅拌机棚、卷扬机棚、电焊机棚；各种生产性用房，如锅炉房、烘炉房、机修房、水泵房、空气压缩机房等；其他设施，如变压器等。

非生产性临时设施内容包括：各种生产管理办公用房、会议室、文娱室、福利性用房、医务室、宿舍、食堂、浴室、开水房、警卫传达室、厕所等。

布置临时设施，应遵循使用方便、有利施工、尽量合并搭建、符合防火安全的原则；同时结合现场地形和条件、施工道路的规划等因素分析考虑它们的布置。各种临时设施均不能布置在拟建工程（或后续开工工程）、拟建地下管沟、取土、弃土等地点。

通常办公室应靠近施工现场，设在工地出入口处。工人休息室应设在工人作业区，宿舍应布置在安全的上风口。生产性与生活性临时设施应有明显的划分，不要互相干扰。

4.6.4.5 临时供水、供电设施的布置

(1) 临时用水管网的布置

施工现场用水包括生产、生活、消防用水三大类。在可能的条件下，单位工程施工甩水及消防用水要尽量利用工程永久性供水系统，以便节约临时供水设施费用。

施工用的临时给水管，一般由建设单位的干管或施工单位自行布置的干管接到用水地点，有枝状、环状和混合状等布置方式。布置时应力求管网长度最短，管径大小、取水点的位置与数量视工程规模大小通过计算确定。管道应埋入地下，尤其是寒冷地区，给水管要埋置在冰冻层以下，避免冬期施工时水管冻裂，也防止汽车及其他机械在上面行走压坏水管。临时管线不要布置在后期将要修建的建（构）筑物或室外管沟处，以免这些项目开工时，切断了水源影响施工用水。

同时应按防火要求，设置室外消火栓，消火栓距离建筑物不应小于5m，也不应大于25m，距路边不大于2m，消火栓之间距离不大于120m，消防水管直径要大于100mm。高层建筑施工一般要设置高压水泵和楼层临时消火栓，消火栓作用半径为50m，其位置在楼梯通道处或外架子、垂直运输井架附近，冬期施工还要采取防冻保温措施。条件允许时，可利用城市或建筑单位的永久消防设施。为防止供水的意外中断，可在建筑物附近设置简易蓄水池。

为便于排除地面水和地下水，要及时修通永久性下水道，并结合现场地形，在建筑物四周设置排泄地面水和地下水的沟渠，如排入城市下水系统，还应设置沉淀池。

（2）临时用电管网的布置

单位工程施工用电应在全工地施工总平面图中一并考虑。一般施工中的临时供电应根据计算出的各个施工阶段所需最大用电量，选择变压器和配电设备。根据用电设备的位置及容量，确定动力和照明供电线路。变压器（站）的位置应布置在现场边缘高压线接入处，四周用铁丝网围住，不宜布置在交通要道口。临时变压器设置，应距地面不小于 30cm，并应在 2m 以外处设置高度大于 1.7m 的保护栏杆。

架空线路应尽量设在道路一侧，不得妨碍交通和施工机械运转，塔式起重机工作区和交通频繁的道路的电缆应埋在地下，架空线路距在建建（构）筑物的水平距离应大于 1.5m，架空线路应尽量保持线路水平，以免电杆受力不均。低压线路的架空线与施工建（构）筑物水平距离不小于 1.0m，与地面距离不小于 6m；架空线跨越建（构）筑物或临时设施时，垂直距离不小于 2.5m。

4.6.5 施工平面图绘制要求

现场布置内容确定后，即可着手绘制施工平面图，其绘图步骤如下：

（1）首先根据区域平面图或施工总平面图，选定应绘制的图幅和比例（常用施工平面图图例见表 4-19）。图幅的大小应将拟建工程周围可供利用的空地和已有建筑、场外道路、围墙等均纳入其内，还应留出一定的空白图绘制指北针、图例、说明等，一般为一号图或二号图，比例一般采用 1∶200～1∶500。

（2）绘图时应先将拟建房屋轮廓绘在中心位置，在按选定的起重机类型，根据其布置原则和要求，画出起重机及其配套设施的轮廓线。

（3）根据其他临时设施的布置要求和计算的面积，逐一绘制其轮廓线。按布置要求绘制水电管网及相应设施。

绘制施工平面图应严格按《房屋建筑制图统一标准》GB/T 50001—2010 绘图，图例要规范，线条粗细分明，字迹端正，图面整洁美观。

常用施工平面图图例　　　　　　　　　　表 4-19

序 号	名　称	图　例	序 号	名　称	图　例
1	三角点	点名／高程	4	施工期间利用的拟建正式房屋	
2	水准点	点名／高程	5	将来拟建正式房屋	
3	原有房屋		6	临时房屋：密闭式　　敞篷式	

续表

序号	名 称	图 例	序号	名 称	图 例
7	拟建的各种材料围墙		28	钢筋成品场	
8	临时围墙		29	钢结构场	
9	建筑工地界线		30	脚手、模板堆场	
10	工地内的分区线		31	砌块存放场	
11	水 塔		32	原有的上水管线	
12	房角坐标	x=1530 y=2156	33	临时给水管线	— S — S
			34	给水阀门（水嘴）	
13	室内地面水平标高	105.10	35	支管接管位置	— S
14	现有永久公路		36	消火栓（原有）	
15	拟建永久道路		37	消火栓（临时）	
16	施工用临时道路		38	消火栓	
17	现有大车道		39	原有的排水管线	
18	临时露天堆场		40	临时排水管线	— P
19	施工期间利用的永久堆场		41	临时排水沟	
20	土堆		42	原有化粪池	
			43	拟建化粪池	
21	砂堆		44	水源	
			45	电源	
22	砾石、碎石堆		46	变压器	
23	块石堆		47	临时低压线路	— V — V —
			48	塔吊	
24	砖堆		49	井架	
25	钢筋堆场		50	门架	
			51	混凝土搅拌机	
26	型钢堆场		52	灰浆搅拌机	
			53	脚手架	
27	铁管堆场		54	外用电梯	

【案例 4-7】 某高层建筑各施工阶段施工平面布置图（图 4-4～图 4-7）。

基础及地下室施工阶段总平面布置图

图 4-4 某高层建筑地下室施工平面布置图

图 4-5 某高层建筑主体结构施工平面布置图

图 4-6 某高层建筑安装与装饰施工阶段（一）施工平面布置

图 4-7 某高层建筑安装与装饰施工阶段（二）施工平面布置

本 章 小 结

本章主要介绍了单位工程施工组织设计的具体内容，包括编制依据、工程概况、施工部署和施工方案、施工进度计划的编制、各种资源需要量计划的编制施工现场平面图的设计等、技术组织措施。其中施工方案的选择是单位工程施工组织设计的核心内容；进度计划主要解决施工项目（各分部分项工程）在时间上和空间上的安排和相互间的搭配和配合的关系；施工平面图是施工方案在现场空间上的体现，反映已建工程和拟建工程之间，以及各种临时建筑、临时设施之间的合理位置关系。

本 章 实 训

一、实训项目：单位工程施工组织设计的编制

二、时间安排：24 学时。

三、任务内容：根据×××办公楼建设项目的施工图纸，编制单位工程的施工组织设计，应包括以下内容：

（一）工程概况

1. 建筑工程概况。

2. 结构工程概况。

3. 施工场地周边概况。

4. 工程主立面图和主要平面图。

（二）施工部署

1. 项目组织结构。

2. 岗位职责。

3. 施工目标：质量目标、工期目标、安全与文明施工目标。

4. 总体施工安排：施工区域的划分、总体施工顺序。

5. 施工总平面布置：塔式起重机、混凝土泵布置；出入口及场内道路布置；钢筋车间、钢筋堆场布置材料堆放场地；配电线路计算与布置；临时用水计算与布置；其他设施布置：门卫、水房、抽烟室、厕所、办公用房等。

6. 施工进度计划：横道图和网络图。

7. 主要施工机械设备的配备。

（三）土建工程主要施工技术

1. 施工测量方案：施测方法及技术措施；定位放线；标高施测方法和精度要求；沉降观测；

2. 模板工程：基础模板；梁板柱模板；楼梯模板；电梯井和管道井模板；

3. 钢筋工程：存放与验收；加工；接头；绑扎；保护层厚度控制；

4. 混凝土工程：原材料；普通混凝土；防水混凝土；

5. 脚手架：工程概况；搭设方案；计算；

6. 防水工程：地下室防水工程；屋面防水工程；卫生间防水工程；外墙防水工程；

7. 装饰装修工程：门窗；隔断、隔墙；楼地面工程；抹灰、贴面工程；

8. 特殊部位施工：后浇带施工；变形缝处措施等。

（四）施工进度保证措施

1. 计划的实施；

2. 计划的检查；

3. 具体措施。

（五）施工质量保证措施

1. 质量保证体系；

2. 质量管理制度；

3. QC 小组活动；

4. 图纸会审制度；

5. 质量预控及对策图表。

（六）施工安全、现场消防和保卫制度

1. 安全管理制度；

2. 安全管理体系。

（七）文明施工与环境保护

1. 文明施工目标；

2. 文明施工体系；

3. 环境保护措施。

（八）总分包管理

1. 总分包管理措施：合同管理；制度管理；计划管理；

2. 总分包的协调与配合。

四、任务要求

1. 在设计过程，每位同学须独立完成，可以查找相关资料，但严禁拷贝、抄袭他人成果。

2. 完成包含上述内容要求的施工组织设计电子稿一份并打印，网络进度计划表一份；施工现场平面布置图一张。

习　题

一、单选题

1. 选择施工机械时，首先应该选择(　　)的机械。

A. 租赁　　　　　B. 大型　　　　　C. 主导工程　　　　D. 进口

2. 单位工程施工平面图设计第一步是(　　　)。

A. 布置运输道路

B. 确定搅拌站、仓库、材料和构件堆场、加工厂的位置

C. 确定起重机的位置

D. 布置水电管线

3. 施工组织设计内容的三要素是 (　　　)。

A. 工程概况、进度计划、技术经济指标

B. 施工方案、进度计划、技术经济指标

C. 进度计划、施工平面图、技术经济指标

D. 施工方案、进度计划、施工平面图

4. 单位工程技术组织措施设计中不包括(　　　)。

A. 质量保证措施　　　　　　　　B. 安全保证措施

C. 环境保护措施　　　　　　　　D. 资源供应保证措施

二、多选题

1. 工程施工组织设计的作用是指导 (　　　)。

A. 工程投标　　　　　　　　　　B. 签订承包合同

C. 施工准备　　　　　　　　　　D. 施工全过程

E. 从设计开始，到竣工结束全过程工作

2. 单位工程施工平面图的设计要求做到(　　　)。

A. 尽量不利用永久工程设施

B. 利用已有的临时工程

C. 短运输、少搬运

D. 满足施工需要的前提下，尽可能减少施工占用场地

E. 符合劳动保护、安全、防火等要求

3. 单位工程施工组织设计中，建筑工程的施工程序是 (　　　)。

A. 先建筑后修路　　　　　　　　B. 先生活后生产

C. 先地下后地上　　　　　　　　D. 先主体后围护

E. 先结构后装饰

4. 单位工程施工组织设计中所涉及的技术组织措施应包括 (　　　)。

A. 降低成本措施　　　　　　　　B. 节约工期措施

C. 季节性施工措施　　　　　　　D. 防止环境污染措施

E. 保证资源供应措施

三、简答题

1. 单位工程施工组织设计包括哪些内容?

2. 施工方案包括哪些内容?

3. 确定施工顺序应遵循的基本原则和基本要求是什么？

4. 选择施工方法和施工机械应满足哪些基本要求？

5. 单位工程施工进度的编制步骤是怎样的？

6. 施工平面图的设计应包括哪些内容？施工平面图在施工中起什么作用？

7. 如何确定垂直起重设备的位置？如何搅拌机、仓库与材料堆场、临时加工场地的位置？

四、案例题

1. 某市拟建一超五星级写字楼工程，设计采用钢管混凝土组合结构，共 38 层，层高 4m，建筑总高度 152m，总建筑面积 58000m²。建成后将成为该地段又一标志性建筑。某施工单位对本工程势在必夺，调集各部门主干技术力量对该工程进行投标。该施工单位对技术标的编制要求比较高，尤其是对单位施工组织设计的编制要求很高。在投标时投入了大量的技术人员参加单位施工组织设计的编制工作。

问题：

(1) 施工进度计划一项中具体包括哪些内容？

(2) 简述单位工程施工组织设计编制的原则。

(3) 一般单位工程施工组织设计的编制内容有施工平面图、施工进度计划，除此之外 还包括其他哪些主要内容？

(4) 施工平面图设计具体包括哪些内容？

2. 某施工单位承建了住宅小区的一栋住宅楼工程项目。设计采用钢筋混凝土剪力墙结构，共 28 层，层高 2.8m，外墙采用聚苯板保温外贴砖。现主体结构已经完成，马上进入装修阶段，由于工期比较紧，装修工程的施工顺序的确定对工期会产生一定的影响。

问题：

(1) 确定分项工程施工顺序时要注意的几项原则是什么？

(2) 室内外装饰工程的施工顺序通常有先内后外、先外后内、内外同时进行三种顺序，选择这三种施工顺序时应注意的适用条件是什么？

(3) 请写出框架柱和顶板梁板在施工中各分项工程的施工顺序（包括钢筋分项工程、模板分项工程、混凝土分项工程）。

施工现场准备及管理

引 言

施工现场是施工的全体参加者为了夺取优质、高速、低耗的目标，而有节奏、均衡、连续地进行战术决战的活动空间。施工现场的准备工作以及管理好施工现场，主要是为了给施工项目创造有利的施工条件，是保证工程按计划开工和顺利进行的重要环节。

学习目标

1. 掌握临时用水用电的计算及布置；
2. 熟悉临时设施的布置及面积计算；
3. 熟悉施工物资进场的相关内容；
4. 掌握文明施工检查评定的内容。

任务引入

某施工单位承接了某大学教学综合楼工程，建筑面积 38000m²，8 层框架结构建筑高度 28.8m。进场后，根据现场工况，项目经理部组织编制了现场临时用水和临时用电施工方案，并完成了临电、临水系统设施的布设。主体施工阶段，共有两家分包单位进场施工。为满足二次结构施工用水及消防安全需要，建筑物竖向安装了一根管径 50mm 的供水管，为每个楼层提供水源。

思考：

（1）高度超过 24m 的建筑工程，施工用水和消防用水是否可以共用一根竖向水管？

（2）该项目安装的竖向消防水管的管径尺寸是否符合要求？

学习单元 1 三通一平

5.1.1 施工现场准备工作的范围及各方职责

1. 建设单位施工现场准备工作的内容

(1) 办理土地征用、拆迁补偿、平整施工场地等工作，使施工场地具备施工条件；

(2) 将施工所需水、电、电信线路从施工场地外部接至专用条款约定地点，保证施工期间的需要；

(3) 开通施工场地与城乡公共道路的通道，以及专用条款约定的施工场地内的主要道路，满足施工运输的需要，保证施工期间的畅通；

(4) 向承包人提供施工场地的工程地质和地下管线资料，对资料的真实准确性负责；

(5) 办理施工许可证及其他施工所需证件、批件和临时用地、停水、停电、中断道路交通、爆破作业等的申请批准手续（证明承包人自身资质的证件除外）；

(6) 确定水准点与坐标控制点，以书面形式交给承包人，进行现场交验；

(7) 协调处理施工场地周围的地下管线和邻近建筑物、构筑物（包括文物保护建筑）、古树名木的保护工作，承担有关费用。

上述施工现场准备工作，承发包双方也可在合同专用条款内交由施工单位完成，其费用由建设单位承担。

2. 施工单位现场准备工作的内容

(1) 根据工程需要，提供和维修非夜间施工使用的照明、围栏设施，并负责安全保卫；

(2) 遵守政府有关主管部门对施工场地交通、施工噪声以及环境保护和安全生产等的管理规定，按规定办理有关手续，并以书面形式通知发包人，发包人承担由此发生的费用，因承包人责任造成的罚款除外；

(3) 按专用条款约定做好施工场地地下管线和邻近建筑物、构筑物（包括文物保护建筑）、古树名木的保护工作；

(4) 按专用条款约定的数量和要求，向发包人提供施工场地办公和生活的房屋及设施，发包人承担由此发生的费用；

(5) 保证施工场地清洁符合环境卫生管理的有关规定；

（6）建立测量控制网；

（7）搭设现场生产和生活用的临时设施；

（8）工程用地范围内的"三通一平"，其中平整场地工作应由建设单位承担，但建设单位也可要求施工单位完成，费用仍由建设单位承担。

5.1.2　平整场地

1. 拆除障碍物

施工现场内的一切地上或地下障碍物，都应在开工前拆除。这项工作一般是由建设单位来完成，但也有委托施工单位来完成的。如果委托施工单位来完成这项工作，一定要事先摸清现场情况，尤其原有建筑物和构筑物情况复杂，而且资料不全，在拆除前应采取相应的措施，防止事故的发生。

架空、电线（电力、通信）、地下电缆（包括电力、通信）、自来水、污水、燃气及热力的拆除，都应与有关部门取得联系，办好手续后由专业公司来完成。

场地内若有树木，需报园林部门批准后方可砍伐。

2. 场地平整

场地平整是将需进行建筑范围内的自然地面，通过人工或机械挖填平整改造成为设计所需要的平面，以利现场平面布置和文明施工。在工程总承包施工中，"三通一平"工作常常是由施工单位来实施，因此场地平整也成为工程开工前的一项重要内容。

场地平整的过程的如下：

（1）施工测量　根据施工区域的测量控制点和自然地形，将场地划分为轴线正交的若干地块。选用间隔为 $20 \sim 25m$ 的方格网，并以方格网各交叉点的地面高程，作为计算工程量和组织施工的依据。

（2）土石方调配　对挖方、填方和土石方运输量三者综合权衡，制定出合理的调配方案。为了充分发挥施工机械的效率，便于组织施工，避免不必要的往返运输，还要绘制土石方调配图，明确各地块的工程量、填挖施工的先后顺序、土石方的来源和去向，以及机械、车辆的运行路线等。

（3）施工机械的选择　根据具体施工条件、运输距离以及填挖土层厚度、土壤类别，选择合适的施工机械。

（4）填方压实　填方要有足够的强度和稳定性，沉降量力求最小。慎重选择填筑材料，并采用科学的填筑方法。填方要分层进行，每层虚铺厚度应根据土壤类别、压实机械性能而定。填方的压实一般采用碾压、夯实、振动夯实等方法。

提示：运距在 100m 以内的场地平整以选用推土机最为适宜；地面起伏不大、坡度在 $20°$ 以内的大面积场地平整，当土壤含水率不超过 27%，平均运距在 800m 以内时，宜选用铲运机；丘陵地带，土层厚度超过 3m，土质为土、卵石或碎石渣等混合体，且运距在 1km 以上时，宜选用挖掘机配合自卸汽车施工；当土层较薄，用推土机攒推时，应选用转载机配合自卸汽车装土运土；当挖方地块有岩层时，应选用空气压缩机配合手风钻或车钻钻孔进行石方爆破作业。

3. 建立测量控制网

根据设计道路总平面图、施工现场地理环境、测量通视效果、测量便利程度和拟设导线控制点保护条件等因素综合考虑，合理布设测量控制桩。控制桩布好后再依据建设单位提供的坐标、高程控制点，将布设的导线控制点的坐标、高程测量出来，经复核无误后形成完整的能直接指导测量施工的坐标、高程控制网体系，并形成文字记录。

控制网一般采用方格网，网点的位置应视工程范围的大小和控制精度而定。建筑方格网多由 100～200m 的正方形或矩形组成，如果土方工程需要，还应测绘地形图，通常这项工作由专业测量队完成，但施工单位还要根据施工具体情况做一些加密网点的补充工作。

在测量放线时，应首先对所使用的经纬仪、水准仪、钢尺、水准尺等测量仪器和测量工具进行检验和校正，在此基础上制定切实可行的测量方案，包括平面控制、标高控制、沉降控制和竣工测量等工作。

工程定位放线是确定整个工程平面位置的关键环节，必须保证精度、杜绝错误。工程定位放线一般通过设计图中平面控制轴线来确定建筑物的位置，施工单位测定并经自检合格后提交有关部门和建设单位或监理人员验线，以保证定位的准确性。沿建筑红线放线后还要由城市规划部门验线，以防止建筑物压红线或超红线，为正常顺利施工创造条件。

5.1.3　施工道路

场地内的道路应根据各加工厂、仓库及各施工对象的相对位置，考虑货物运转，区分主要道路和次要道路，进行道路的规划。布置道路时应满足下列要求：

(1) 合理规划临时道路与地下管网的施工程序。应充分利用拟建的永久性道路，提前修建永久性道路或先修路基和简易路面，作为施工所需的临时道路；尽量避开拟建工程和地下管道等地方，否则工程后期施工，将切断临时道路，给施工带来困难。

(2) 应满足材料、构件等的运输要求，使道路通到各个仓库及堆场，并距离其装卸区域越近越好，以便装卸。

(3) 保证运输畅通。应采用环形布置，如不能设置环形路，则应在路端设置掉头场地。道路中间应起拱，两侧设排水设施，主要道路宜采用双车道，宽度不小于 6m，次要道路宜采用单车道，宽度不小于 3.5m。消防车道宽度不小于 4.0m。

(4) 为了排除路面积水，保证正常运输，道路路面应高出自然地面 0.1～0.2m，雨量较大的地区应高出 0.5m 左右，道路两侧应设置排水沟。

5.1.4　施工临时用水

建筑工地临时用水包括三种类型：生产用水、生活用水和消防用水。工地临时供水设计包括：计算用水量、选择水源和设计配水管网。

5.1.4.1　工地总水量的确定

1. 生产用水

包括工程施工用水和施工机械用水。

1）工程施工用水量（q_1）

工程施工用水量是指施工高峰的某一天或高峰时期内平均每天需要的最大用水量，可按下式计算：

$$q_1 = K_1 \frac{\sum Q_1 N_1}{T_1 \times t} \times \frac{K_2}{8 \times 3600} \tag{5-1}$$

式中　q_1——工程施工用水量（L/s）；

K_1——未预计的施工用水系数（1.05～1.15）；

Q_1——年（季、月）度工程量（以实物计量单位表示）；

N_1——施工用水定额（表5-1）；

T_1——年（季、月）度有效工作日；

t——每天工作班数；

K_2——用水不均衡系数。现场施工用水取 $K_2 = 1.5$，附属生产企业用水，取 $K_2 = 1.25$。

提示：Q_1/T_1：指最大用水日时，白天一个台班所完成的实物工程量。

$Q_1 \times N_1$：指在最大用水日那一天各施工项目的工程量与其相应用水定额的乘积之和。

施工用水参考定额　表5-1

序号	用水对象	单位	耗水量（N_1）	备注
1	浇筑混凝土全部用水	L/m³	1700～2400	
2	搅拌普通混凝土	L/m³	250	
3	混凝土养护（自然养护）	L/m³	200～400	
4	冲洗模板	L/m²	5	
5	搅拌机清洗	L/台班	600	
6	人工冲洗石子	L/m³	1000	
7	机械冲洗石子	L/m³	600	
8	砌砖工程全部用水	L/m³	150～250	
9	抹灰工程全部用水	L/m²	30	
10	浇砖	L/千块	200～250	
11	抹面	L/m²	4～6	不包括调制用水
12	楼地面	L/m²	190	主要是找平层
13	搅拌砂浆	L/m³	300	

2）施工机械用水量（q_2）

施工机械用水量可按下式计算

$$q_2 = K_1 \sum Q_2 N_2 \frac{K_3}{8 \times 3600} \tag{5-2}$$

式中　q_2——施工机械用水量（L/s）；

　　　K_1——未预计施工用水系数，取 $1.05 \sim 1.15$；

　　　Q_2——同一种机械台数（台）；

　　　N_2——施工机械台班用水定额，参考表 5-2 中的数据换算求得；

　　　K_3——施工机械用水不均衡系数，见表 5-3。

机械用水量参考定额　　　　　　　　表 5-2

序号	用水机械名称	单位	耗水量（L）	备注
1	内燃挖土机	m³·台班	200~300	以斗容量立方米计
2	内燃起重机	t·台班	15~18	以起重机吨数计
3	蒸汽起重机	t·台班	300~400	以起重机吨数计
4	蒸汽打桩机	t·台班	1000~1200	以锤重吨数计
5	拖拉机	台·昼夜	200~300	
6	汽车	台·昼夜	400~700	
7	点焊机25型	台·h	100	
	50型	台·h	150~200	
	75型	台·h	250~300	
8	对焊机	台·h	300	
9	冷拔机	台·h	300	
10	木工场	台班	20~25	

施工用水不均衡系数　　　　　　　　表 5-3

编号	用水名称	系数
K_2	现场施工用水	1.5
	附属生产企业用水	1.25
K_3	施工机械、运输机械用水	2.00
	动力设备用水	1.05~1.10
K_4	施工现场生活用水	1.30~1.50
K_5	生活区生活用水	2.00~2.50

2. 生活用水

包括施工现场生活用水和生活区生活用水。

1）施工现场生活用水量（q_3）

生活用水量是指施工现场人数最多时，职工及民工的生活用水量，可按下述计算：

$$q_3 = \frac{P_1 \cdot N_3 \cdot K_4}{t \times 8 \times 3600} \tag{5-3}$$

式中 q_3——施工现场生活用水量（L/s）；

      P_1——施工现场高峰昼夜人数（人）；

      N_3——施工现场生活用水定额，主要视当地天气情况而定，一般取 20～60
（L/人·班）；

      K_4——施工现场用水不均衡系数，见表 5-3；

      t——每天工作班数（班）。

  2）生活区生活用水量计算（q_4）

$$q_4 = \frac{P_2 \cdot N_4 \cdot K_5}{24 \times 3600} \tag{5-4}$$

式中 q_4——生活区活用水量（L/s）；

      P_2——生活区居民人数（人）；

      N_4——居住区昼夜生活用水定额，每一居民每昼夜的平均用时定额是随地区的
不同和有无室内卫生设备而变化的，见表 5-4；

      K_5——施工现场用水不均衡系数，见表 5-3；

      t——每天工作班数（班）。

生活用水量（N_3，N_4）定额　　　　　　　　表 5-4

用水名称	单位	耗水量/L	用水名称	单位	耗水量/L
盥洗、饮用水	L/人×日	20～40	学校	L/学生×日	10～30
食堂	L/人×日	10～20	幼儿园、托儿所	L/幼儿×日	75～100
淋浴带大池	L/人×次	50～60	医院	L/病床×日	100～150
洗衣房	L/kg×干衣	40～60	施工现场生活水	L/人×班	20～60
理发室	L/人×次	10～25	生活区全部生活用水	L/人×日	80～120

  3. 消防用水量（q_5）

    消防用水主要是满足发生火灾时消火栓用水的要求，消防用水量应为临时室外消防用水量与临时室内消防用水量之和；临时室外消防用水量应按临时用房和在建工程的临时室外用水量的较大者确定，施工现场火灾次数可按同时发生一次确定。临时用房的临时室外消防用水量不应小于表 5-5 的规定；在建工程的临时室外消防用水量不应小于表 5-6；在建工程的临时室内消防用水量不应小于表 5-7 的规定。

临时用房的临时室外消防用水量　　　　　　　　表 5-5

临时用房的建筑面积之和	火灾延续时间（h）	消火栓用水量（L/s）	每支水枪最小流量（L/s）
1000m² ＜面积≤5000m²	1	10	5
面积＞5000m²	1	15	5

在建工程的临时室外消防用水量

表 5-6

在建工程（单体）体积	火灾延续时间（h）	消火栓用水量（L/s）	每支水枪最小流量（L/s）
10000m³＜体积≤30000m³	1	10	5
体积＞30000m³	2	15	5

在建工程的临时室内消防用水量

表 5-7

建筑高度、在建工程体积（单体）	火灾延续时间（h）	消火栓用水量（L/s）	每支水枪最小流量 L/s）
24m＜建筑高度≤50m 或 30000m³＜体积≤50000m³	1	10	5
建筑高度＞50m 或 体积＞50000m³	1	15	5

4. 工地总用水量（Q）

由于生产用水、生活用水和消防用水不可能同时使用，故在确定总用量 Q 时，不能简单地相加，根据《建设工程施工现场消防安全技术规范》GB 50702—2011 第 5.3.17 条，一般可以分为以下两种情形：

(1) 当 $(q_1+q_2+q_3+q_4)<q_5$ 时，$Q=q_5$。

(2) 当 $(q_1+q_2+q_3+q_4)>q_5$ 时，则 $Q=q_1+q_2+q_3+q_4$

最后计算出的总用量，还应增加 10%，以补偿不可避免的水管漏水损失，即 $Q_总=1.1Q$。

提示：总用水量计算并不是所有用水量的总和，因为施工用水是间断的，生活用水时多时少，而消防用水又是偶然的。

5.1.4.2　水源选择及临时给水系统

1. 水源选择

建筑工程的临时供水水源有如下几种形式：已有的城市或工业供水系统；自然水域（如江、河、湖、蓄水库等）；地下水（如井水、泉水等）；利用运输器具（如供水运输车）。

水源的确定应首先利用已有的供水系统，并注意其供水量能否满足工程用水需要。减少或不建临时供水系统，在新建区域若没有现成的供水系统时，应尽量先建好永久性的给水系统，至少是能使该系统满足工程用水及部分生产用水的需要。当前述条件不能实现或因工程要求（如工期、技术经济条件）无必要先建永久性给水系统时，应设立临时性给水系统，即利用天然水源，但其给水系统的设计应注意与永久性给水系统相适应，如供水管网的布置。

选择水源应考虑下列因素：水量要能满足最大用水量的需要。生活饮用水质应符合国家及当地的卫生标准；其他生活用水及施工用水中的有害及侵蚀性物质的含量不得超过有关规定的限制；否则，必须经软化及其他处理后，方可使用。与农业、水利工程综合利用；蓄水、取水、输水、净水、贮水设施要安全经济；施工、运转、管理、维修方便。

2. 管径的选择

(1) 计算法

根据工地总用水量，按式 (5-5) 计算干管管径。

$$D = \sqrt{\frac{4Q \times 1000}{\pi \cdot v}} \tag{5-5}$$

式中　D——配水管直径 (mm);

　　　Q——管段的用水量 (L/s);

　　　v——管网中水流速度 (m/s) 可参照表 5-8，一般生活及施工用水取 1.5m/s，消防用水取 2.5m/s。

临时水管经济流速参考表　　　　　　　　表 5-8

管径 d/mm	流速 (m/s)	
	正常时间	消防时间
<100	0.5～1.2	—
100～300	1.0～1.6	2.5～3.0
>300	1.5～2.5	2.5～3.0

(2) 查表法

为了减少计算工作，只要确定管段流量 Q 和流速范围，可直接查表 5-9、表 5-10，选择管径 D。埋入地下的永久性水管应选用供水铸铁管。

给水铸铁管计算表　　　　　　　　表 5-9

流量 (L/s)	管径 (mm)									
	75		100		150		200		250	
	i	v	i	v	i	v	i	v	i	v
2	7.98	0.46	1.94	0.26						
4	28.4	0.93	6.69	0.52						
6	61.5	1.39	14	0.78	1.87	0.34				
8	109	1.86	23.9	1.04	3.14	0.46	0.765	0.26		
10	171	2.33	36.5	1.30	4.69	0.57	1.13	0.32		
12	246	2.76	52.6	1.56	6.55	0.69	1.58	0.39	0.529	0.25
14			71.6	1.82	8.71	0.80	2.08	0.45	0.695	0.29
16			93.5	2.08	11.1	0.92	2.64	0.51	0.886	0.33
18			118	2.34	13.9	1.03	3.28	0.58	1.09	0.37
20			146	2.60	16.9	1.15	3.97	0.64	1.32	0.41
22			177	2.86	20.2	1.26	4.73	0.71	1.57	0.45
24					24.1	1.38	5.56	0.77	1.83	0.49
26					28.3	1.49	6.64	0.84	2.12	0.53

续表

流量 (L/s)	管径（mm）									
	75		100		150		200		250	
	i	v	i	v	i	v	i	v	i	v
28					32.8	1.61	7.38	0.90	2.42	0.57
30					37.7	1.72	8.4	0.96	2.75	0.62
32					42.8	1.84	9.46	1.03	3.09	0.66
34					48.4	1.95	10.6	1.09	3.45	0.70
36					54.2	2.06	11.8	1.16	3.83	0.74
38					60.4	2.18	13.0	1.22	4.23	0.78

注：v——流速（m/s）；i——压力损失（m/km 或 mm/m）。

给水钢管计算表　　　　表 5-10

流量 (L/s)	管径（mm）									
	25		40		50		70		80	
	i	v	i	v	i	v	i	v	i	v
0.1										
0.2	21.3	0.38								
0.4	74.8	0.75	8.98	0.32						
0.6	159	1.13	18.4	0.48						
0.8	279	1.51	31.4	0.64						
1.0	437	1.88	47.3	0.8	12.9	0.47	3.76	0.28	1.61	0.2
1.2	629	2.26	66.3	0.95	18	0.56	5.18	0.34	2.27	0.24
1.4	856	2.64	88.4	1.11	23.7	0.66	6.83	0.4	2.97	0.28
1.6	1118	3.01	114	1.27	30.4	0.75	8.7	0.45	3.76	0.32
1.8			144	1.43	37.8	0.85	10.7	0.51	4.66	0.36
2.0			178	1.59	46	0.94	13	0.57	5.62	0.40
2.6			301	2.07	74.9	1.22	21	0.74	9.03	0.52
3.0			400	2.39	99.8	1.41	27.4	0.85	11.7	0.60
3.6			577	2.86	144	1.69	38.4	1.02	16.3	0.72
4.0					177	1.88	46.8	1.13	19.8	0.81
4.6					235	2.17	61.2	1.3	25.7	0.93
5.0					277	2.35	72.3	1.42	30	1.01
5.6					348	2.64	90.7	1.59	37	1.13
6.0					399	2.82	104	1.7	42.1	1.21

(3) 经验法

单位工程施工供水也可以根据经验进行安排，一般 5000～10000m² 的建筑物，施工用水的总管管径为 100mm，支管管径为 40mm 或 25mm。直径 100mm 管能够供一个消防龙头的水量。

3. 管材的选择

（1）工地输水主干管常用铸铁管和钢管；一般露出地面用钢管；埋入地下用铸铁管；支管采用钢管。

（2）为了保证水的供给，必须配备各种直径的给水管。施工常用管材如表 5-11 所示。

硬聚氯乙烯管、铝塑复合管、聚乙烯管、镀锌钢管的公称直径 15、20、25、32、40、50、70、80、100mm 的 管 使 用 比 较 普 遍。铸 铁 管 有 125、150、200、250、300mm。

施工常用管材表　　　　　　　　　　　　　表 5-11

管材	介绍参数		使用范围
	最大工作压力（MPa）	温度范围（℃）	
硬聚氯乙烯管、铝塑复合管	0.25～0.6	−15～60	给水
聚乙烯管	0.25～1.0	40～60	室内、外给水
镀锌钢管	≤1	<100	室内、外给水

4. 配水管网的布置

配水管网布置的原则是在保证不间断供水的情况下，管道铺设越短越好，同时还应考虑在施工期间各段管网具有移动的可能性。

（1）供水管网的布置方式

供水管网的布置方式有环状管网、枝状管网和混合管网等三种方式，如图 5-1 所示。

图 5-1　工地临时供水管网布置方式示意图
（a）环式管网；（b）枝式管网；（c）混合式管网

环状管网的供水可靠性强，当管网某处发生故障，仍能保障供水不断；但管线长，造价高。它适用于对供水的可靠性要求较高的建设项目或重要的用水区域。

枝状管网的供水可靠性差，但管线短，造价低，适用于一般中小型工程。

混合管网是指主要用水区及供水干管采用环状管网，其他用水区和支管采用枝状管的一种综合供水方式。它兼有环状管网和枝状管网的优点，一般适用于大型工程。

(2) 供水管网的铺设方式

管网的铺设方式有明铺和暗铺两种。由于暗铺是埋在地下，不会影响地面上的交通运输，因此多采用暗铺，但要增加铺设费用。寒冷地区冬期施工时，暗铺的供水管应埋设在冰冻线以下。明铺是置于地面上，其供水管应视情况采取保暖防冻措施。

管线穿路时均要套以铁管，并埋入地下 0.6m 处，以防重压。

(3) 供水管网的布置原则

1) 在保证不间断供水的情况下，管道铺设越短越好；

2) 考虑施工期间管网具有移动的可能性；

3) 主要供水管线采用环状，孤立点可采用枝状；

4) 利用或提前修建的永久管线；

5) 管径要经过计算确定。

(4) 供水管网布置的其他要求

1) 应尽量利用已有的提前修建的永久管道。

2) 供水管网的铺设要与土方平整规划协调一致，以防重复开挖；管网的布置要避开拟建工程和室外管沟的位置，以防二次拆迁改建。

3) 有高层建筑的施工工地，一般要设置水塔、蓄水池或高压水泵，以便满足高空施工与消防用水的要求。高度超过 24m 的建筑工程，应安装临时消防竖管，管径不得小于 75mm，严禁消防竖管作为施工用水管线。

4) 供水管网应按防火要求布置室外消火栓。室外消火栓应靠近十字路口、工地出入口，并沿道路布置，距路边应不大于 2m，距建筑物的外墙应不小于 5m，为兼顾拟建工程防火而设置的室外消火栓与拟建工程的距离也不应大于 25m，消火栓的间距不应超过 120m，工地室外消火栓必须设有明显标志，消火栓周围 3m 的范围内不准堆放物品等；消火栓供水干管的直径不得小于 100mm。

施工现场的排水也十分重要，特别在雨期，如场地排水不畅，会影响到施工和运输的顺利进行。排水沟沿道路布置，纵坡不小于 0.2%，过路处须设涵管，在山地建设时应有防洪设施。

【案例 5-1】某科技产业大厦工程，单体体积 16120m³，建筑高度 45m，施工现场占地面积 1000m²，地下一层，筏板基础，现浇混凝土框架结构，水源从现场北侧引入，施工现场未设生活区，要求保证施工、生活及生产用水。

问题：

(1) 设施工用水系数 $K_1 = 1.15$，年混凝土浇筑量 11639m³，施工用水定额 2400L/m³，年持续有效工作日为 150 天，两班作业，用水不均衡系数 $K_2 = 1.5$，计算现场的工程施工用水量。

(2) 施工机械主要是钢筋混凝土搅拌机，共 6 台，包括输送泵的清洗用水、进场施工现场运输车辆冲洗等，用水定额平均为 $N_2 = 300L/台$，未予计施工用水系数 $K_1 = 1.15$，施工不均衡系数 $K_3 = 2.0$，计算施工机械的用水量。

（3）设现场生活高峰人数 $P_1 = 350$ 人，施工现场生活用水定额 $N_3 = 40L/班$，施工现场生活用水不均衡系数 $K_4 = 1.5$，每天用水两个班制，计算施工现场生活用水量。

（4）计算消防用水量。

（5）计算总用水量。

（6）选择管径。

解析：

（1）工程施工用水 q_1

$$q_1 = K_1 \frac{\sum Q_1 N_1}{T_1 \times t} \times \frac{K_2}{8 \times 3600} = 1.15 \times \frac{11639 \times 2400}{150 \times 2} \times \frac{1.5}{8 \times 3600} = 5.577 L/s$$

（2）施工机械用水量

$$q_2 = K_1 \sum Q_2 N_2 \frac{K_3}{8 \times 3600} = 1.15 \times 6 \times 300 \times \frac{2.0}{8 \times 3600} = 0.0958 L/s$$

（3）施工现场生活用水量

$$q_3 = \frac{P_1 \cdot N_3 \cdot K_4}{t \times 8 \times 3600} = \frac{350 \times 40 \times 1.5}{2 \times 8 \times 3600} = 0.365 L/s$$

由于工地没有设生活区，故不考虑生活区的用水量。

（4）消防用水量

查表 5-6，表 5-7，取 $q_5 = 10 + 10 = 20L/s$。

（5）总用水量确定

$q_1 + q_2 + q_3 = 5.577 + 0.0958 + 0.365 = 6.038 L/s < q_5$，故总用水量按消防用水量考虑，即总用水量 $Q = q_5 = 20L/s$。若考虑 10% 的漏水损失，则总用水量 $Q_总 = 1.1Q = 22L/s$。

（6）管径的确定

$$D = \sqrt{\frac{4Q \cdot 1000}{\pi \cdot v}} = \sqrt{\frac{4 \times 22 \times 1000}{3.14 \times 1.5}} = 136 mm$$

故本工程临时给水干管选用 $D = 150mm$ 管径。

5.1.5　施工临时用电

建筑工地临时供电，包括动力用电与照明用电。建筑工地临时供电系统包括：计算用电量、选择电源、确定导线截面面积并布置配电线路。

5.1.5.1　确定供电数量

总用电量可按以下公式计算：

$$P = \phi \left(K_1 \frac{\sum P_1}{\cos\varphi} + K_2 \sum P_2 + K_3 \sum P_3 + K_4 \sum P_4 \right) \tag{5-6}$$

一般建筑工地现场采用一班制或两班制，少数采用三班制，因此综合考虑动力用电约占总用电量的 90%，室内照明用电约占 10%，则式 (5-6) 可简化为

$$P = 1.1\left(K_1\frac{\sum P_1}{\cos\varphi} + K_2\sum P_2 + 0.1P\right) = 1.24\left(K_1\frac{\sum P_1}{\cos\varphi} + K_2\sum P_2\right) \quad (5\text{-}7)$$

式中 P——总用电量 (kW)；

         ϕ——用电不均衡系数 (1.05～1.1)；

         $\sum P_1$——全部施工用电设备中电动机额定功率之和 (kW)；

         $\sum P_2$——全部施工用电设备中电焊机额定容量之和 (kV·A)；

         $\sum P_3$——室内照明设备额定容量之和；

         $\sum P_4$——室外照明设备额定容量之和；

        $\cos\varphi$——工地上所有电动机的平均功率因数，施工现场最高为 0.75～0.78，一般为 0.65～0.75，临时电网系统可取 (0.7～0.75)；

K_1，K_2，K_3，K_4——需要系数，见表 5-12。

需要系数（K 值）   表 5-12

用电名称	数量	需要系数		备注
		K	数值	
电动机	3～10 台	K_1	0.7	如施工中需要电热时，应将其用电量计算进去。为使计算结果接近实际，式中各项动力和照明用电，应根据不同工作性质分类计算
电动机	11～30 台	K_1	0.6	
电动机	30 台以上	K_1	0.5	
加工厂动力设备			0.5	
电焊机	3～10 台	K_2	0.6	
电焊机	10 台以上	K_2	0.5	
室内照明		K_3	0.8	
室外照明		K_4	1.0	

5.1.5.2 选择电源

选择临时供电电源，通常有完全由工地附近的电力系统供电；没有电力系统时，电力完全由临时发电站供给。最经济的方案是，将附近的高压电经设在工地的变压器降压后引入工地。

5.1.5.3 确定供电系统

1. 配电导线截面的选择

(1) 按机械强度选择：导线必须具有足够的机械强度，以防止受拉或机械损伤折断。

(2) 按允许电流强度选择导线截面：导线必须能承受负载电流长时间通过，而其最高温升不超过规定值。

(3) 按允许电压降选择导线截面。配电导线上的电压降必须限制在一定限度之

内，否则距变压器较远的机械设备会因电压不足而难以启动，或经常停机而无法正常使用；即使能够使用，也由于电动机长期处在低压运转状态，会造成电动机电流过大、升温过高而过早地损坏或烧毁。

所选用的导线截面应同时满足以上三项要求，即以求得的三个截面中的最大者为准，从电线产品目录中选用线芯截面。实际上，配电导线截面面积计算与选择的通常方法是：当配电线路比较长、线路上的负荷比较大时，往往以允许电压降为主确定导线截面；当配电线路比较短时，往往以允许电流强度为主确定导线截面；当配电线路上的负荷比较小时，往往以导线机械强度要求为主选择导线截面。当然，无论以哪一种为主选择导线截面，都要同时复核其他两种要求，以求无误。

2. 变压器的选择与布置要求

(1) 当施工现场只需设置一台变压器时，供电线路可按枝状布置，变压器应设置在引入电源的安全区域内；

(2) 当工地较大，需要设置多台变压器时，应先用一台主降压变压器，将工地附近的 110kV 或 35kV 的高压电网上的电压降至 10kV 或 6kV，然后再通过若干个分变压器将电压降至 380/220V。

主变压器与各分变压器之间采用环状连接布置；每个分变压器到该变压器负担的各用电点的线路可采用枝状布置，分变电器应设置在用电设备集中、用电量大的地方或该变压器所负担区域的中心地带，以尽量缩短供电线路的长度。低压变电器的有效供电半径为 400～500m。

3. 供电线路的布置要求

(1) 工地上的 3、6kV 或 10kV 的高压线路，可采用架空裸线，其电杆距离为 40～60m；也可用地下电缆，采用环状布置。户外 380/220V 的低压线路，可采用架空裸线枝状布置，与建筑物、脚手架等相近时必须采用绝缘架空线，其电杆距离为 25～40m。分支线或引入线均必须从电杆处连接，不得从两杆之间的线路上直接连接。电杆一般采用钢筋混凝土电杆，低压线路也可采用木杆。

(2) 为了维修方便，施工现场一般采用架空配电线路，并尽量使其线路最短。要求现场架空线与施工建筑物水平距离不小于 1m，线与地面距离不小于 4m，跨越建筑物或临时设施时，垂直距离不小于 2.5m，线间距不小于 0.3m。

(3) 各用电点必须配备与用电设备功率相匹配的由闸刀开关、熔断保险、漏电保护器和插座等组成的配电器，其高度与安装位置应以操作方便、安全为准；每台用电机械或设备均应分设闸刀开关和熔断器，实行单机单闸，严禁一闸多机。

(4) 设置在室外的配电箱应有防雨措施，严防漏电，短路及触电事故的发生。

(5) 线路应布置在起重机的回转半径之外。否则应搭设防护栏，其高度要超过线路 2m，机械运转时还应采取相应措施，以确保安全。现场机械较多时，可采用埋地电缆，以减少互相干扰。

(6) 室内配线必须采用绝缘导线或电缆；室内非埋地主干线距地面高度不得小于

2.5m，室内配线必须有短路保护和过载保护。

5.1.5.4 施工用电管理

（1）施工现场操作电工必须经国家现行标准考核后，持证上岗。

（2）用电人员必须通过相关安全教育培训和技术交底，掌握安全用电基本知识和所用设备的性能，考核合格后方可上岗工作。

（3）施工现场临时用电设备在 5 台及以上或设备总容量在 50kW 及以上者，应编制临时用电施工组织设计；装饰装修工程或其他特殊施工阶段，应补充编制单项施工用电方案。

（4）临时用电施工组织设计及变更必须由电气工程技术人员编制，相关部门审核、具有法人资格企业的技术负责人批准、经现场监理确认后实施。

（5）配电系统应采用配电柜或总配电箱、分配电箱、开关箱三级配电方式。

（6）总配电箱应设在靠近电源的区域，分配电箱应设在靠近用电设备或负荷相对集中的区域，分配电箱与开关箱的距离不得超过 30m，开关箱与其控制的固定式用电设备的水平距离不宜超过 3m。

（7）每台用电机械或设备必须有各自专用的开关箱，严禁用同一个开关箱控制 2 台及以上的用电设备（含插座）。

（8）配电箱、开关箱的电源进线严禁采用插头和插座做活动连接。

（9）配电箱、开关箱应装设端正、牢固。固定式配电箱和开关箱的中心点与地面的垂直距离应为 1.4～1.6m。移动式配电箱和开关箱应装设在固定、稳定的支架上。其中心点与地面的垂直距离宜为 0.8～1.6m。

（10）下列特殊场所应使用安全特低电压照明器：

1）隧道、人防工程、高温、有导电灰尘、比较潮湿或灯具离地面高度低于 2.5m 等场所的照明，电源电压不应大于 36V；

2）潮湿和易触及带电场所的照明，电源电压不得大于 24V；

3）特别潮湿、导电良好的地面、锅炉或金属容器的照明，电源电压不得大于 12V。

【案例5-2】某高层建筑施工工地，在结构施工阶段主要施工机械配备为：QT100 附着式塔式起重机 1 台，电动机总功率为 63kW；SCD100/100A 建筑施工外用电梯 1 台，电动机功率为 11kW；HB-15 型混凝土输送泵 1 台，电动机功率为 32.2kW；ZX50 型插入式振动器 4 台，电动机功率为 1.1×4kW；GT3/9 钢筋调直机、QJ40 钢筋切断机、CJW40 钢筋弯曲机各 1 台，电动机功率分别为 7.5kW、5.5kW 和 3kW；UN-100 钢筋对焊机 1 台，额定容量为 100kV·A；BX3-300 电焊机 3 台，额定持续功率为 23.4×3kV·A；高压水泵 1 台，电动机功率为 55kW。试估算该工地总用电量。

【解】施工现场所用全部电动机总功率：

$$\sum P_1 = 63 + 11 + 32.2 + 1.1 \times 4 + 7.5 + 5.5 + 3 + 55 = 181.6\text{kW}$$

电焊机和对焊机的额定容量：

$$\sum P_2 = 23.4 \times 3 + 100 = 170.2\text{kV} \cdot \text{A}$$

查表 5-12，取 $K_1 = 0.6$，$K_2 = 0.6$，并取 $\cos\varphi = 0.75$。

考虑室内、外照明用电后，按式（5-7）得：

$$P = 1.24\left(K_1 \frac{\sum P_1}{\cos\varphi} + K_2 \sum P_2\right)$$

$$= 1.24\left(0.6 \times \frac{181.6}{0.75} + 0.6 \times 170.2\right)$$

$$= 306.8\text{kW}$$

学习单元 2　搭设临时设施

临时设施主要指施工期间临时搭建、租赁的为建设工程施工服务的各种非永久性建筑物。临时设施必须合理选址，正确用材，确保满足使用功能和安全、卫生、环保、消防等要求。现场临时设施应按照施工平面布置图的要求进行布置，临时建筑平面图及主要房屋结构图都应报请城市规划、市政、消防、交通、环境保护等有关部门审查批准。临时建筑应有专业技术人员编制施工组织设计，并应经企业技术负责人批准后实施。

1. 临时设施的种类

施工现场的临时设施较多，按照使用功能可分为：

（1）办公设施，包括办公室、会议室、资料室、门卫值班室。

（2）生活设施，包括宿舍、食堂、厕所、淋浴室、阅览室、娱乐室、卫生保健室。

（3）生产设施，包括材料仓库、防护棚、加工棚（如混凝土搅拌、砂浆搅拌、木材加工、钢筋加工、金属加工和机械维修厂站）、操作棚。

（4）辅助设施，包括道路、现场排水设施、围墙、大门、供水处、吸烟处。

2. 临时设施的设计

施工现场搭建的生活设施，办公设施，两层以上、大跨度及其他临时房屋建筑物应当进行结构计算，绘制简单施工图纸并经审批方可搭建。临时建筑的结构安全等级不应低于三级。结构重要性系数不应小于 0.9。临时建筑的抗震设防类别应为丁类。临时建筑物使用年限为 5 年。

3. 临时设施的选址

办公生活临时设施的选址，首先应考虑与作业区相隔离，保持安全距离。其次是位置的周边环境必须具有安全性，例如不得设置在高压线下，也不得设置在沟边、崖边、河流边、强风口处、高墙下以及滑坡、泥石流等灾害地质带上和山洪可能冲击到的区域。安全距离是指在施工坠落半径和高压线放电距离之外。如因条件限制，办公区和生活区设置在坠落半径区域内，必须有防护措施。

4.临时设施的布置原则

（1）合理布局，协调紧凑，充分利用地形，节约用地。

（2）尽量利用建设单位在施工现场或附近能提供的现有房屋和设施。

（3）临时房屋应本着厉行节约、减少浪费的精神，充分利用当地材料，尽量采用活动式容易拆装的房屋。

（4）临时房屋布置应方便生产和生活。

（5）临时房屋的布置应符合安全、消防和卫生、环保要求。

（6）生活性临时房屋可布置在工地现场以外，生产性临时设施应按照生产的需要在施工现场选择适当的位置，行政管理的办公室等应靠近工地，或是在工地现场出入口。

（7）生活性临时房屋设在工地现场以内时，一般应布置在现场的四周或集中于一侧。

（8）生产性临时设施，如混凝土搅拌站、钢筋加工场、木材加工场等，应全面分析比较确定位置。

5.临时房屋的结构类型

（1）活动式临时房屋，如钢骨架活动房屋、彩钢板房。

（2）固定式临时房屋，主要为砖木结构、砖石结构和砖混结构。

临时房屋应优先选用钢骨架彩钢板房。

5.2.1 生产设施

生产用房面积的大小，取决于设备的尺寸、工艺过程、建筑设计及保安与防火等的要求。各类加工厂、作业棚等所需面积参考指标见表5-13、表5-14。

临时加工厂所需面积参考指标 表5-13

| 序号 | 加工厂名称 | 年产量 | | 单位产量所需建筑面积 | 占地总面积（m³） | 备 注 |
		单位	数量			
1	混凝土搅拌站	m³	3200	0.022（m²/m³）	按砂石堆场考虑	400L搅拌机2台
		m³	4800	0.021（m²/m³）		400L搅拌机3台
		m³	6400	0.020（m²/m³）		400L搅拌机4台
	综合木工加工厂	m³	200	0.30（m²/m³）	100	加工门窗、模板、地板、屋架等
		m³	500	0.25（m²/m³）	200	
		m³	1000	0.20（m²/m³）	300	
		m³	2000	0.15（m²/m³）	420	

续表

序号	加工厂名称	年产量		单位产量所需建筑面积	占地总面积（m²）	备注
		单位	数量			
2	钢筋加工厂	t	200	0.35（m²/t）	280～560	加工、成型、焊接
		t	500	0.25（m²/t）	380～750	
		t	1000	0.20（m²/t）	400～800	
		t	2000	0.15（m²/t）	450～900	
3	现场钢筋调直或冷拉拉直场	所需场地（长×宽） (70～80)×(3～4)（m）				按一批加工数量计算
	钢筋冷加工 剪断机 弯曲机 $\phi12$ 以下 弯曲机 $\phi40$ 以下	所需场地（m²/台） 30～40 50～60 60～70				

现场作业棚所需面积参考指标　　　　表 5-14

序号	名称	单位	面积（m²）	备注
1	木工作业棚	m²/人	2	占地为建筑面积的 2～3 倍
2	电锯房	m²/	80	34～36in 圆锯 1 台
3	电锯房	m²/	40	小圆锯 1 台
4	钢筋作业棚	m²/人	3	占地为建筑面积的 3～4 倍
5	搅拌棚	m²/台	10～18	
6	卷扬机棚	m²/台	6～12	
7	烘炉房	m²	30～40	
8	焊工房	m²	20～40	

5.2.2　仓储库房

在建筑工程的施工过程中，工地上需运进并存储较多的建筑材料、半成品和成品。因此，必须搭设临时性仓库。

1. **库房的分类**

按保管材料的方法不同，建筑工地上临时性仓库可分为下列几种：

（1）露天仓库用于堆放不会因自然气候影响而损坏质量的材料。例如，石料、砖瓦和装配式钢筋混凝土构件等的堆场。

（2）库棚用于储存防止阳光直接侵蚀的材料。例如，油毛毡、面砖、细木作零件和沥青等的仓库。

（3）封闭式仓库用于储存防止大气侵蚀而发生质变的建筑物品、贵重材料以及细巧容易损坏或散失的材料。例如，储存水泥、石膏、五金零件及贵重设备，器具和工具的仓库。

2. 各种仓库及堆场所需面积的确定

(1) 按材料储备期计算

$$A = \frac{Q}{nqk} \quad\quad (5-8)$$

式中　A——仓库或材料堆场面积；

　　　Q——各种材料在现场的总用量；

　　　n——该材料分期分批进场的次数；

　　　q——该材料每平方米储存定额，见表 5-15；

　　　k——堆场、仓库面积利用系数。

常用材料仓库或堆场面积计算中有关系数参考表　　　　表 5-15

序号	材料、半成品名称	单位	每平方米储存定额（q）	面积利用系数（k）	备注	库存货堆场
1	水泥	t	1.2～1.5	0.7	堆高 12～15 袋	封闭库存
2	生石灰	t	1.0～1.5	0.8	堆高 1.2～1.7m	棚
3	砂子（人工堆放）	m³	1.0～1.2	0.8	堆高 1.2～1.5m	露天
4	砂子（机械堆放）	m³	2.0～2.5	0.8	堆高 2.4～2.8m	露天
5	石子（人工堆放）	m³	1.0～1.2	0.8	堆高 1.2～1.5m	露天
6	石子（机械堆放）	m³	2.0～2.5	0.8	堆高 2.4～2.8m	露天
7	块石	m³	0.8～1.0	0.7	堆高 1.0～1.2m	露天
8	卷材	卷	40～50	0.7	堆高 2.0m	库
9	木模板	m²	4～6	0.7		露天
10	红砖	千块	0.8～1.2	0.8	堆高 1.2～1.8m	露天
11	混凝土砌块	m³	1.5～2.0	0.7	堆高 1.5～2.0m	露天

(2) 按系数计算

适用于规划估算仓库面积的可按下式估算：

$$A = \varphi \cdot m \quad\quad (5-9)$$

式中　A——所需仓库面积（m²）；

　　　φ——系数，见表 5-16；

　　　m——计算基数，见表 5-16。

按系数计算仓库面积参考资料表　　　　表 5-16

序号	名称	计算基数（m）	单位	系数（φ）
1	仓库（综合）	按年平均全员人数（工地）	m²/人	0.7～0.8
2	水泥库	按当年水泥用量的 40%～50%	m²/t	0.7
3	其他仓库	按当年工作量	m²/万元	2～3
4	五金杂品库	按年建安工作量计算时	m²/万元	0.2～0.3
		按年平均在建建筑面积计算时	m²/100m²	0.5～1

续表

序号	名称	计算基数（m）	单位	系数（φ）
5	土建工具库	按高峰年（季）平均全员人数	m²/人	0.1～0.2
6	水暖器材库	按年平均在建建筑面积	m²/100m²	0.2～0.4
7	电器器材库	按年平均在建建筑面积	m²/100m²	0.3～0.5
8	化工油漆危险品仓库	按年建安工作量	m²/万元	0.1～0.15
9	三大工具堆场	按年平均在建建筑面积	m²/万元	1～2
	（脚手、跳板、模板）	按年建安工作量	m²/万元	0.3～0.5

3. 仓库的布置

仓库的面积确定后，还需确定仓库的结构型式，然后按建筑平面图选定最合适的位置布置。仓库位置的选定要作方案比较，论证其技术上的可能性和经济上的合理性。布置仓库时，应注意以下几个问题：

（1）仓库要有坚实的场地；

（2）地势较高而平坦；

（3）位置距各使用地点适中，以便缩短运输距离；

（4）尽量利用永久性仓库，减少临时建筑面积；

（5）要注意技术和安全防火的要求。

5.2.3　临时行政、生活用房

1. 临时行政、生活用房设计规定

《施工现场临时建筑物技术规范》JGJ/T 188—2009 对临时建筑物的设计规定如下：

（1）总平面

1）办公区、生活区和施工作业区应分区设置；

2）办公区、生活区宜位于塔吊等机械作业半径外面；

3）生活用房宜集中建设、成组布置，并设置室外活动区域；

4）厨房、卫生间宜设置在主导风向的下风侧。

（2）办公设施

1）办公室的人均使用面积不宜小于 $4m^2$，会议室使用面积不宜小于 $30m^2$；

2）办公用房室内净高不应低于 2.5m。

（3）宿舍设施

1）宿舍应当选择在通风、干燥的位置，防止雨水、污水流入；

2）不得在尚未竣工建筑物内设置员工集体宿舍；

3）宿舍人均使用面积不宜小于 $2.5m^2$，室内净高不应低于 2.5m，通道宽度不得小于 0.9m，每间宿舍居住人数不宜超过 16 人；

4）宿舍内应当设置单人铺，床铺不得超过 2 层，床铺应高于地面 0.3m，床铺间距不得小于0.5m，严禁使用通铺。

（4）食堂设施

1）食堂应当选择在通风、干燥、清洁、平整的位置，防止雨水、污水流入，应当保持环境卫生，距离厕所、垃圾站（场）、有毒有害场所等污染源不宜小于15m，且不应设在污染源的下风侧，装修材料必须符合环保、消防要求；

2）食堂应设置独立的制作间、储藏间和燃气罐存放间；

3）食堂制作间灶台及其周边应贴瓷砖，瓷砖的高度不宜小于1.5m，地面应做硬化和防滑处理，按规定设置污水排放设施；

4）食堂外应设置密闭式泔水桶，并应及时清运，保持清洁。

（5）厕所、盥洗室、浴室设施

1）施工现场应设置水冲式或移动式厕所；

2）蹲坑间宜设置隔板，隔板高度不宜低于0.9m，蹲位男厕每50人一位，女厕每25人一位。男厕每50人设1m长小便槽；

3）盥洗间应设置盥洗池和水嘴。水嘴与员工的比例为1∶20，水嘴间距不小于700mm；

4）淋浴间的淋浴器与员工的比例为1∶20，淋浴器的间距不小于1000m；

5）厕所、盥洗室、淋浴间的地面应做硬化和防滑处理。

（6）办公现场宜设置单独的文体活动室，使用面积不小于50m²。

2. 临时行政、生活用房建筑面积计算

在工程项目施工时，必须考虑施工人员的办公，生活用房及车库，修理车间等设施的建设。这些临时性建筑物的建筑面积需要数量应视工程项目规模大小、工期长短、施工现场条件、项目管理机构设置类型等，依据建筑工程劳动定额，先确定工地年（季）高峰平均职工人数，然后根据现行定额或实际经验数值，按下式计算：

$$A = N \cdot P \tag{5-10}$$

式中　A——建筑面积（m²）；

　　　N——人数；

　　　P——建筑面积参考指标，见表5-17。

生活用房屋设施参考指标表　　　表5-17

序号	临时房屋名称	指标使用方法	参考指标（m²/人）
1	办公室	按使用人数	3～4
2	工人休息室	按工地平均职工人数	0.15
3	双层床	按工地居住人数	2.0～2.5
4	单层床	按工地居住人数	3.5～4
5	食堂	按高峰年平均职工人数	0.5～0.8
6	浴室	按高峰年平均职工人数	0.07～0.1
7	医务室	按高峰年平均职工人数	0.05～0.07
8	其他公用	按高峰年平均职工人数	0.05～0.10
9	厕所	按高峰年平均职工人数	0.02～0.07

学习单元 3　施工物资进场

施工物资是指施工中必要的劳动手段（施工机械、工具）和劳动对象（材料、配件、构件）等，施工物资准备和进场是一项较为复杂而又细致的工作，建筑施工所需的材料、构（配）件、机具和设备品种多且数量大，能否保证按计划供应，对整个施工过程的工期、质量和成本，有着举足轻重的作用。各种施工物资只有运到现场并有必要的储备后，才具备必要的开工条件。因此，要将这项工作作为施工准备工作的一个重要方面来抓。施工管理人员应尽早地计算出各阶段对材料、施工机械、设备、工具等的需用量，并说明供应单位、交货地点、运输方式等，特别是对预制构件，必须尽早地从施工图中摘录出构件的规格、质量、品种和数量，制表造册，向预制加工厂订货并确定分批交货清单、交货地点及时间，对大型施工机械、辅助机械及设备要精确计算工作日，并确定进场时间，做到进场后立即使用，用毕后立即退场，提高机械利用率，节省机械台班费及停留费。

5.3.1　建筑材料进场

材料管理是在施工过程中对各种材料的计划、订购、运输、验收、保管、发放和使用所进行的一系列组织与管理工作。它的特点是材料供应的多样性和多变性、材料消耗的不均衡性、受运输方式和运输环节的影响。但是建筑材料占工程造价的 2/3 左右，抓好材料管理，合理使用，节约材料，减少消耗，将是降低工程成本提高工程质量的主要途径。

5.3.1.1　材料的计划管理

（1）项目经理应根据施工进度，及时组织相关人员编制现场材料需求计划，明确材料的类别、名称、品种（型号）、规格、数量、技术标准、使用部位、使用时间、质量要求和项目名称、编制日期、送达日期、编制人、审核人、审批人。

（2）各级物资采购部门按照管理权限及时编制采购计划。采购计划要明确材料类别、名称、品种（型号）、规格、数量、单价、金额、质量标准、技术标准、使用部位、材料供方单位、进场时间、编制依据、编制日期、编制人、审核人、审批人。

（3）各级物资管理部门将各类计划分类整理，填写编号，建立各类材料的《材料计划收发台账》。并每月装订成册，妥善保管。

5.3.1.2 材料采购

1. 材料采购的要求

(1) 各级物资部门采购时必须在企业合格商名录中采购；项目经理部材料采购必须在企业的授权范围内，采购时必须签订购货合同或加工订货合同。

(2) 采购原则：同等质量比价格、同等价格比质量；做到比质量、比价格、比运距、算成本。

2. 材料采购方案

在进行材料采购时，应进行方案优选，选择采购费和储存费之和最低的方案。其计算公式为：

$$F = \frac{Q}{2} \times P \times A + \frac{S}{Q} \times C \tag{5-11}$$

式中　F——采购费和储存费之和；

Q——每次采购量；

P——采购单价；

A——仓库储存费率；

S——总采购量；

C——每次采购费。

3. 最优采购批量的计算

最优采购批量，也称最优库存量，或称经济批量，用 Q_0 表示，是指采购费和储存费之和最低的采购批量，其计算公式如下：

$$Q_0 = \sqrt{\frac{2SC}{PA}} \tag{5-12}$$

年采购次数＝S/Q；采购间隔期＝365/年采购次数。

因此，项目的年材料费用总和就是材料费、采购费和仓库储存费三者之和。

【案例 5-3】某工程由某建筑公司承建，工程需要采购水泥若干。根据项目经理部编制的材料需要量计划和现场仓储条件，该项目年需要采购水泥总量为 24000t。根据以上情况，现提出两种采购方案：

方案一：以半个月为单位采购周期，一次采购费用为 60 元，水泥单价 180 元/t。仓库年保管率 3.5%。

方案二：以一个月为单位采购周期，一次采购费用为 62 元，水泥单价 170 元/t，仓库年保管率 3%。

问题：应选择哪一种采购方案？

解：分别计算方案一和方案二的采购费和存储费之和 F：

1) 方案一：采购费和储存费之和

$$F = \frac{Q}{2} \times P \times A + \frac{S}{Q} \times C = \frac{1000}{2} \times 180 \times 3.5\% + \frac{24000}{1000} \times 60 = 4590 \text{ 元}$$

2）方案二：则采购费和储存费之和

$$F = \frac{Q}{2} \times P \times A + \frac{S}{Q} \times C = \frac{2000}{2} \times 170 \times 3.0\% + \frac{24000}{2000} \times 62 = 5844 \ 元$$

3）由此可见，方案一采购费和储存费之和较小，故应以每半个月为周期采购一次。

5.3.1.3　材料进场的验收、保管与使用

(1) 项目经理要加强对建筑材料进场验收与管理。严格检查进场材料的有害物质含量检测报告，按规范应复验的必须复验，无检测报告或复验报告不合格的应予以退货。

(2) 项目材料验收的内容：

1）质量验收；

2）数量验收；

3）单据验收；

4）环保验收；

5）安全卫生验收。

(3) 项目材料验收依据

1）订货合同、采购计划及所约定的标准；

2）经有关单位和部门确认后封存的样品或样本；

3）材质证明或合格证。

(4) 材料验收的方法

1）双控把关。由采购人员在采购前对产品进行评定，在进场前进行验收把关；由验收人员对实际进场材料按验收标准进行把关。

2）联合验收把关。由总包单位、供应单位、使用单位共同对进场材料进行验收。

3）收料员验收把关。由收料人员按标准进行验收把关。

4）提料验收把关。由提料人员在使用材料存放地按标准进行验收把关。

(5) 凭证验收

1）查看所到货物与合同、采购计划所约定是否一致；

2）材质证明（合格证）是否齐全并随货同行，是否有强制产品论证满足施工资料管理的需要；

3）材质证明的内容是否合格，能否满足施工资料管理的需要；

4）查看环保指标是否达到十大标准要求。

(6) 目测验收

按验收标准首先检查材料外观，有包装的检查外包装是否完好无损。若发现有外包装有问题或破损，应做好记录，及时上报，当问题解决方可进行质量和数量验收。同时检查是否有环境影响因素和职业健康安全影响因素。

（7）数量验收

1）按照不同材料采用不同的验收方法点数或量方；

2）计重材料的数量验证，原则上以进货方式进行验收；以磅计量的材料验收进行复磅或监磅，磅差范围不得超过国家规范，超过规范的按实际复磅重量验收。

（8）材料的保管级使用

1）验收合格后做好标识，填写"验收单"，按照材料的保管与保养规程进行保管。

2）验收不合格的物资要单独码放、做好标识，及时清场，杜绝其使用到工程中。

3）主要物资做到证随料走，并做好《材质证明收发台账》。需做复试的材料，须复试合格后方可放行，发放使用。

4）所有出库物资需填写"物资出库单"，经有关人员签字后方可出库使用。

5）根据不同的施工阶段，采取不同的控制方法开展限额领料和额定用料制度。

5.3.1.4　ABC 分类法的应用

ABC 库存分类管理法就是以库存物资单个品种的库存资金占整个库存资金的累积百分数为基础，进行分级，按级别实行分级管理。

累计频率属于（0～80%）区间的材料定为 A 类材料，即主要材料，应进行重点管理，要严格控制订货量，尽量减小库存，把这类材料控制好，能对节约资金起到重要作用；A 类材料一般有钢筋、水泥、木材、工程机具设备等。

累计频率属于（80％～90％）区间的材料定为 B 类材料，即次要材料，应认真管理，定期检查，控制其库存，按经济批量订购；B 类材料一般有地方材料、保温材料、防水材料等。

累计频率属于（90％～100％）区间的材料定为 C 类材料，即一般材料，按照常规方法适当加强管理，稍加控制即可。C 类材料有油漆、小五金、劳保用品等。

ABC 分析法的步骤：

（1）计算项目各种材料所占用的资金总量；

（2）根据各种材料的资金占用多少，由大到小排序，并计算各种材料占用资金占总材料费用的百分比；

（3）计算各种材料金额累计百分比；

（4）按 ABC 三类材料的分类标准进行 ABC 分类。

5.3.2　施工机械设备的进场

建筑施工企业的机械设备，通常是指企业自有的或租赁的为施工服务的各种生产性机械设备，包括起重机械、挖掘机械、土方铲运机械、桩工机械、钢筋混凝土机械、木工机械以及各类汽车、动力设备、焊接切割机械等。

5.3.2.1　施工机械设备的配备

1. 自购机械设备

施工单位应根据自身的性质、任务类型、施工工艺特点和技术发展趋势自购配备施工机械设备。自购（有）的施工机械设备应当是企业常年大量使用的施工机械设备，这样才能达到较高的机械利用率和经济效果。

2. 租赁机械设备

机械设备租赁是企业利用广阔社会机械设备资源装备自己，迅速提高自身形象，增强施工能力，减小投资包袱，尽快武装的有力手段。

租用施工机械设备时，必须注意核实以下内容：出租企业的营业执照、租赁资质、机械设备安装资质、安全使用许可证、设备安全技术定期检定证明、机械人员操作证。

3. 机械施工承包

某些操作复杂的机械，由专业机械化施工公司装备，组织专业工程队组承包。如构件吊装、大型土方工程等。

5.3.2.2　施工机具选择

1. 机械设备的选择原则

技术先进性：机械设备的性能优越，生产效率高；

使用可靠性：能稳定地保持其应有的技术性能，达到安全可靠运行；

便于维修性：便于检查、维护、修理、配件标准化，通用性大；

运行安全性：安全有保障，不漏电，防护装置齐全、可靠；

经济实惠性：耗电少、省油，运行成本低，有良好的经济效益；

其他方面：适宜、配套、型号少。

2. 选择方法

施工机械的选择的方法有以下几种。

(1) 单位工程量成本比较法

在使用机械时，总要消费一定的费用，这些费用可分成两类：一类称为操作费或可变费用，它随着机械的操作时间而变化，如操作人员的工资、燃料动力费、小修理费、直接材料费等；另一类费用是按一定施工期限分摊的费用，称为固定费，如折旧费、大修理费、机械管理费、投资应付利息、固定资产占用率等。用这两类费用计算单位工程量成本的公式是：

$$单位工程量成本＝\frac{操作时间固定费＋操作时间×单位时间操作费}{总工程量}$$

提示： 总工程量＝操作时间×单位时间产量

【案例 5-4】 某建筑公司有一项土方挖运施工任务，基坑开挖深度为 8.5m，土方量 10000m³，该公司拟租赁挖土机进行土方开挖。租赁市场上有 A、B 两种液压挖掘机，A、B 的租赁单价分别为 1000、1200 元/台班，台班产量分别为 500、750m³。租赁 A 液压挖掘机需要一次支出进出场费 20000 元，租赁 B 液压挖掘机需要一次支出进出场费 25000 元。因工期充裕，该公司考虑按费用最低选择挖掘机。

问题：该建筑公司应租赁哪种液压挖掘机？

解：

$$A 机器的单位工程量成本 = \frac{20000 + \frac{10000}{500} \times 1000}{10000} = 4 元/m^3$$

$$B 机器的单位工程量成本 = \frac{25000 + \frac{10000}{750} \times 1200}{10000} = 4.1 元/m^3$$

显然，A 液压挖掘机的单位工程量成本低于 B 液压挖掘机，所以选用 A 液压挖掘机。

（2）用界限工程量或使用时间判断应选用的机械

单位工程量成本受总工程量或使用时间的制约。如果我们能将两种机械单位工程量成本相等时的总工程量或使用时间计算出来，则决策工作更可靠，我们把这个工程量称为"界限工程量"，适宜时间称为"界限使用时间"。

【案例 5-5】求出应用案例 5-4 中的界限工程量。如果若土方量为 15000m³，该建筑公司应租赁哪种液压挖掘机？

解：设界限工程量为 Q，则有

$$20000 + \frac{Q}{500} \times 1000 = 25000 + \frac{Q}{750} \times 1200$$

求得 $Q = 12500m^3$。

土方量 15000m³＞12500m³，该建筑公司应原先 B 液压挖掘机。

（3）用折算费用法进行优选

当机械在一项工程中使用时间较长，甚至涉及购置费时，在选择时往往涉及机械的原值（投资），利用银行贷款时又涉及利息，甚至复利计息。这时，可采用折算费用法（又称等值成本法）进行计算，低者为优。

折算费用是预计机械使用时间按年或按月摊入成本的机械费用。这项费用涉及机械原值、年使用费、残值和复利利息。计算公式是：

年折算费用＝每年按等值分摊的机械投资＋每年的机械使用费

在考虑复利和残值的情况下：

年折算费用＝(原值－残值)×资金回收系数＋残值×利率＋年度机械使用费

$$资金回收系数 = \frac{i(1+i)^n}{(1+i)^{n-1}} \tag{5-13}$$

式中　i——复利率

n——计利期

【案例 5-6】某企业要进行一项大工程的建设，施工组织设计基本完成以后，发现本企业现有的机械均不能满足需要，故需要做出是购买设备还是向机械出租站租赁的决策。经测算，有表 5-18 的资料可供决策。

施工机械技术参数
表 5-18

方案	一次投资/元	年使用费/元	使用年限	残值/元	年复利率/%	年租金/元
自购	200000	40000	10	20000	10	—
租赁	—	20000	—	—	—	40000

解：自购机械的年折算费用计算如下：

自购机械年折算费用 $= (200000 - 20000) \times [0.10 \times (1 + 0.10)^{10}] / [(1 + 0.10)^{10} - 1] + 20000 \times 0.10 + 40000 = 71295$（元）

年租金及使用费用 $= 20000 + 40000 = 60000$（元）

比较可以得出自购机械年折算费用比租赁机械的年支出多 11295 元（即 71295 − 60000），故不宜自购，可作出租赁机械的决策。

5.3.2.3　施工机具进场验收

1. 进入施工现场的机械设备应具有的技术文件如下：

(1) 设备安装、调试、使用、拆除及试验图标程序和详细文字说明书；

(2) 各种安全保险装置及行程限位器装置调试和使用说明书；

(3) 维护保养及运输说明书；

(4) 配件及配套工具目录；

(5) 安全操作规程；

(6) 产品鉴定证书、合格证书；

(7) 其他重要的注意事项等。

2. 验收内容

进场施工机械设备安装后必须按规定进行验收，合格方可使用，做好验收记录，验收人员履行签字手续。验收内容主要是：

(1) 对进入施工现场的机械设备的性能、环保要求、安全装置和操作人员的资质进行审验，不符合要求的机械和人员不得进入施工现场。

(2) 安装位置是否符合施工平面布置图要求。

(3) 安装地基是否坚固，机械是否稳固，工作棚搭设是否符合要求。

(4) 传动部分是否灵活可靠，离合器是否灵活，制动器是否可靠，限位保险装置是否有效，机械的润滑情况是否良好。

(5) 电气设备是否安全可靠，电阻摇测记录应符合要求，漏电保护器灵敏可靠，接地接零保护正确。

(6) 安全防护装置完好，安全、防火距离符合要求。

(7) 机械工作机构无损坏，运转正常，紧固件牢固。

(8) 机手持证上岗。

(9) 大型机械如塔式起重机、施工升降机等设备安装前，项目经理部应根据设备出租方提供的数据及要求进行基础的设计与施工，经验收合格后，方可交由有资质的设备安装单位组织安装。大型机械设备由设备安装单位完成安装、调试后，由项目经理部组织设备安装单位及相关人员共同验收，填写验收记录表，合格后办理验收手续，方可投入使用。

5.3.2.4　机械设备的合理使用与维修

1. 机械设备的合理使用

(1) 人机固定，实行机械使用、保养责任制，将机械设备的使用效益与个人经济利益联系起来。

(2) 实行操作证制度。专机的专门操作人员必须经过培训和统一考试，确认合格，发给驾驶证。这是保证机械设备得到合理使用的必要条件。

(3) 操作人员必须做好机械设备的例行保养和遵守磨合期使用规定。

(4) 建立设备档案制度。这样就能了解设备的情况，便于使用与维修。

(5) 合理组织机械设备施工。必须加强维修管理，提高机械设备的完好率和单机效率，并合理地组织机械的调配，做好施工的计划工作。

(6) 做好机械设备的综合利用。

(7) 要努力组织好机械设备的流水施工。当施工的推进主要靠机械而不是人力时，划分施工段的大小必须考虑机械的服务能力，要使机械连续作业、不停歇。项目有多个单位工程时，应使机械在单位工程之间流水作业，减少进出场时间和装卸费用。

(8) 机械设备安全作业。项目经理部应按机械设备的安全操作要求安排工作和进行指挥，不得要求操作人员违章作业，也不得强令机械带病操作，更不得指挥和允许操作人员野蛮施工。

(9) 为机械设备的施工创造良好条件。比如现场环境、施工平面图布置、交通道路、夜间施工照明等。

2. 机械设备的保养

机械设备的保养通常分为例行保养（每班保养）和定期保养两种：

(1) 例行保养

机械操作人员或使用人员在上下班和交接班时间进行的保养工作称为例行保养，其基本内容是：

1) 清洁：消除机械设备上的污垢，洗擦机械设备上的灰尘，保持机械设备整洁。

2) 调整：检查动力部分和传动部分运转情况，是否有异常现象；行走部分和工作装置工作情况，是否有变形、脱焊、裂纹和松动；操作系统、安全装置和仪表工作情况，是否有失灵现象；油、水、电、气容量情况，有无不足或泄漏；各处配合间隙及连接情况，有无异变或松动。发现不正常时应及时调整。

3）紧固：紧固各处松动的螺栓。

4）润滑：按规定做好润滑注油工作。

5）防腐：采取适当措施做好机身防腐工作。

（2）定期保养

机械设备定期保养，是根据技术保养规程规定的保养周期，当机械设备运转到规定的工作台班或台时，就要停机进行保养，这种保养称为定期保养。

3.机械设备的修理

机械设备的修理，是对设备因正常的或不正常的原因造成的损坏或精度劣化的修复工作，通过修理更换已经磨损、老化、腐蚀的零部件，使设备性能得到恢复。修理按作业范围可分为：

（1）日常修理：是以保养检查中发现的设备缺陷或劣化症状，采取及时排除在故障之前的修理。

（2）小修：是属于无法预料或控制的，通常发生在设备使用和运行中突然发生的故障性损坏或临时故障的修理，属于局部修理，亦称故障修理。

（3）中修：中修时除了对主要组成进行彻底修理之外，还要对其他部分进行检查保养和必要的修理。若机械的各个主要组成磨损程度相似，可以延长使用到下次大修，则可取消中修这一级。小型、简单的机械设备也可以取消中修这一级。

（4）大修：是指机械设备的多数组成即将达到极限磨损的程度，经过技术鉴定需要进行一次全面、彻底的恢复性修理。使机械设备的技术状况和使用性能达到规定的技术要求。

学习单元 4　施工现场管理

5.4.1　文明施工要求

文明施工是指保持施工场地整洁、卫生，施工组织科学，施工程序合理的一种施工活动。实现文明施工，不仅要着重做好现场的场容管理工作，而且还要相应做好现场材料、机械、安全、技术、保卫、消防和生活卫生等方面的管理工作。一个工地的文明施工水平是该工地乃至所在企业各项管理工作水平的综合体现。

5.4.1.1　文明施工主要内容

（1）规范场容、场貌，保持作业环境整洁卫生。

（2）创造文明有序安全生产的条件和氛围。

（3）减少施工对居民和环境的不利影响。

（4）落实项目文化建设。

5.4.1.2　文明施工管理基本要求

建筑工程施工现场应当做到围挡、大门、标牌标准化、材料码放整齐化（按照现场平面布置图确定的位置集中、整齐码放）、安全设施规范化、生活设施整洁化、职工行为文明化、工作生活秩序化。

建筑工程施工要做到工完场清、施工不扰民、现场不扬尘、运输无遗撒、垃圾不乱弃，努力营造良好的施工作业环境。

5.4.1.3　文明施工检查评定的内容

文明施工检查评定保证项目应包括：现场围挡、封闭管理、施工场地、材料管理、现场办公与住宿、现场防火。一般项目应包括：综合治理、公示标牌、生活设施、社区服务。

1. 现场围挡

（1）市区主要路段的工地应设置高度不小于 2.5m 的封闭围挡；

（2）一般路段的工地应设置高度不小于 1.8m 的封闭围挡；

（3）围挡应坚固、稳定、整洁、美观。

2. 封闭管理

（1）施工现场进出口应设置大门，并应设置门卫值班室；

（2）应建立门卫职守管理制度，并应配备门卫职守人员；

（3）施工人员进入施工现场应佩戴工作卡；

（4）施工现场出入口应标有企业名称或标识，并应设置车辆冲洗设施。

3. 施工场地

（1）施工现场的主要道路及材料加工区地面应进行硬化处理；

（2）施工现场道路应畅通，路面应平整坚实；

（3）施工现场应有防止扬尘措施；

（4）施工现场应设置排水设施，且排水通畅无积水；

（5）施工现场应有防止泥浆、污水、废水污染环境的措施；

（6）施工现场应设置专门的吸烟处，严禁随意吸烟；

（7）温暖季节应有绿化布置。

4. 材料管理

（1）建筑材料、构件、料具应按总平面布局进行码放；

（2）材料应码放整齐，并应标明名称、规格等；

（3）施工现场材料码放应采取防火、防锈蚀、防雨等措施；

（4）建筑物内施工垃圾的清运，应采用器具或管道运输，严禁随意抛掷；

（5）易燃易爆物品应分类储藏在专用库房内，并应制定防火措施。

5. 现场办公与住宿

(1) 施工作业、材料存放区与办公、生活区应划分清晰，并应采取相应的隔离措施；

(2) 在施工程、伙房、库房不得兼做宿舍；

(3) 宿舍、办公用房的防火等级应符合规范要求；

(4) 宿舍应设置可开启式窗户，床铺不得超过 2 层，通道宽度不应小于 0.9m；

(5) 宿舍内住宿人员人均面积不应小于 2.5㎡，且不得超过 16 人；

(6) 冬季宿舍内应有采暖和防一氧化碳中毒措施；

(7) 夏季宿舍内应有防暑降温和防蚊蝇措施；

(8) 生活用品应摆放整齐，环境卫生应良好。

6. 现场防火

(1) 施工现场应建立消防安全管理制度、制定消防措施；

(2) 施工现场临时用房和作业场所的防火设计应符合规范要求；

(3) 施工现场应设置消防通道、消防水源，并应符合规范要求；

(4) 施工现场灭火器材应保证可靠有效，布局配置应符合规范要求；

(5) 明火作业应履行动火审批手续，配备动火监护人员。

7. 综合治理

(1) 生活区内应设置供作业人员学习和娱乐的场所；

(2) 施工现场应建立治安保卫制度、责任分解落实到人；

(3) 施工现场应制定治安防范措施。

8. 公示标牌

(1) 大门口处应设置公示标牌，主要内容应包括：工程概况牌、消防保卫牌、安全生产牌、文明施工牌、管理人员名单及监督电话牌、施工现场总平面图；

(2) 标牌应规范、整齐、统一；

(3) 施工现场应有安全标语；

(4) 应有宣传栏、读报栏、黑板报。

9. 生活设施

(1) 应建立卫生责任制度并落实到人；

(2) 食堂与厕所、垃圾站、有毒有害场所等污染源的距离应符合规范要求；

(3) 食堂必须有卫生许可证，炊事人员必须持身体健康证上岗；

(4) 食堂使用的燃气罐应单独设置存放间，存放间应通风良好，并严禁存放其他物品；

(5) 食堂的卫生环境应良好，且应配备必要的排风、冷藏、消毒、防鼠、防蚊蝇等设施；

(6) 厕所内的设施数量和布局应符合规范要求；

(7) 厕所必须符合卫生要求；

(8) 必须保证现场人员卫生饮水；

(9) 应设置淋浴室，且能满足现场人员需求；

(10) 生活垃圾应装入密闭式容器内，并应及时清理。

10. 社区服务

(1) 夜间施工前，必须经批准后方可进行施工；

(2) 施工现场严禁焚烧各类废弃物；

(3) 施工现场应制定防粉尘、防噪声、防光污染等措施；

(4) 应制定施工不扰民措施。

提示：建筑施工分几个阶段，各阶段的噪声限值如下：

土石方阶段，昼间噪声限值是 75 分贝，夜间噪声限值是 55 分贝；

打桩阶段，昼间噪声限值是 85 分贝，夜间禁止施工；

结构阶段，昼间噪声限值是 70 分贝，夜间噪声限值是 55 分贝；

装修阶段，昼间噪声限值是 65 分贝，夜间噪声限值是 55 分贝。

【**案例 5-7**】某新建高层住宅，该工程地处繁华闹市区，由于施工场地狭小，施工单位安排大量施工人员住在了刚施工完成的地下室；施工过程中交叉作业多，协调施工、成品保护、安全文明施工难度大，投入的设备及劳动力多。项目部加强了现场的安全防护和文明施工管理的投入，在现场主要出入口设置了"五牌一图"。

问题：

(1) 在建工程内是否可以安排工人居住？

(2) 施工现场的"五牌一图"指什么？

(3) 按照文明施工的管理要求，施工现场场地四周的围挡应如何设置？

解：(1) 不可以住进在建工程中。

(2) 施工现场总平面图、安全生产、消防保卫、环境保护、文明施工、管理人员名单及监督电话牌、工程概况牌。

(3) 施工现场必须实施封闭管理，现场出入口应设门卫室，场地四周必须采用封闭围挡，围挡的设置必须沿工地四周连续进行。一般路段的围挡高度不得低于 1.8m，市区主要路段的高度不得低于 2.5m。

5.4.2 现场防火要求

1. 施工现场防火的一般规定

(1) 现场的消防安全工作应以"预防为主、防消结合、综合治理"为方针，健全防火组织，认真落实防火安全责任制。

(2) 现场应明确划分固定动火区和禁火区，施工现场动火必须严格履行动火审批程序，并采取可靠的防火安全措施，指派专人进行安全监护。

(3) 现场使用的安全网、防尘网、保温材料等必须符合防火要求，不得使用易燃、可燃材料。

（4）现场严禁工程明火保温施工。

（5）现场应配备足够的消防器材，并应指派专人进行日常维护和管理，确保消防设施和器材完好、有效。

【知识链接】动火等级的划分

（1）凡属下列情况之一的动火，均为一级动火。

1）禁火区域内。

2）油罐、油箱、油槽车和储存过可燃气体、易燃液体的容器及与其连接在一起的辅助设备。

3）各种受压设备。

4）危险性较大的登高焊、割作业。

5）比较密封的室内、容器内、地下室等场所。

6）现场堆有大量可燃和易燃物质的场所。

（2）凡属下列情况之一的动火，均为二级动火。

1）在具有一定危险因素的非禁火区域内进行临时焊、割等用火作业。

2）小型油箱等容器。

3）登高焊、割等用火作业。

（3）在非固定的、无明显危险因素的场所进行用火作业，均属三级动火作业。

2. 消防器材的配备

（1）一般临时设施区，每100m²配备两个10L的灭火器，大型临时设施总面积超过1200m²的，应备有消防专用的消防桶、消防锹、消防钩、盛水桶（池）、消防砂箱等器材设施。

（2）临时木工加工车间、油漆作业间等，每25m²应配置一个种类合适的灭火器。

（3）仓库、油库、危化品库或堆料厂内，应配备足够组数、种类的灭火器，每组灭火器不应少于四个，每组灭火器之间的距离不应大于30m。

（4）高度超过24m的建筑工程，应保证消防水源充足，设置具有足够扬程的高压水泵，安装临时消防竖管，管径不得小于75mm，每层必须设消火栓口，并配备足够的水龙带。

3. 灭火器的摆放

（1）灭火器应摆放在明显和便于取用的地点，且不得影响到安全疏散。

（2）灭火器应摆放稳固，其铭牌必须朝外。

（3）手提式灭火器应使用挂钩悬挂，或摆放在托架上、灭火箱内，其顶部离地面高度应小于1.5m，底部离地面高度宜大于0.15m。

（4）灭火器不应摆放在潮湿或强腐蚀性的地点，必须摆放时，应采取相应的保护措施。

（5）摆放在室外的灭火器应采取相应的保护措施。

（6）灭火器不得摆放在超出其使用温度范围以外的地点，灭火器的使用温度范围应符合规范规定。

5.4.3 现场成品保护

1. 成品保护的范围

在施工过程中，对已完成或部分完成的检验批、分项、分部工程及安装的设备、五金件等成品、半成品都必须做好保护工作。成品保护的范围主要包括：

(1) 结构施工时的测量控制桩；制作和绑扎的钢筋、模板、浇筑的混凝土构件（尤其是楼梯踏步、结构墙、梁、板、柱及门窗洞口的边、角等部位）、砌体等。地下室、卫生间、盥洗室、厨房及屋面等部位的防水。

(2) 装饰施工时的墙面、顶棚、楼地面、地毯、石材、木作业、油漆及涂料、门窗及玻璃、幕墙、五金、楼梯饰面及扶手等工程。

(3) 安装的消防箱、配电箱、配电柜、插座、开关、烟感、喷淋、散热器、空调风口、卫生洁具、厨房器具、灯具、阀门、管线、水箱及设备配件等。

(4) 安装的高低压配电柜、空调机组、电梯、发电机组、冷水机组、冷却塔、通风机、水泵、强弱电配套设施、风机盘管、智能照明设备、中水设备及厨房设备等。

2. 现场成品保护的要点

(1) 合理安排施工顺序。主要是根据工程实际，合理安排不同工序间施工先后顺序，防止后道工序损坏或污染前道工序。例如，采取房间内先刷浆或喷涂后安装灯具的施工顺序可防止浆料污染损害灯具；先做顶棚装修，后做地面，也可避免顶棚装修施工对地面造成污染和损害。

(2) 根据产品的特点，可以分别对成品、半成品采取护、包、盖、封等具体保护措施。

1) "护"即提前防护。针对被保护对象采取相应的防护措施。例如，对楼梯踏步，可以采取钉上木板进行防护；对于进出口台阶可以采取垫砖或搭设通道板的方法进行防护；对于门口、柱角等易碰部位，可以钉上防护条或包角等措施进行防护。

2) "包"即进行包裹。将被保护物包裹起来，以防损伤或污染。例如，对镶面大理石柱可用立板包裹捆扎保护；铝合金门窗可用塑料布包扎保护等。

3) "盖"即表面覆盖。用表面覆盖的办法防止堵塞或损伤。例如，对地漏、排水管落水口等安装就位后加以覆盖，以防异物落入而被堵塞；门厅、走道部位等大理石块材地面，可以采用木（竹）胶合板覆盖加以保护等。

4) "封"即局部封闭。采取局部封闭的办法进行保护。例如，房间水泥地面或地面砖铺贴完成后，可将该房间局部封闭，以防人员进入损坏地面。

(3) 建立成品保护责任制，加强对成品保护工作的巡视检查，发现问题及时处理。

5.4.4　施工现场的环境保护

施工单位在施工现场的施工活动中，会产生各种泥浆、污水、粉尘、废气、固体废弃物、噪声和振动等对环境造成污染和危害。施工单位应根据国家有关环境保护的法律、法规、标准（如《环境保护法》、《环境噪声污染防治法》、《固体废物污染环境防治法》、《建筑施工场界噪声限值》等），采取有效措施控制施工现场对环境造成各种污染和危害。

1. 建筑施工一些常见的重要环境影响因素

（1）施工机械作业、模板支拆、清理与修复作业、脚手架安装与拆除作业等产生的噪声排放。

（2）施工场地平整作业、土、灰、砂、石搬运及存放、混凝土搅拌作业等产生的粉尘排放。

（3）现场渣土、商品混凝土、生活垃圾、建筑垃圾、原材料运输等过程中产生的遗撒。

（4）现场油品、化学品库房、作业点产生的油品、化学品泄漏。

（5）现场废弃的涂料桶、油桶、油手套、机械维修保养废液、废渣等产生的有毒有害废弃物排放。

（6）城区施工现场夜间照明造成的光污染。

（7）现场生活区、库房、作业点等处发生的火灾、爆炸。

（8）现场食堂、厕所、搅拌站、洗车点等处产生的生活、生产污水排放。

（9）现场钢材、木材等主要建筑材料的消耗。

（10）现场用水、用电等能源的消耗。

2. 建筑施工环境保护实施要点

（1）现场必须建立环境保护、环境卫生管理和检查制度，并应做好检查记录。对施工现场作业人员的教育培训、考核应包括环境保护、环境卫生等有关法律、法规的内容。

（2）在城市市区范围内从事建筑工程施工，项目必须在工程开工前 15 日向工程所在地县级以上地方人民政府环境保护管理部门申报登记。施工期间的噪声排放应当符合国家规定的建筑施工场界噪声排放标准。夜间施工的，需办理夜间施工许可证明，并公告附近社区居民。

（3）施工现场污水排放要与所在地县级以上人民政府市政管理部门签署污水排放许可协议、申领《临时排水许可证》。雨水排入市政雨水管网，污水经沉淀处理后二次使用或排入市政污水管网。现场产生的泥浆、污水未经处理不得直接排入城市排水设施、河流、湖泊及池塘等。

（4）现场产生的固体废弃物应在所在地县级以上地方人民政府环卫部门申报登记，分类存放。建筑垃圾和生活垃圾应与所在地垃圾消纳中心签署环保协议，及时清运处置。有毒有害废弃物应运送到专门的有毒有害废弃物中心消纳。

(5) 现场的主要道路必须进行硬化处理，土方应集中堆放。裸露的场地和集中堆放的土方应采取覆盖、固化或绿化等措施。现场土方作业应采取防止扬尘措施。

(6) 拆除建筑物、构筑物时，应采用隔离、洒水等措施，并应在规定期限内将废弃物清理完毕。建筑物内施工垃圾的清运，必须采用相应的容器倒运，严禁凌空抛掷。

(7) 现场使用的水泥和其他易飞扬的细颗粒建筑材料应密闭存放或采取覆盖等措施。混凝土搅拌场所应采取封闭、降尘措施。

(8) 除有符合环保要求的设施外，施工现场内严禁焚烧各类废弃物，禁止将有毒有害废弃物作土方回填。

(9) 在居民和单位密集区域进行爆破、打桩等施工作业前，施工单位除按规定报告申请批准外，还应将作业计划、影响范围、程度及有关情况向周边居民和单位通报说明，取得协作和配合。对于施工机械噪声与振动扰民，应有相应的降噪减振控制措施。

(10) 施工时发现的文物、爆炸物、不明管线电缆等，应当停止施工，保护好现场，及时向有关部门报告，按照有关规定处理后方可继续施工。

5.4.5 安全警示牌的布置

1. 安全警示牌的类型和基本形式

安全标志分为禁止标志、警告标志、指令标志和提示标志四大类型。

禁止标志是用来禁止人们不安全行为的图形标志。基本形式是红色带斜杠的圆边框，图形是黑色，背景为白色。

警告标志是用来提醒人们对周围环境引起注意，以避免发生危险的图形标志。基本形式是黑色正三角形边框，图形是黑色，背景为黄色。

指令标志是用来强制人们必须做出某种动作或必须采取一定防范措施的图形标志。基本形式是黑色圆形边框，图形是白色，背景为蓝色。

提示标志是用来向人们提供目标所在位置与方向性信息的图形标志。基本形式是矩形边框，图形文字是白色，背景是所提供的标志，为绿色。

提示：消防设备提示标标志红色。

2. 安全警示牌的设置原则

(1) "标准"：图形、尺寸、色彩、材质应符合标准。

(2) "安全"：设置后其本身不能存在潜在危险，保证安全。

(3) "醒目"：设置的位置应醒目。

(4) "便利"：设置的位置和角度应便于人们观察和捕获信息。

(5) "协调"：同一场所设置的各标志牌之间应尽量保持其高度、尺寸及与周围环境协调统一。

（6）"合理"：尽量用适量的安全标志反映出必要的安全信息，避免漏设和滥设。

3. 使用安全警示牌的基本要求

（1）现场存在安全风险的重要部位和关键岗位必须设置能提供相应安全信息的安全警示牌。根据有关规定，现场出入口、施工起重机械、临时用电设施、脚手架、通道口、楼梯口、电梯井口、孔洞、基坑边沿、爆炸物及有毒有害物质存放处等属于存在安全风险重要部位，应当设置明显的安全警示标牌。例如，在爆炸物及有毒有害物质存放处设禁止烟火等禁止标志；在木工圆锯旁设置当心伤手等警告标志；在通道口处设置安全通道等提示标志等。

（2）安全警示牌应设置在所涉及的相应危险地点或设备附近的最容易被观察到的地方。

（3）安全警示牌应设置在明亮的、光线充分的环境中，如在应设置标志牌的位置附近光线较暗，则应考虑增加辅助光源。

（4）安全警示牌应牢固地固定在依托物上，不能产生倾斜、卷翘、摆动等现象，高度应尽量与人眼的视线高度相一致。

（5）安全警示牌不得设置在门、窗、架等可移动的物体上，警示牌的正面或其邻近不得有妨碍人们视读的固定障碍物，并尽量避免经常被其他临时性物体所遮挡。

（6）多个安全警示牌在一起布置时，应按警告、禁止、指令、提示类型的顺序，先左后右、先上后下进行排列。各标志牌之间的距离至少应为标志牌尺寸的 0.2 倍。

（7）有触电危险的场所，应选用由绝缘材料制成的安全警示牌。

（8）室外露天场所设置的消防安全标志宜选用由反光材料或自发光材料制成的警示牌。

（9）对有防火要求的场所，应选用由不燃材料制成的安全警示牌。

（10）现场布置的安全警示牌应进行登记造册，并绘制安全警示布置总平面图，按图进行布置，如布置的点位发生变化，应及时保持更新。

（11）现场布置的安全警示牌未经允许，任何人不得私自进行挪动、移位、拆除或拆换。

（12）施工现场应加强对安全警示牌布置情况的检查，发现有破损、变形、褪色等情况时，应及时进行修整或更换。

本　章　小　结

本章主要介绍了三通一平、建筑材料准备、施工机具的准备及施工现场的管理。通过本章学习，学生应掌握用临时水量及临时用电量的计算；明确施工物资的配备原则，进场验收和合理使用；熟悉施工现场管理的内容。

本 章 实 训

一、实训项目：绘制施工现场施工平面布置图

二、时间安排：4 学时

三、背景资料

(1) 工程名称：×××大学图文信息中心（图书馆）。

(2) 建筑面积：46735m²。

(3) 层数：地上 8 层，地下一层。

(4) 结构形式：主体为框架，基础部分为独立基础，部分为条型基础和整板基础。

(5) 建筑特点：圆柱和弧形结构，造型丰富。

(6) 现场施工条件：现场"三通一平"已完成。

施工现场周边环境如图 5-2 所示。

图 5-2　×××大学图书馆平面布置图

四、任务要求

(1) 根据所示内容绘制施工平面布置图，其中临时设施应包含表 5-19 的内容。

(2) 施工平面图应有比例，应能明确区分原有建筑物及各类暂设（中粗线），拟

建建筑（粗线）、尺寸线（细线），应有指北针、图框。

（3）比例准确，图例规范，线条粗细分明、标准，字迹清楚，图面整洁、美观。

临时设施表　　　　　　　　　　表5-19

序号	项　目	内　　容
1	临时生活设施（现场）	职工宿舍、食堂、开水房、浴室、厕所、工具房等
2	临时生产设施（现场）	办公室、会议室、门卫室、配电房、工具房、仓库、茶水亭、电工室、厕所、施工围墙、施工入口、施工道路、木工房、水泥库、钢筋加工棚、搅拌机棚等
3	机械布置位置（现场）	塔式起重机、搅拌机、泵车、钢筋加工机械、木工机械等
4	各种材料堆场（现场）	砂、石料场地、模板原材堆场、钢筋原材堆场、钢管堆场等
5	现场加工场地（现场）	钢筋闪光对焊场地、钢筋线材调直场地预制场地、搅拌场地等
6	临时水电设计（现场）	临时用水管径计算、临时用电量布线计算、水电管线铺设设计
7	临时排水设计（现场）	排水设施、排水沟、沉淀池位置
8	其他（现场）	五牌一图

习　题

一、单选题

1. 场地四周必须采用封闭围挡，围挡周围要坚固、整洁、美观，并沿场地四周连续设置，市区主要地段围挡高度不得低于（　　）m。

A.1.0　　　　　B.1.5　　　　　C.2.0　　　　　D.2.5

2. 对施工场地周围的地下管线和邻近建筑物、构筑物、古树名木等保护工作的相关费用应由（　　）来支付。

A. 建设单位　　B. 施工单位　　C. 监理单位　　D. 设计单位

3. 钢模板的堆放高度不得超过（　　）m。

A.1.0　　　　　B.1.5　　　　　C.1.8　　　　　D.2.0

二、多选题

1. 施工现场用水有（　　）。

A. 施工用水　　　　　　　　　　B. 施工机械用水

C. 施工现场生活用水　　　　　　D. 环保用水

E. 消防用水

2. 施工现场的"五牌"是指（　　）。

A. 工程概况牌　　　　　　　　　B. 施工总平面牌

C. 安全警示牌　　　　　　　　　D. 防火须知牌

E. 文明施工牌

三、简答题

1. 拆除障碍物时应注意哪些方面问题？

2. 供水管的内径如何选择？

3. 如何选择配电导线的截面？

4. 材料的现场管理包括哪些内容?

5. 周转材料分为几类?

6. 机械设备的来源有哪些渠道? 如何做到施工机械设备的合理使用?

7. 施工现场管理的内容包括哪些方面?

8. 文明施工的基本条件是什么?

四、案例题

1. 某综合写字楼项目占地 $10000m^2$,总建筑面积 $50000m^2$,工程抗震设防烈度为 8 度。施工现场主要用水量:混凝土和砂浆的搅拌用水 (用水定额 $250L/m^3$)、内燃挖土机 (用水定额 $200L/台班·m^3$) 一台、现场生活用水 (用水定额 $100L/人·班$)、消防用水。根据施工总进度计划确定出施工高峰和用水高峰,主要工程量和施工人数如下:日最大混凝土浇筑量为 $1000m^3$;昼夜高峰人数 400 人。现场布置两个消火栓,间距 100m,其中一个距拟建建筑物 4m,另一个距临时道路 2.5m。[提示: $K_1=1.05$, $K_2=1.5$, $K_3=2.0$, $K_4=1.5$]。

问题:

(1) 简述施工现场总用水量的计算规定。

(2) 计算该工程总用水量 (不计漏水损失)。

(3) 计算供水管径 (假设管网中水流速度。 $v=1.5m/s$)。

(4) 该工程消火栓设置是否妥当? 试说明理由。

2. 某学校投资兴建一教学楼工程,主体采用框架结构,地上由中部 5 层合班教室和南北对称的 6 层教学楼组成。地下 1 层为自行车车库。总建筑面积 $18982m^2$,建筑占地面积 $2809m^2$,建筑总高度 24m。拟建的教学楼平面为 E 形,南北方向长 75.6m,东西方向长为 55.92m,其施工平面布置图见图 5-3。

图 5-3　某教学楼的施工平面布置图

问题：

(1) 简述现场施工道路的布置要求。

(2) 根据本工程特点说明仓库及材料堆场的布置要求?

(3) 常用材料的库房或堆场面积如何确定?

(4) 单位工程施工组织设计平面图对消火栓布置有哪些要求? 对消防车道宽度的要求有哪些?

施工项目进度管理

引　言

为了保证施工项目能按合同规定的日期交工，实现建设投资预期的经济效益、社会效益和环境效益，施工单位需要对施工项目的进度进行管理以实现进度目标。

【学习目标】

1. 熟悉施工项目进度管理的原理、掌握影响施工项目进度的因素及施工方进度控制的任务；

2. 掌握进度控制方法的选择；

3. 熟悉进度计划的实施过程；

4. 掌握进度计划的调整方法和控制措施。

任务引入

某建筑安装工程的网络计划见图 6-1，图中箭线之下括弧外的数字为正常持续时间；括弧内的数字是最短时间；箭线之上是每天的费用。当工程进行到第 95d 进行检查时，节点⑤之前的工作全部完成，工程耽误了 15 天。

图 6-1　网络计划图

思考：（1）应选择哪个施工过程作为赶工的对象。

（2）要在以后的时间进行赶工，使合同工期不延期，应采用什么样的措施。

学习单元 1　进度管理概述

项目进度管理是根据工程项目的进度目标，编制经济合理的进度计划，并据以检查工程项目进度计划的执行情况为依据，若发现实际执行情况与计划进度不一致，就及时分析原因，并采取必要的措施对原工程进度计划进行调整或修正的过程。工程项目进度管理的目的就是为了实现最优工期，多快好省地完成任务。

提示：施工方是工程实施的一个重要参与方，许许多多的工程项目，特别是大型重点建设项目，工期要求十分紧迫，施工方的工程进度压力非常大。施工进度控制不仅关系到施工进度目标能否实现，它还直接关系到工程的质量和成本。在工程施工实践中，必须树立和坚持一个最基本的工程管理原则，即在确保工程质量的前提下，控制工程的进度。

6.1.1　建设工程项目的总进度目标

1. 建设工程项目的总进度目标的内涵

建设工程项目的总进度目标指的是整个项目的进度目标，它是在项目决策阶段项目定义时确定的，项目管理的主要任务是在项目的实施阶段对项目的目标进行控制。建设工程项目总进度目标的控制是业主方项目管理的任务（若采用建设项目总承包的模式，协助业主进行项目总进度目标的控制也是建设项目总承包方项目管理的任务）。在进行建设工程项目总进度目标控制前，首先应分析和论证目标实现的可能性。若项目总进度目标不可能实现，则项目管理者应提出调整项目总进度目标的建议，提请项目决策者审议。

在项目的实施阶段，项目总进度不仅只是施工进度，它包括：

（1）前准备阶段的工作进度；

（2）设计工作进度；

（3）招标工作进度；

（4）施工前准备工作进度；

（5）工程施工和设备安装工作进度；

（6）工程物资采购工作进度；

（7）项目动用前的准备工作进度等。

2. 建设工程项目进度计划系统

建设工程项目进度计划系统是由多个相互关联的进度计划组成的系统，它是项目进度控制的依据。由于各种进度计划编制所需要的必要资料是在项目进展过程中逐步形成的，因此项目进度计划系统的建立和完善也有一个过程，它也是逐步完善的。图6-2 是一个建设工程项目进度计划系统的示例，这个计划系统有 4 个计划层次。

图 6-2　建设工程项目进度计划系统示例

由于项目进度控制不同的需要和不同的用途，业主方和项目各参与方可以编制多个不同的建设工程项目进度计划系统。

由不同深度的计划构成的进度计划系统包括：

(1) 总进度规划（计划）；

(2) 项目子系统进度规划（计划）；

(3) 项目子系统中的单项工程进度计划等。

由不同功能的计划构成的进度计划系统包括：

(1) 控制性进度规划（计划）；

(2) 指导性进度规划（计划）；

(3) 实施性（操作性）进度计划等。

由不同项目参与方的计划构成的进度计划系统包括：

(1) 业主方编制的整个项目实施的进度计划；

(2) 设计进度计划；

(3) 施工和设备安装进度计划；

(4) 采购和供货进度计划等。

由不同周期的计划构成的进度计划系统包括：

(1) 5 年建设进度计划；

(2) 年度、季度、月度和旬计划等。

提示：在建设工程项目进度计划系统中各进度计划或各子系统进度计划编制和调

整时必须注意其相互间的联系和协调，如：

（1）总进度规划（计划）、项目子系统进度规划（计划）与项目子系统中的单项工程进度计划之间的联系和协调；

（2）控制性进度规划（计划）、指导性进度规划（计划）与实施性（操作性）进度计划之间的联系和协调；

（3）业主方编制的整个项目实施的进度计划、设计方编制的进度计划、施工和设备安装方编制的进度计划与采购和供货方编制的进度计划之间的联系和协调等。

6.1.2　施工项目进度管理的原理

1. 动态管理原理

施工项目进度管理是一个不断进行的动态管理，也是一个循环进行的过程。在进度计划执行中，由于各种干扰因素的影响，实际进度与计划进度可能会产生偏差，分析偏差的原因，采取相应的措施，调整原来计划，使实际工作与计划在新的起点上重合并继续按其进行施工活动。但是在新的干扰因素作用下，又会产生新的偏差，施工进度计划控制就是采用这种循环的动态控制方法的。

【知识链接】进度控制的动态管理过程

它由下列环节组成：①进度目标的分析和论证，以论证进度目标是否合理，目标是否可能实现。如果经过科学的论证，目标不可能实现，则必须调整目标；②在收集资料和调查研究的基础上编制进度计划；③定期跟踪检查所编制的进度计划执行情况，若其执行有偏差，则采取纠偏措施，并视必要调整进度计划。

2. 系统原理

为了对施工项目实行进度计划控制，首先必须编制施工项目的各种进度计划，形成施工项目计划系统，包括施工项目总进度计划、单位工程进度计划、分部分项工程进度计划，季度、月（旬）作业计划。这些计划编制时从总体到局部，逐层进行控制目标分解，以保证计划控制目标的落实。计划执行时，从月（旬）作业计划开始实施，逐级按目标控制，从而达到对施工项目整体进度目标的控制。

由施工组织各级负责人如项目经理、施工队长、班组长和所属全体成员共同组成了施工项目实施的完整组织系统，都按照施工进度规定的要求进行严格管理，落实和完成各自的任务。为了保证施工项目按进度实施，自公司经理、项目经理到作业班组都设有专门职能部门或人员负责检查汇报、统计整理实际施工进度的资料，并与计划进度比较分析和进行调整，形成一个纵横连接的施工项目控制组织系统。

3. 信息反馈原理

应用信息反馈原理，不断进行信息反馈，及时将施工的实际信息反馈给施工项目控制人员，通过整理各方面的信息，经比较分析做出决策，调整进度计划，使其符合预定工期目标。施工项目进度控制过程就是信息反馈的过程。

4. 弹性原理

项目进度计划工期长、影响进度的原因多，其中有的已被人们掌握，因此可根据统计经验估计出影响的程度和出现的可能性，并在确定进度目标时，进行实现目标的风险分析。在计划编制者具备了这些知识和实践经验之后，编制施工项目进度计划时就会留有余地，使施工进度计划具有弹性。在进行工程项目进度管理时，便可以利用这些弹性，缩短有关工作的时间，或者改变它们之间的搭接关系，如检查之前拖延了工期，通过缩短剩余计划工期的方法，仍能达到预期的计划目标。这就是工程项目进度管理中对弹性原理的应用。

5. 封闭循环原理

项目进度管理是从编制项目施工进度计划开始的，由于影响因素的复杂和不确定性，在计划实施的全过程中，需要连续跟踪检查，不断地将实际进度与计划进度进行比较，如果运行正常可继续执行原计划；如果发生偏差，应在分析其产生的原因后，采取相应的解决措施和办法，对原进度计划进行调整和修订，然后再进入一个新的计划执行过程。这个由计划、实施、检查、比较、分析、纠偏等环节组成的过程就形成了一个封闭循环回路，见图6-3。而建设工程项目进度管理的全过程就是在许多这样的封闭循环中得到有效的不断调整、修正与纠偏，最终实现总目标的。

图 6-3　建设工程项目进度管理的封闭循环原理

6.1.3　建设工程项目进度控制的任务

进度是指工程项目实施结果的进展情况，项目实施过程中要消耗时间、劳动力、材料、成本等才能完成任务。建设工程进度控制是指对工程项目建设各阶段的工作内容、工作程序、持续时间和衔接关系根据进度总目标及资源优化配置的原则编制计划并付诸实施，然后在进度计划的实施过程中经常检查实际进度是否按计划要求进行，对出现的偏差情况进行分析，采取补救措施或调整、修改原计划后再付诸实施，如此循环，直到建设工程竣工验收交付使用。代表不同方利益的项目管理都有进度控制的任务，但是，其控制的目标和时间范畴是不相同的。

业主方进度控制的任务是控制整个项目实施阶段的进度，包括控制设计准备阶段的工作进度、设计工作进度、施工进度、物资采购工作进度以及项目动用前准备阶段的工作进度。

设计方进度控制的任务是依据设计任务委托合同对设计工作进度的要求控制设计工作进度，这是设计方履行合同的义务。另外，设计方应尽可能使设计工作的进度与招标、施工和物资采购等工作进度相协调。在国际上，设计进度计划主要是确定各设计阶段的设计图纸（包括有关的说明）的出图计划，在出图计划中标明每张图纸的出图日期。

施工方进度控制的任务是依据施工任务委托合同对施工进度的要求控制施工工作进度，这是施工方履行合同的义务。在进度计划编制方面，施工方应视项目的特点和施工进度控制的需要，编制深度不同的控制性和直接指导项目施工的进度计划，以及按不同计划周期编制的计划，如年度、季度、月度和旬计划等。

供货方进度控制的任务是依据供货合同对供货的要求控制供货工作进度，这是供货方履行合同的义务。供货进度计划应包括供货的所有环节，如采购、加工制造、运输等。

6.1.4　影响施工项目进度的因素

为了对工程项目的施工进度有效地控制，必须在施工进度计划实施之前对影响工程项目工程进度的因素进行分析，进而提出保证施工进度计划实现成功的措施，以实现对工程项目施工进度的主动控制。

影响施工项目进度的因素很多，可归纳为人、技术、材料构配件、设备机具、资金、建设地点、自然条件、社会环境以及其他难以预料的因素。

1. 工程建设相关单位的影响

影响工程项目施工进度的单位不只是施工承包单位。事实上，只要是与工程建设有关的单位（如政府有关部门、业主，设计单位、物资供应单位、资金贷款单位，以及运输、通讯、供电等部门等），其工作进度的拖后必将对施工进度产生影响。因此，控制施工进度仅仅考虑施工承包单位是不够的，必须充分发挥监理的作用，协调各相关单位之间的进度关系。而对于那些无法进行协调控制的进度关系，在进度计划的安排中应留有足够的机动时间。

2. 物资供应进度的影响

施工过程中需要的材料、构配件、机具和设备等如果不能按期运抵施工现场或者运抵施工现场后发现其质量不符合有关标准的要求，都会对施工进度产生影响。

3. 资金的影响

工程施工的顺利进行必须是足够的资金作保障。一般来说，资金的影响主要来自业主，或者是由于没有及时给足工程预付款，或者是由于拖欠了工程进度款，这些都会影响到承包单位流动资金的周转，进而殃及施工进度。

4. 设计变更的影响

在施工过程中，出现设计变更是难免的，或者是由于原设计有问题需要修改，或者是由于业主提出了新的要求。项目进度控制人员应加强图纸审查，严格控制随意变更，特别对业主的变更要求应引起重视。

5. 施工条件的影响

在施工过程中地质条件与勘察设计条件的不符，如地质断层、溶洞、地下障碍物、软弱地基等，使施工难度加大，都会对施工进度产生影响，造成工期拖延。在施工过程中，还可能出现恶劣的天气，如大风、暴雨、高温和洪水等，这些因素也将影响施工项目进度，造成临时停工或破坏。

6. 各种风险因素的影响

风险因素包括政治、经济、技术及自然等方面的各种可预见或不可预见的因素。政治方面有战争、内乱、罢工、拒付债务、制裁等；经济方面有延迟付款、汇率浮动、换汇控制、通货膨胀、分包单位违约等；技术方面有工程事故、试验失败、标准变化等；自然方面有地震、洪水等。

7. 承包单位自身管理水平的影响

施工现场的情况千变万化，如果承包单位的施工方案不当，计划不周，管理不善，解决问题不及时等，都会影响工程项目的施工进度。

提示： 众多的影响因素中人的因素影响最多也最严重，是最大的干扰因素。

【知识链接】 工程进度的推迟一般分为工程延误和工程延期，其责任及处理方法不同。

（1）工程延误。由于承包人自身的原因造成的工期延长，称之为工程延误。由于工程延误所造成的一切损失由承包人自己承担，包括承包人在监理工程师的同意下采取加快工程进度的措施所增加的费用。同时，由于工程延误所造成的工期延长，承包人还要向业主支付误期补偿费。工程延误所延长的时间不属于合同工期的一部分。

（2）工程延期。由于承包人以外的原因造成工期的延长，称之为工程延期。经过监理程师批准的延期，所延长的时间属于合同工期的一部分，即工程竣工的时间等于标书中规定时间加上监理工程师批准的工程延期时间。可能导致工程延期的原因，有工程量增加、未给承包人提供图样、恶劣的气候条件、业主的干扰和阻碍等。判断工程延期总的原则就是除承包人自身以外的任何原因造成的工程延长或中断。

工程中出现的工程延长是否为工程延期对承包人和业主都很重要。因此应按照有关的合同条件，正确地区分工程延误与工程延期，合理的确定工程延期的时间。

学习单元2　施工进度控制方法的选择与应用

实际进度与计划进度的比较是建设工程进度监测的主要环节。常用的进度比较方法有横道图比较法、前锋线比较法、S曲线比较法、香蕉曲线比较法和列表比较法。

提示：进度控制的过程中常用的进度指标有：持续时间；按工程活动的结果状态数量描述；已完成工程的价值量，即用已经完成的工作量与相应的合同价格（单价），或预算价格计算；资源消耗指标等。

6.2.1 横道图比较法

横道图比较法是指将项目实施过程中检查实际进度收集到的数据，经加工整理后直接用横道线平行绘于原计划的横道线处，进行实际进度与计划进度的比较方法。采用横道图比较法，可以形象、直观地反映实际进度与计划进度的比较情况。

例如某工程项目基础工程的计划进度和截止到第 8 天末的实际进度如图 6-4 所示，其中细实线表示该工程计划进度，粗实线表示实际进度。从图中实际进度与计划进度的比较可以看出，到第 8 天末进行实际进度检查时，挖土方和做垫层两项工作已经完成；砌砖基础按计划应该完成 50%，但实际只完成 25%，任务量拖欠 25%。

图 6-4　某基础工程实际进度与计划进度比较图

根据各项工作的进度偏差，进度控制者可以采取相应的纠偏措施对进度计划进行调整，以确保该工程按期完成。

图 6-4 所表达的比较方法仅适用于工程项目中的各项工作都是均匀进展的情况，即每项工作在单位时间内完成的任务量都相等的情况。事实上，工程项目中各项工作的进展不一定是匀速的。根据工程项目中各项工作的进展是否匀速，可分别采用以下两种方法进行实际进度与计划进度的比较。

1. 匀速进展横道图比较法

匀速进展是指在工程项目中，每项工作在单位时间内完成的任务量都是相等的，即工作的进展速度是均匀的。此时，每项工作累计完成的任务量与时间呈线性关系，如图 6-5 所示。完成的任务量可以用实物工程量、劳动消耗量或费用支出表示。为了便于比较，通常用上述物理量的百分比表示。

采用匀速进展横道图比较法时其步骤如下：

(1) 编制横道图进度计划；

(2) 在进度计划上标出检查日期；

(3) 将检查收集到的实际进度数据经加工整理后按比例用涂黑的粗线标于进度的计划下方，如图 6-6 所示。

图 6-5　工作进展时任务量与时间关系曲线

图 6-6　匀速进展横道图比较

(4) 对比分析实际进度与计划进度

1) 如果涂黑的粗线右端落在检查日期左侧，表明实际进度拖后；

2) 如果涂黑的粗线右端落在检查日期右侧，表明实际进度超前；

3) 如果涂黑的粗线右端与检查日期重合，表明实际进度与计划进度一致。

必须指出，该方法仅适用工各作从开始到结束的整个过程中，其进展速度均为固定不变的情况。如果工作的进展速度是变化的，则不能采用这种方法进行实际进度与计划进度的比较；否则，会得出错误的结论。

2. 非匀速进展横道图比较法

当工作在不同单位时间里的进展速度不相等时，累计完成的任务量与时间的关系就不可能是线性关系。此时，应采用非匀速进展横道图比较法进行工作实际进度与计划进度的比较。

非匀速进展横道图比较法在用涂黑粗线表示工作实际进度的同时，还要标出其对应时刻完成任务量的累计百分比，并将该百分比与其同时刻计划完成任务量的累计百分比相比较，判断工作实际进度与计划进度之间的关系。

采用非匀速进展横道图比较法时，其步骤如下：

(1) 编制横道图进度计划；

(2) 在横道线上方标出各主要时间工作的计划完成任务量累计百分比；

(3) 在横道线下方标出相应时间工作的实际完成任务量累计百分比；

(4) 涂黑粗线标出工作的实际进度，从开始之日标起，同时反映出该工作在实施过程中的连续与间断情况；

(5) 通过比较同一时刻实际完成任务量累计百分比和计划完成任务量累计百分比，判断工作实际进度与计划进度之间的关系；

1) 同一时刻横道线上方累计百分比大于横道线下方累计百分比，表明实际进度拖后，拖欠的任务量为二者之差；

2) 同一时刻横道线上方累计百分比小于横道线下方累计百分比，表明实际进度超前，超前的任务量为二者之差；

3) 同一时刻横道线上下方两个累计百分比相等，表明实际进度与计划进度一致。

可以看出，由于工作进展速度是变化的，因此，在图中的横道线，无论是计划的还是实际的，只能表示工作的开始时间、完成时间和持续时间，并不表示计划完成的任务量和实际完成的任务量。

此外，采用非匀速横道图比较法，不仅可以进行某一时刻（如检查日期）实际进度与计划进度的比较，而且还能进行某一时间段实际进度与计划进度的比较。当然，这需要实施部门按规定的时间记录当时任务的完成情况。

【案例6-1】某工程项目中的钢筋混凝土工程按施工进度计划安排需要6周完成，每周计划完成的任务量百分比如图6-7所示，绘制非匀速进展横道图。

解：根据已知条件：

（1）编制横道图进度计划，如图6-8所示；

（2）在横道线上方标出钢筋混凝土工程每周计划累计完成任务量的百分比，分别15%、35%、55%、75%、90%和100%；

（3）在横道线下方标出第1周至检查日期（第4周）每周实际累计完成任务量的百分比，分别为12%、30%、50%、69%；

（4）用涂黑粗线标出实际投入的时间。图6-8表明，该工作实际开始时间晚于计划开始时间，在开始后连续工作，没有中断。

图6-7　钢筋混凝土进展　　　　图6-8　非匀速进展横道图比较图
时间与完成任务量关系图

（5）比较实际进度与计划进度。从图6-8中可以看出，该工作在第一周实际进度比计划进度拖后3%，以后各周末累计拖后分别为5%、5%和6%。

提示：横道图比较法虽有记录和比较简单、形象直观、易于掌握、使用方便等优点，但由于其以横道计划为基础，因而带有不可克服的局限性。在横道计划中，各项工作之间的逻辑关系表达不明确，关键工作和关键线路无法确定。一旦某些工作实际进度出现偏差时，难以预测其对后续工作和工程总工期的影响，也就难以确定相应的进度计划调整方法。因此，横道图比较法主要用于工程项目中某些工作实际进度与计划进度的局部比较。

6.2.2　前锋线比较法

前锋线比较法是通过绘制某检查时刻工程项目实际进度前锋线，进行工程实际进度与计划进度比较的方法，它主要适用于时标网络计划。所谓前锋线，是指在原时标网络计划上，从检查时刻的时标点出发，用点划线依次将各项工作实际进展位置点连接而成的折线，如图 6-9 所示。前锋线比较法就是通过实际进度前锋线与原进度计划中各工作箭线交点的位置来判断工作实际进度与计划进度的偏差，进而判定该偏差对后续工作及总工期影响程度的一种方法。

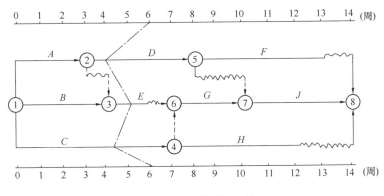

图 6-9　某工程前锋线比较法

采用前锋线比较法进行实际进度与计划进度的比较，其步骤如下：

1. 绘制时标网络计划图

工程项目实际进度前锋线是在时标网络计划图上标示，为清楚起见，可在时标网络计划图的上方和下方各设一时间坐标。

2. 绘制实际进度前锋线

一般从时标网络计划图上方时间坐标的检查日期开始绘制，依次连接相邻工作的实际进展位置点，最后与时标网络计划图下方坐标的检查日期相连接。

工作实际进展位置点的标定方法有两种：

（1）按该工作已完任务量比例进行标定

假设工程项目中各项工作均为匀速进展，根据实际进度检查时刻该工作已完任务量占其计划完成总任务量的比例，在工作箭线上从左至右按相同的比例标定其实际进展位置点。

（2）按尚需作业时间进行标定

当某些工作的持续时间难以按实物工程量来计算而只能凭经验估算时，可以先估算出检查时刻到该工作全部完成尚需作业的时间，然后在该工作箭线上从右向左逆向标定其实际进展位置点。

3. 进行实际进度与计划进度的比较

前锋线可以直观地反映出检查日期有关工作实际进度与计划进度之间的关系。对某项工作来说，其实际进度与计划进度之间的关系可能存在以下三种情况：

（1）工作实际进展位置点落在检查日期的左侧，表明该工作实际进度拖后，拖后的时间为二者之差；

（2）工作实际进展位置点与检查日期重合，表明该工作实际进度与计划进度一致；

（3）工作实际进展位置点落在检查日期的右侧，表明该工作实际进度超前，超前的时间为二者之差。

通过实际进度与计划进度的比较确定进度偏差后，还可根据工作的自由时差和总时差预测该进度偏差对后续工作及项目总工期的影响。由此可见，前锋线比较法既适用于工作实际进度与计划进度之间的局部比较，又可用来分析和预测工程项目整体进度状况。

提示：以上比较是针对匀速进展的工作。对于非匀速进展的工作，比较方法较复杂。

【案例 6-2】某工程项目时标网络计划如图 6-9 所示。该计划执行到第 6 周末检查实际进度时，发现工作 A 和 B 已经全部完成，工作 D、E 分别完成计划任务量的 20％和 50％，工作 C 尚需 3 周完成，试用前锋线法进行实际进度与计划进度的比较。

解：根据第 6 周末实际进度的检查结果绘制前锋线，如图 6-9 中点划线所示。通过比较可看出：

（1）工作 D 实际进度拖后 2 周，将使其后续工作 F 的最早开始时间推迟 2 周，并使总工期延长 1 周；

（2）工作 E 实际进度拖后 1 周，既不影响总工期，也不影响其后续工作的正常进行；

（3）工作 C 实际进度拖后 2 周，将使其后续工作 G、H、J 的最早开始时间推迟 2 周，由于工作 G，J 开始时间的推迟，从而使总工期延长 2 周。

综上所述，如果不采取措施加快进度，该工程项目的总工期将延长 2 周。

6.2.3　S 曲线比较法

S 曲线比较法是以横坐标表示进度时间，纵坐标表示累计完成任务量，绘制出一条按计划时间累计完成任务量的 S 形曲线；然后，将工程项目实施过程中各检查时间实际累计完成任等量的 S 曲线也绘制在同一个坐标系中，进行实际进度与计划进度的比较。

从整个工程项目的实施全过程而言，一般是开始和结尾阶段，单位时间投入的资源量较少；中间阶段单位时间投入的资源量较多。与其相对应，单位时间完成的任务量也呈同样的变化曲线，如图 6-10（a）所示。而随工程进展累计完成的任务量则应呈 S 形变化，如图 6-10（b）所示。

1. S 曲线绘制步骤

（1）确定工程进展速度曲线。在实际工程的计划进度曲线中，很难找到如图 6-10（a）所示的定性分析的连续曲线，但可以根据每单位时间内完成的实物工程量或投入的劳动力与费用，计算出单位时间的量值 q_i，这时 q_i 为离散型，如图 6-11（a）

图 6-10　时间与完成任务量关系曲线

(a) 单位时间完成任务量曲线；(b) 累计完成任务量曲线

所示。

(2) 计算规定时间 j 计划累计完成的任务量。其计算方法等于各单位时间完成的任务量之和，可以按下式计算：

$$Q_j = \sum q_i \tag{6-1}$$

式中　Q_j——某时刻 j 计划累计完成的任务量；

　　　q_i——单位时间 i 的计划完成任务量；

　　　j——某规定计划时刻。

(3) 按各规定时间的 Q_j 值绘制 S 曲线，如图 6-11 (b)。

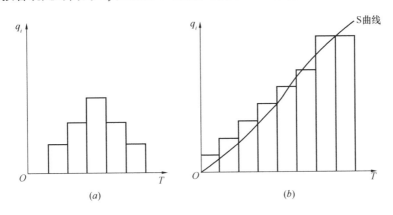

图 6-11　S 曲线的绘制

(a) 单位时间完成的任务量；(b) 规定时间累计完成的任务量曲线

2. S 曲线比较

S 曲线比较法同横道图一样，是在图上直观进行工程项目实际进度与计划进度的比较。一般情况下，计划进度控制人员在计划实施前绘制出计划进度的 S 曲线。在项目实施过程中，按规定时间将检查的实际完成情况，与计划 S 曲线绘制在同一张图上，可以得出实际进度 S 曲线如图 6-12 所示，比较两条 S 曲线可以得到如下结论：

(1) 项目实际进度与计划进度比较：当实际工程进展点落在计划 S 曲线左侧，则表示此时实际进度比计划进度超前；若落在其右侧，则表示拖后；若刚好落在其上，则表示两者一致。

（2）项目实际进度比计划进度超前或拖后的时间如图 6-12 所示，ΔT_a 表明 T_a 时刻进度超前的时间；ΔT_b 表示 T_b 时刻实际进度拖后的时间。

（3）项目实际进度比计划进度超额或拖欠的任务量如图 6-12 所示，ΔQ_a 表示 T_a 时刻超额完成的任务量；ΔQ_b 表示 T_b 时刻拖欠完成的任务量。

（4）预测工程进度如图 6-12 所示，后续工程按原计划速度进行，则工期拖延预测值为 ΔT。

图 6-12 S 曲线比较图

【**案例 6-3**】某工程基础土方总量为 3600m³，按照施工方案，计划 11 个月完成，每月计划完成的土方量如图 6-13 所示，绘制该土方工程的 S 曲线。

图 6-13 每月计划完成的工程量

解：（1）确定单位时间计划完成任务量，计算不同时间累计完成计划任务量，见表 6-1。

时间（月）	1	2	3	4	5	6	7	8	9	10	11
每月完成量（m³）	100	200	300	400	500	600	500	400	300	200	100
累计完成量（m³）	100	300	600	1000	1500	2100	2600	3000	3300	3500	3600

计划完成任务量与累计完成计划任务量   表 6-1

（2）根据累计完成计划任务量绘 S 曲线，见图 6-14。

图 6-14 S曲线

（3）实际进度与计划进度的比较。按照规定时间将检查收集到的实际累计完成任务量绘制在原计划 S 曲线图上，即可得到实际进度 S 曲线，见图 6-15。

图 6-15 S曲线比较图

1）检查工程项目实际进度超前或拖后的时间。从图 6-15 可以看出，在第一个检查日（3 月末），实际进度 S 曲线在计划进度 S 曲线的左侧，说明这时实际进度超前，超前时间约为 $\Delta T_a = 1.5$ 月。在第二个检查日（8 月末），实际进度 S 曲线在计划进度 S 曲线的右侧，说明这时实际进度拖后，拖后时间约为 $\Delta T_a = 1.5$ 个月。

2）检查工程项目实际超额或拖欠的工程量。从图 6-15 可以看出，在第一个检查日（3 月末）提前完成工程量约为 $\Delta Q_b = 600\mathrm{m}^3$。在第二个检查日（8 月末），拖欠工程量约为 $\Delta Q_b = 600\mathrm{m}^3$。

3）如果后期工程按原计划速度进行，预测工程可能在第 12 个月末完成，超过计划工期 1 个月（$\Delta T = 1$ 个月）。

6.2.4 香蕉曲线比较法

香蕉曲线是两种 S 曲线组合成的闭合曲线，其一是以网络计划中各工作任务的最早开始时间安排进度而绘制的 S 曲线，称 ES 曲线；其二是以各项工作计划的最迟开始时间安排进度绘制的 S 曲线，称为 LS 曲线。由于两条曲线都是同一项目，其计划开始时间和完成时间相同，因此，ES 曲线和 LS 曲线是闭合的，由于该闭合曲线形似"香蕉"，故称为香蕉曲线，如图 6-16 所示。

图 6-16 香蕉曲线比较图   图 6-17 工程进展趋势预测图

学习单元 3   施工项目进度计划的实施和调整

工程施工进度计划的实施就是用施工进度计划指导施工活动、落实和完成进度计划，保证各进度目标的实现。

项目的施工进度计划应通过编制年、季、月、旬、周施工进度计划并应逐级落实，最终通过施工任务书或将计划目标层层分解、层层签订承包合同，明确施工任务、技术措施、质量要求等，由施工班组来实施。

提示：编制施工项目进度计划是在满足合同工期要求工期的情况下，对选定的施工方案、资源的供应情况、协作单位配合施工情况等所作的综合研究和周密部署，具体编制步骤见学习情境 4 中的相关内容。

6.3.1　施工项目施工进度计划的审核

在工程项目进度计划的实施之前，为了保证进度计划的科学合理性，必须对施工项目进度计划进行审核，其包括主要有以下内容：

(1) 进度安排是否符合施工合同确定的建设项目总目标和分目标的要求，是否符合其开工、竣工日期的规定；

(2) 施工进度计划中的内容是否有遗漏，分期施工是否满足分批交工的需要和配套交工的要求；

(3) 施工顺序安排是否符合施工程序的要求；

(4) 资源供应计划是否能保证施工进度计划的实现，供应是否均衡，分包人供应的资源是否满足进度要求；

(5) 施工图设计的进度是否满足施工进度计划要求；

(6) 总分包之间的进度计划是否相协调，专业分工与计划的衔接是否明确、合理；

(7) 对实施进度计划的风险是否分析清楚，是否有相应的对策；

(8) 各项保证进度计划实现的措施设计得是否周到、可行、有效。

6.3.2　施工进度计划的实施

1. 编制施工作业计划

施工作业计划是根据施工组织设计和现场具体情况，灵活安排，平衡调度，以确保实现施工进度和上级规定的各项指标任务的具体的执行计划。它是施工单位的计划任务、施工进度计划和现场具体情况的综合产物，它把三者协调起来，并把任务直接下达给每一个执行者，成为群众掌握的、直接组织和指导施工的文件，因而成为保证进度计划的落实与执行的关键措施。

施工作业计划一般可分为月作业计划和旬作业计划。施工作业计划一般应包括以下三个方面内容：

(1) 明确本月（旬）应完成的施工任务，确定其施工进度；

(2) 根据本月（旬）施工任务及其施工进度，编制相应的资源需要量计划；

(3) 结合月（旬）作业计划的具体实施情况，落实相应的提劳动生产率和降低成本的措施。

提示：编制作业计划时，计划人员应深入现场，检查项目实施的实际进度情况，并且要深入施工队组，了解实际施工能力，同时了解设计要求，把主观和客观因素结合起来，征询各有关施工队组的意见，进行综合平衡，修正不合时宜的计划安排，提出作业计划指标，最后，召开计划会议，通过施工任务书将作业计划落实并下达到施工队组。

2. 层层签订承包合同，并签发施工任务书

按前面已检查过的各层次计划，以承包合同和施工任务书的形式，分别向分包单位、承包队和施工班组下达施工进度任务，施工任务书一般由工长根据计划要求、工程数量、定额标准、工艺标准、技术要求、质量标准、节约措施、安全措施等为依据进行编制。

3. 进行施工进度计划的交底

施工进度计划的实施是全体工作人员的共同行动，要使有关人员都明确各项计划的目标、任务、实施方案和措施，使管理层和作业层协调一致，将计划变成全体员工的自觉行动，在计划实施前可以根据计划的范围进行计划交底工作，以使计划得到全面、彻底的实施。

4. 进度计划的跟踪记录，收集实际进度数据

在项目施工进度计划的实施过程中，由于各种因素的影响，原始计划的安排常常会被打乱而出现进度偏差。因此，在进度计划执行一段时间后，必须对执行情况进行动态检查，并分析进度偏差产生的原因，以便为施工进度计划的调整提供必要的信息。

进度计划检查应按统计周期的规定进行定期检查，并应根据需要进行不定期检查。计划的定期检查包括规定的年、季、月、旬、周、日检查，不定期检查指根据需要由检查人（或组织）确定的专题（项）检查。

项目进度计划的检查应包括下列内容：

（1）检查期内实际完成和累计完成的工程量；

（2）工作时间的执行情况；

（3）实际参加施工的人力、机械数量和生产效率；

（4）窝工人数、窝工机械台班数量及其原因分析；

（5）上次检查提出问题的处理情况；

（6）进度偏差情况；

（7）进度管理情况；

（8）影响进度的特殊原因分析。

检查和收集资料的方式一般采用经常、定期地收集进度报表方式，定期召开进度工作汇报会，或派驻现场代表检查进度的实际执行情况等方式进行。

【知识链接】控制期的设定

控制期不是项目计划和控制的最小时间单位，而是提供项目报告、做出阶段核算、召开协调会议的时间间隔；通常项目按生命期划分成几个大的阶段，按年、季、月、周划分控制期；最小控制期与总工期有关，通常一年以上的项目，控制期以月计。对工期较短的项目控制期可以周或双周计。

控制期越短，越能早发现问题，并及早采取纠正措施。但计划和控制的细度和管理费用会大幅度增加。在特殊情况下，如对重要的、风险大、内容复杂、新颖的项目

或项目单元，可以划小控制期，做更精细的计划和更严密的控制。

收集到的施工项目实际进度数据，要进行必要的整理，按计划控制的工作项目进行统计，形成与计划进度具有可比性的数据、相同的量纲和形象进度。一般可以按实物工程量、工作量和劳动消耗量以及累计百分比整理和统计实际检查的数据，以便与相应的计划完成量相对比。

5. 将实际数据与计划进度对比

将收集的资料整理和统计成具有与计划进度可比性的数据后，用施工项目实际进度与计划进度的比较方法进行比较。通常采用的比较方法有横道图比较法、S 形曲线比较法、香蕉线比较法、前锋线比较法等。通过比较得出实际进度与计划进度相一致、超前和滞后三种情况。

6. 施工项目进度检查结果的处理

对施工进度检查的结果要形成进度报告，把检查比较的结果及有关施工进度现状和发展趋势报告给项目经理及各级业务职能负责人。进度控制报告一般由计划负责人或进度管员与其他项目管理人员协作编写。进度报告可以单独编制，也可以根据需要与质量、成本、安全和其他报告合并编制，提出综合进展报告。

提示：进度报告的内容包括以下几点：进度执行情况的综合描述；实际与计划进度的对比资料；进度计划的实施问题及原因分析；进度执行情况对质量、安全、成本等影响情况；采取的措施和对未来计划进度的预测。

7. 做好施工中的调度工作

施工调度是指在施工过程中不断组织新的平衡，建立和维护正常的施工条件及施工程序所做的工作。主要任务是督促、检查工程项目计划和工程合同执行情况，调度物资、设备、劳力，解决施工现场出现的矛盾，协调内、外部的配合关系，促进和确保各项计划指标的落实。

8. 预测干扰因素，采取预控措施

在项目实施前和实施过程中，应经常根据所掌握的各种数据，对可能导致使项目实施结果偏离进度的各种干扰因素进行预测，并分析这些干扰因素所带来的偏差程度的大小，预先采取一些有效的控制措施，将可能出现的偏离尽可能消灭于萌芽状态。

6.3.3　施工进度调整

网络计划的调整时间一般应与网络计划的检查时间一致，根据计划检查结果可进行调整。

1. 分析进度偏差的原因

由于工程项目的工程特点，尤其是较大和复杂的工程项目，工期较长，影响进度因素较多，所以编制计划、执行和控制工程进度计划时，必须充分认识和估计这些因素，才能克服其影响，使工程进度尽可能按计划进行，当出现偏差时，应考虑有关影响因素，分析产生的原因。其主要影响因素有：

(1) 工期及相关计划的失误

1) 计划时遗漏部分必需的功能或工作。

2) 计划值（例如计划工作量、持续时间）不足，相关的实际工作量增加。

3) 资源或能力不足，例如计划时没考虑到资源的限制或缺陷，没有考虑如何完成工作。

4) 出现了计划中未能考虑到的风险或状况，未能使工程实施达到预定的效果。

5) 在现代工程中，上级（业主、投资者、企业主管）常常在一开始就提出很紧迫的工期要求，使承包商或其他设计人、供应商的工期太紧。而且许多业主为了缩短工期，常常压缩承包商的前期准备的时间。

(2) 工程条件的变化

1) 工作量的变化。可能是由于设计的修改、设计的错误、业主新的要求、修改项目的目标及系统范围的扩展造成的。

2) 外界（如政府、上层系统）对项目新的要求或限制，设计标准的提高可能造成项目资源的缺乏，使得工程无法及时完成。

3) 环境条件的变化。工程地质条件和水文地质条件与勘察设计不符，如地质断层、地下障碍物、软弱地基、溶洞以及恶劣的气候条件等，都对工程进度产生影响，造成临时停工或破坏。

4) 发生不可抗力事件。实施中如果出现意外的事件，如战争、内乱、拒付债务、工人罢工等政治事件；地震、洪水等严重的自然灾害；重大工程事故、试验失败、标准变化等技术事件；通货膨胀、分包单位违约等经济事件都会影响工程进度计划。

(3) 管理过程中的失误

1) 计划部门与实施者之间，总分包商之间，业主与承包商之间缺少沟通。

2) 工程实施者缺乏工期意识，例如管理者拖延了图纸的供应和批准，任务下达时缺少必要的工期说明和责任落实，拖延了工程活动。

3) 项目参加单位对各个活动（各专业工程和供应）之间的逻辑关系（活动链）没有清楚地了解，下达任务时也没有做详细的解释，同时对活动的必要的前提条件准备不足，各单位之间缺少协调和信息沟通，许多工作脱节，资源供应出现问题。

4) 由于其他方面未完成项目计划规定的任务造成拖延。例如设计单位拖延设计、运输不及时、上级机关拖延批准手续、质量检查拖延、业主不果断处理问题等。

5) 承包商没有集中力量施工，材料供应拖延，资金缺乏，工期控制不紧。这可能是由于承包商同期工程太多，力量不足造成的。

6) 业主没有集中资金的供应，拖欠工程款，或业主的材料、设备供应不及时。

(4) 其他原因

例如由于采取其他调整措施造成工期的拖延，如设计的变更，质量问题的返工，实施方案的修改。

2. 分析进度偏差对后续工作及总工期的影响

在工程项目实施过程中，当通过实际进度与计划进度的比较，发现有进度偏差时，需要分析该偏差对后续工作及总工期的影响，从而采取相应的调整措施对原进度计划进行调整，以确保工期目标的顺利实现。进度偏差的大小及其所处的位置不同，对后续工作和总工期的影响程度是不同的，分析时需要利用网络计划中工作总时差和自由时差的概念进行判断。分析步骤如下：

(1) 分析出现进度偏差的工作是否为关键工作

如果出现进度偏差的工作为关键工作，则无论其偏差有多大，都将对后续工作和总工期产生影响，必须采取相应的调整措施；如果出现偏差的工作是非关键工作，则需要根据进度偏差值与总时差和自由时差的关系作进一步分析。

(2) 分析进度偏差是否超过总时差

如果工作的进度偏差大于该工作的总时差，则此进度偏差必将影响其后续工作和总工期，必须采取相应的调整措施；如果工作的进度偏差未超过该工作的总时差，则此进度偏差不影响总工期。至于对后续工作的影响程度，还需要根据偏差值与其自由时差的关系作进一步分析。

(3) 分析进度偏差是否超过自由时差

如果工作的进度偏差大于该工作的自由时差，则此进度偏差将对其后续工作产生影响，此时应根据后续工作的限制条件确定调整方法；如果工作的进度偏差未超过该工作的自由时差，则此进度偏差不影响后续工作，原进度计划可以不作调整。

提示： 分析偏差主要是利用网络计划中总时差和自由时差的概念进行判断。由时差概念可知：当偏差大于该工作的自由时差，而小于总时差时，对后续工作的最早开始时间有影响，对总工期无影响；当偏差大于总时差时，对后续工作和总工期都有影响。

进度偏差的分析判断过程如图 6-18 所示。通过分析，进度控制人员可以根据进度偏差的影响程度，制订相应的纠偏措施进行调整，以获得符合实际进度情况和计划目标的新进度计划。

在施工项目实施过程中，项目进度表控制人员每天应在项目网络进度计划图上标画出实际施工进度前锋线，检查网络进度计划执行情况。一般每周做一次检查结果分析，并向主管部门提出相应的施工进度控制报告。

3. 施工进度计划的调整方法

(1) 调整关键线路的长度

1) 当关键线路的实际进度比计划进度拖后时，应在尚未完成的关键工作中，选择资源强度小或费用低的工作缩短其持续时间，并重新计算未完成部分的时间参数，将其作为一个新计划实施。

2) 当关键线路的实际进度比计划进度提前时，若不拟提前工期，应选用资源占用量大或者直接费用高的后续关键工作，适当延长其持续时间，以降低其资源强度或

图 6-18　施工进度跟踪检查与偏差分析程序图

费用；当确定要提前完成计划时，应将计划尚未完成的部分作为一个新计划，重新确定关键工作的持续时间，按新计划实施。

（2）非关键工作时差的调整方法

非关键工作时差的调整应在其时差的范围内进行，以便更充分地利用资源、降低成本或满足施工的需要。每一次调整后都必须重新计算时间参数，观察该调整对计划全局的影响。可采用以下几种调整方法：

1）将工作在其最早开始时间与最迟完成时间范围内移动；

2）延长工作的持续时间；

3）缩短工作的持续时间。

（3）增、减工作项目时的调整方法

包括增减工作量或增减一些工作包（或分项工程）。增减工作内容应做到不打乱原计划的逻辑关系，只对局部逻辑关系进行调整。在增减工作内容以后，应重新计算时间参数，分析对原网络计划的影响。当对工期有影响时，应采取调整措施，保证计划工期不变。但这可能产生如下影响：

1）损害工程的完整性、经济性、安全性、运行效率，或提高项目运行费用；

2）必须经过上层管理者，如投资者、业主的批准。

（4）调整逻辑关系

在工作之间的逻辑关系允许改变的条件下，可改变逻辑关系，达到缩短工期的目的。例如可以把依次进行的有关工作改成平行的或互相搭接的，以及分成几个施工段进行流水施工等，都可以达到缩短工期的目的。这可能产生如下问题：

1）工作逻辑上的矛盾性；

2）资源的限制，平行施工要增加资源的投入强度；

3）工作面限制及由此产生的现场混乱和低效率问题。

（5）调整工作的持续时间

当发现某些工作的原持续时间估计有误或实现条件不充分时，应重新估算其持续时间，并重新计算时间参数，尽量使原计划工期不受影响。

（6）调整资源的投入

当资源供应发生异常时，应采用资源优化方法对计划进行调整，或采取应急措施，使其对工期的影响最小。

资源的调整有时会带来如下问题：

1）造成费用的增加。如增加人员的调遣费用、周转材料一次性费用、设备的进出场费；

2）由于增加资源造成资源使用效率的降低；

3）加剧资源供应的困难。如有些资源没有增加的可能性，加剧项目之间或工序之间对资源激烈的竞争。

（7）提高劳动生产率

改善工具器具以提高劳动效率；通过辅助措施和合理的工作过程，提高劳动生产率。要注意如下问题：

1）加强培训，且应尽可能地提前；

2）注意工人级别与工人技能的协调；

3）工作中的激励机制，例如奖金、小组精神发扬、个人负责制、目标明确；

4）改善工作环境及项目的公用设施；

5）项目小组时间上和空间上合理的组合和搭接；

6）多沟通，避免项目组织中的矛盾。

（8）将部分任务转移

如分包、委托给另外的单位，将原计划由自己生产的结构构件改为外购等。当然这不仅有风险，产生新的费用，而且需要增加控制和协调工作。

（9）将一些工作包合并

特别是在关键线路上按先后顺序实施的工作包合并，与实施者一道研究，通过局部地调整实施过程和人力、物力的分配，达到缩短工期的目的。

提示： 只有压缩关键路线上活动（或时差小于0的活动）的持续时间，才能压缩总工期（或消除负时差）。压缩对象的选择一般考虑如下因素：一般首先选择持续时间相对长的活动；选择压缩成本低的活动；考虑压缩所引起的资源变化；可压缩性。

【案例 6-4】 某工程项目的施工进度计划如图 6-19 所示，图中箭线上方括号内数字为各工作的直接费用率（万元/周），箭线下方为工作的正常持

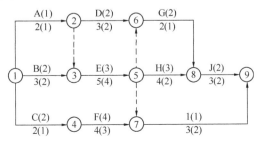

图 6-19　某工程网络计划

续时间和最短的持续时间（以周为单位）。该计划执行到第6周末时进行检查，A、B、C、D工作均已完成，E工作完成了1周，F工作完成了3周。

根据背景资料，完成下列问题：

（1）试绘制实际进度前锋线；

（2）如果后续工作按计划进行，试分析D、E、F三项工作对后续工作和总工期的影响；

（3）如果工期允许拖延，试绘制检查之后的时标网络计划；

（4）如果工期不允许拖延，应如何选择赶工对象？该网络计划应如何赶工？并计算由于赶工所需增加的费用；

（5）试绘制调整之后的时标网络计划。

解：（1）实际进度前锋线如图6-20所示。

图6-20　某工程实际进度前锋线

（2）从图6-20中可以看出，工作D实际进度正常，既不影响后续工作，也不影响总工期；工作E实际进度拖后2周，由于是关键工作，故将使总工期延长2周，并使后续工作G、H、I、J的开始时间推迟2周；工作F实际进度拖后1周，由于其总时差为6周，自由时差为2周，故工作F既不影响后续工作，也不影响总工期。

（3）如果工期允许拖延，检查之后的时标网络计划如图6-21所示。

（4）如果工期不允许拖延，选择赶工对象的原则：选择有压缩潜力的、增加赶工费用最少的关键工作。该网络计划只能压缩关键工作H、J，工作J直接费用率较小，但由于其只能压缩1周，故工作H也需压缩一周，才能使工期保持15周不变。赶工增加费用3+2=5万元。

（5）调整之后的时标网络计划如图6-22所示。

图6-21　拖延工期的网络计划

图6-22　调整后的网络计划

6.3.4　施工方进度控制措施

施工方进度控制的措施主要包括组织措施、管理措施、经济措施和技术措施。

1. 施工方进度控制的组织措施

(1) 组织是目标能否实现的决定性因素，因此，为实现项目的进度目标，应充分重视健全项目管理的组织体系，如图 6-23 所示。

图 6-23　进度控制的组织体系

(2) 在项目组织结构中应有专门的工作部门和符合进度控制岗位资格的专人负责进度控制工作。

(3) 进度控制的主要工作环节包括进度目标的分析和论证、编制进度计划、定期跟踪进度计划的执行情况、采取纠偏措施以及调整进度计划。这些工作任务和相应的管理职能应在项目管理组织设计的任务分工表和管理职能分工表中标示并落实。

(4) 应编制施工进度控制的工作流程，如：

1) 定义施工进度计划系统（由多个相互关联的施工进度计划组成的系统）的组成；

2) 明确进度计划的编制程序、审批程序和计划调整程序等。

(5) 进度控制工作包含了大量的组织和协调工作，而会议是组织和协调的重要手段，应进行有关进度控制会议的组织设计，以明确：

1) 会议的类型；

2) 各类会议的主持人和参加单位及人员；

3) 各类会议的召开时间；

4) 各类会议文件的整理、分发和确认等。

2. 施工方进度控制的管理措施

施工进度控制在管理观念方面存在的主要问题是：

（1）缺乏进度计划系统的观念——往往分别编制各种独立而互不关联的计划，这样就形成不了计划系统；

（2）缺乏动态控制的观念——只重视计划的编制，而不重视及时地进行计划的动态调整；

（3）缺乏进度计划多方案比较和选优的观念——合理的进度计划应体现资源的合理使用、工作面的合理安排、有利于提高建设质量、有利于文明施工和有利于合理地缩短建设周期。

施工方进度控制的管理措施如下：

（1）施工进度控制的管理措施涉及管理的思想、管理的方法、管理的手段、承发包模式、合同管理和风险管理等。在理顺组织的前提下，科学和严谨的管理十分重要。

（2）用工程网络计划的方法编制进度计划必须很严谨地分析和考虑工作之间的逻辑关系，通过工程网络的计算可发现关键工作和关键线路，也可知道非关键工作可使用的时差，工程网络计划的方法有利于实现进度控制的科学化。

（3）承发包模式的选择直接关系到工程实施的组织和协调。为了实现进度目标，应选择合理的合同结构，以避免过多的合同交界面而影响工程的进展。工程物资的采购模式对进度也有直接的影响，对此应做比较分析。

（4）为实现进度目标，不但应进行进度控制，还应注意分析影响工程进度的风险，并在分析的基础上采取风险管理措施，以减少进度失控的风险量。常见的影响工程进度的风险，如：组织风险、管理风险、合同风险、资源（人力、物力和财力）风险和技术风险等。

（5）应重视信息技术（包括相应的软件、局域网、互联网以及数据处理设备等）在进度控制中的应用。虽然信息技术对进度控制而言只是一种管理手段，但它的应用有利于提高进度信息处理的效率、有利于提高进度信息的透明度、有利于促进进度信息的交流和项目各参与方的协同工作。

3. 施工方进度控制的经济措施

施工进度控制的经济措施涉及工程资金需求计划和加快施工进度的经济激励措施等。

（1）为确保进度目标的实现，应编制与进度计划相适应的资源需求计划（资源进度计划），包括资金需求计划和其他资源（人力和物力资源）需求计划，以反映工程施工的各时段所需要的资源。通过资源需求的分析，可发现所编制的进度计划实现的可能性，若资源条件不具备，则应调整进度计划。

（2）在编制工程成本计划时，应考虑加快工程进度所需要的资金，其中包括为实现施工进度目标将要采取的经济激励措施所需要的费用。

4. 施工方进度控制的技术措施

施工进度控制的技术措施涉及对实现施工进度目标有利的设计技术和施工技术的

选用。

(1) 不同的设计理念、设计技术路线、设计方案会对工程进度产生不同的影响，在工程进度受阻时，应分析是否存在设计技术的影响因素，为实现进度目标有无设计变更的必要和是否可能变更。

(2) 施工方案对工程进度有直接的影响，在决策其选用的施工方案时，不仅应分析技术的先进性和经济合理性，还应考虑其对进度的影响。在工程进度受阻时，应分析是否存在施工技术的影响因素，为实现进度目标有无改变施工技术、施工方法和施工机械的可能性。

本 章 小 结

本章重点涉及三部分内容：建筑工程项目进度管理的概述、施工进度控制方法的选择与应用、施工项目进度计划的实施和调整。首先根据进度目标制定工程项目进度计划，在计划执行过程中不断检查工程实际进展情况，并将实际状况与计划安排进行对比，从中得出偏离计划的信息。然后在分析偏差及其产生原因的基础上，通过采取组织、管理、技术、经济措施，维持原计划，使之能正常实施；如果采取措施后仍不能维持原计划，则需对原进度计划进行调整或修正，再按新的进度计划实施。这样在进度计划的执行过程中进行不断的检查和调整，以保证建设工程进度得到有效的控制。

项 目 实 训

一、项目名称：编制某工程施工进度管理计划

二、时间安排：2 学时

三、任务内容：对跟岗实习工地进行深入调查，分析影响工程项目进度的主要因素有哪些，并列举其保证施工进度的手段和措施及施工进度的调整方法，如果你是技术负责人，你会怎么做？把上述内容整理形式一份施工进度的管理计划。

四、任务要求：每位同学须独立完成，电子稿一份并打印文本一份。

习 题

一、单项选择题

1. 施工进度计划监测内容是在进度计划执行记录的基础上，将实际执行结果与( )的规定进行比较。

A. 以后计划 B. 将来计划 C. 原计划 D. 现计划

2. 通过监测分析，如果进度偏差比较( )，应在分析其产生原因的基础上采

取有效措施，解决矛盾，排除障碍，继续执行原进度计划。

    A. 长   B. 短   C. 大   D. 小

3. 当施工项目的进度计划用(   )表达时，可采用实际进度前锋线法进行实际进度与计划进度的比较。

    A. 双代号网络   B. 时标网络计划

    C. 单代号网络   D. 横道图

4. 采用 S 形曲线比较法进行实际进度与计划进度比较时，可以明显地看出(   )。

    A. 某一工作的实际进度情况   B. 某一工作完成工作量情况

    C. 导致进度拖延的某一具体工作   D. 累计完成的任务量

5. 在施工过程中，为了加快施工进度，施工单位可采取的技术措施包括(   )。

    A. 采用更先进的施工方法   B. 增加每天的施工时间

    C. 实施强有力的施工调度   D. 增加施工作业面

二、多项选择题

1. 影响施工项目进度的因素有(   )。

    A. 人的干扰因素   B. 材料、机具、设备干扰因素

    C. 地基干扰因素   D. 资金干扰因素

    E. 环境干扰因素

2. 某工程实际施工进度与计划进度横道图比较如图 6-24 所示，该图表明(   )。

图 6-24 多选题 2

    A. 该工作提前一周完成

    B. 在第 7 周内实际完成的任务量超过计划任务量

    C. 第 4 周停工一周

    D. 在第 3 周内实际完成任务量比计划任务量少 6%

    E. 在第 5 周内实际进度与计划进度一致

3. 某分部工程时标网络计划如图 6-25 所示。当该计划执行到第 5 天结束时检查实际进展情况，实际进度前锋线表明 (   )。

    A. 工作 C 实际进度拖后，但不影响总工期

    B. 工作 D 仍有总时差 2 天

图 6-25 多选题 3

C. 工作 E 仍有总时差 1 天

D. 工作 G 的最早开始时间将会受影响

E. 工作 H 的最早开始时间不会受影响

4. 在进度计划的调整方法中，对实施进度计划分析基础上，确定调整原计划方法主要有以下几种：( )。

A. 改变某些工作的逻辑关系　　　　B. 改变某些设施的逻辑关系

C. 改变某些工作的持续时间　　　　D. 工程量的调整

E. 资源提供条件的调整

三、简答题

1. 简述工程项目进度管理的原理。

2. 施工进度计划的调整常采用哪些方法？

3. 影响工程进度的原因有哪些？

4. 如何应用前锋线法进行实际进度和计划进度的比较？

四、案例题

某工程各工作逻辑关系及工作持续时间见表 6-2。

某工程工序逻辑关系及作业持续时间表　　　　　表 6-2

本工作	A	B	C	D	E	F	G	H
工作持续时间（d）	3	4	3	2	1	5	3	2
紧前工作		A	A	A	D	B	BCD	D

问题：

(1) 绘制时标网络计划图。

(2) 施工进度计划调整的内容有哪些？

(3) 该项目实施过程中，第 5 天末检查实际进度，B、D 工作均拖延 1 天，C 工作超前一天，试绘出实际进度前锋线。

(4) 判断按此进度，如果后序工作按计划完成，工程能否如期完工，并说明原因。

(5) 该工程施工进度出现偏差时，施工单位应按怎样的步骤进行调整？

施工项目成本管理

引　言

　　成本控制是现代成本管理中最重要的环节，是成本管理的核心。一个企业如果成本控制工作没有做好，成本管理任务是很难完成的。只有抓住成本控制，才能落实其他成本管理环节，促使工程成本不断降低，获得较好的经济效益。

学习目标

　　1. 熟悉成本管理的任务与措施；

　　2. 学会编制成本计划；

　　3. 能够应用赢得值法、价值工程原理进行成本控制；

　　4. 会结算建筑工程安装费用；

　　5. 能够处理工程费用索赔及现场签证的相关问题。

任务引入

　　某装饰工程公司承接一项酒店装修改造工程，合同总价 1500 万元，总工期 6 个月。前 4 个月各月完成工作费用情况如表 7-1 所示。

检查记录表 表 7-1

月份	计划工作预算费用 BCWS（万元）	已经完成 工作量（%）	已完工作实际费用 ACWP（万元）	挣值 BCWP（万元）
1	180	95	185	
2	220	100	205	
3	240	110	250	
4	300	105	310	

思考：（1）计算各月的已完工作的预算费用 BCWP 及 4 个月的 BCWP。

（2）计算 4 个月累计的计划工作预算费用 BCWS、已完工作的实际费用 ACWP。

（3）计算 4 个月的费用偏差 CV、进度偏差 SV，并分析成本和进度状况。

学习单元 1　成本管理概述

市场经济经调控下，建筑施工企业面临着激烈的市场竞争，而且市场竞争的全球化对建设施工企业的管理水平提出了更高、更新的要求。企业能否在市场竞争中立于不败之地，关键在于企业能否为社会提供质量高、工期短、造价低的建筑产品。要想达此目的，就必须从成本、质量、进度三方面加强管理从而实现企业成本最低、效益最好、最后赢得市场。所以项目管理的水平与能力已经成为衡量现代施工企业核心竞争力关键因素，项目管理的成败将直接决定了企业的命运，而成本管理又是项目管理水平与能力的直接体现。

施工项目的成本管理就是要在保证工期和质量满足要求的情况下，采取相应的措施，把成本控制在计划范围内，并进一步寻求最大限度的成本节约。

7.1.1　施工项目成本含义

施工成本是指在建设工程项目的施工过程中所发生的全部生产费用的总和，包括所消耗的原材料、辅助材料、构配件等的费用，周转材料的摊销费或租赁费等，施工机械的使用费或租赁费等，支付给生产工人的工资、奖金、工资性质的津贴等，以及进行施工组织与管理所发生的全部费用支出。

施工项目成本不包括劳动者为社会所创造的价值（如税金和利润），也不包括不构成施工项目价值的一切非生产性支出。

施工项目成本由直接成本和间接成本组成。直接成本是指在实施过程中耗费的构成工程实体形成的各项费用支出，具体包括人工费、材料费和施工机具使用费等。间接成本是指准备施工、组织和管理施工生产的全部费用支出，包括管理人员工资、办公费、差旅交通费等。

7.1.2　施工项目成本的形式

根据管理的需要，可将成本划分为不同的形式。

1. 按成本形成时间划分

（1）承包成本

承包成本指根据工程量清单计算出来的工程量，企业的建筑、安装工程基础定额和各包区的市场劳务价格、材料价格信息，并按有关取费的指导性费率进行计算。承包成本是反映企业竞争水平的成本，是确定工程造价的基础，也是编制计划成本和评价实际成本的依据。

承包成本的计算程序为：计算工程量→按工程量和人工单价计算人工费→按工程量和材料单价计算材料费→按机械台班和机械使用费单价计算机械使用费→计算直接工程费→按直接工程费的比重或根据对每项措施费的预算计算措施费→按直接费的比重或根据对每项间接成本的预算计算间接成本→对直接成本和间接成本相加形成相关项目总成本。

（2）计划成本

施工项目计划成本是指施工项目经理部根据计划期的有关资料（如工程的具体条件和施工企业为实施该项目的各项技术组织措施），在实际成本发生前预先计算的成本，亦即施工企业考虑降低成本措施后的成本计划数，反映了企业在计划期内应达到的成本水平。它对于加强施工企业和项目经理部的经济核算，建立和健全施工项目成本管理责任制，控制施工过程中生产费用，降低施工项目成本具有十分重要的作用。

（3）实际成本

它是施工项目在报告期内实际发生的各项生产费用的总和。把实际成本与计划成本比较，可揭示成本的节约和超支，考核企业施工技术水平、技术组织措施的贯彻执行情况及企业的经营效果，反映出工程的盈亏情况。因此，计划成本和实际成本都是反映施工企业成本水平的，它受企业本身的生产技术、施工条件及生产经营管理水平所制约。

实际成本的计算程序为：归集人工费→归集材料费→归集机械使用费→归集措施费→归集间接成本→技术总成本。

以上三种成本的关系可用图 7-1 来说明。

2. 按生产费用计入成本的方法划分

（1）直接成本

直接成本是指直接耗用于并能直接计入工程对象的费用。

（2）间接成本

图 7-1　三种成本的关系

间接成本是指为非直接用于也无法直接计入工程对象，但为进行工程施工所必须所发生的费用，通常是按直接成本的比例来计算。

3. 按生产费用与工程量关系划分

(1) 固定成本

固定成本是指在一定期间和一定的工程范围内，发生的成本额不受工程量增减变动的影响而相对固定的成本，如折旧费、管理人员工资等。固定成本是为了保持企业一定的生产经营条件而发生的。

(2) 变动成本

指发生总额随着工程量的增减变动而成正比例变动的费用，如直接用于工程的材料费、实际计划工资制的人工费等。

7.1.3 施工成本管理的任务与措施

1. 施工成本管理的任务

施工成本管理的任务主要包括：

(1) 施工成本预测

施工成本预测就是根据成本信息和施工项目的具体情况，运用一定的专门方法，对未来的成本水平及其可能发展趋势做出科学的估计，其是在工程施工以前对成本进行的估算。通过成本预测，可以在满足项目业主和本企业要求的前提，选择成本低、效益好的最佳成本方案，并能够在施工项目成本形成过程中，针对薄弱环节，加强成本控制，克服盲目性，提高预见性。因此，施工成本预测是施工项目成本决策与计划的依据。施工成本预测，通常是对施工项目计划工期内影响其成本变化的各个因素进行分析，比照近期已完工施工项目或将完工施工项目的成本（单位成本），预测这些因素对工程成本中有关项目（成本项目）的影响程度，预测出工程的单位成本或总成本。

(2) 施工成本决策

项目成本决策是指对工程施工生产活动中与成本相关的问题做出判断和选择的过程。项目施工生产活动中的许多问题涉及成本，为了提高各项施工活动的可行性和合理性，为了提高成本管理方法和措施的有效性，项目成本管理过程中，需要对涉及成本的有关问题做出决策。项目成本决策是项目成本管理的重要环节，也是成本管理的重要措施，贯穿于项目生产的全过程。项目成本决策的结果直接影响到未来的工程成本，正确的成本决策对成本管理极为重要。

(3) 施工成本计划

施工成本计划是以货币形式编制施工项目在计划期内的生产费用、成本水平、成本降低率以及为降低成本所采取的主要措施和规划的书面方案，它是建立施工项目成本管理责任制、开展成本控制和核算的基础，它是项目降低成本的指导文件，是设立目标成本的依据。可以说，成本计划是目标成本的一种形式。

（4）施工成本控制

施工成本控制是指在施工过程中，对影响施工成本的各种因素加强管理，并采取各种有效措施，将施工中实际发生的各种消耗和支出严格控制在成本计划范围内，随时揭示并及时反馈，严格审查各项费用是否符合标准，计算实际成本和计划成本之间的差异并进行分析，进而采取多种措施，消除施工中的损失浪费现象。

（5）施工成本核算

施工成本核算包括两个基本环节：一是按照规定的成本开支范围对施工费用进行归集和分配，计算出施工费用的实际发生额；二是根据成本核算对象，采用适当的方法，计算出该施工项目的总成本和单位成本。施工成本管理需要正确及时地核算施工过程中发生的各项费用，计算施工项目的实际成本。施工项目成本核算所提供的各种成本信息，是成本预测、成本计划、成本控制、成本分析和成本考核等各个环节的依据。

（6）施工成本分析

施工成本分析是在施工成本核算的基础上，对成本的形成过程和影响成本升降的因素进行分析，以寻求进一步降低成本的途径，包括有利偏差的挖掘和不利偏差的纠正。施工成本分析贯穿于施工成本管理的全过程，它是在成本的形成过程中，主要利用施工项目的成本核算资料（成本信息），与目标成本、预算成本以及类似的施工项目的实际成本等进行比较，了解成本的变动情况，同时也要分析主要技术经济指标对成本的影响，系统地研究成本变动的因素，检查成本计划的合理性，并通过成本分析，深入揭示成本变动的规律，寻找降低施工项目成本的途径，以便有效地进行成本控制。成本偏差的控制，分析是关键，纠偏是核心，要针对分析得出的偏差发生原因，采取切实措施，加以纠正。

（7）施工成本考核

施工成本考核是指在施工项目完成后，对施工项目成本形成中的各责任者，按施工项目成本目标责任制的有关规定，将成本的实际指标与计划、定额、预算进行对比和考核，评定施工项目成本计划的完成情况和各责任者的业绩，并以此给予相应的奖励和处罚。通过成本考核，做到有奖有惩，赏罚分明，才能有效地调动每一位员工在各自施工岗位上努力完成目标成本的积极性，为降低施工项目成本和增加企业的积累，做出自己的贡献。

施工成本管理的每一个环节都是相互联系和相互作用的。成本预测是成本决策的前提，成本计划是成本决策所确定目标的具体化。成本控制则是对成本计划的实施进行控制和监督，保证决策的成本目标的实现，而成本核算又是对成本计划是否实现的最后检验，它所提供的成本信息又对下一个施工项目成本预测和决策提供基础资料。成本考核是实现成本目标责任制的保证和实现决策目标的重要手段。

应当指出，成本控制是成本管理的核心。

2. 施工成本管理的措施

为了取得施工成本管理的理想效果，应当从多方面采取措施实施管理，通常可以将这些措施归纳为组织措施、技术措施、经济措施及合同措施。

(1) 组织措施

组织措施是从施工成本管理的组织方面采取的措施。施工成本控制是全员的活动，如实行项目经理责任制，落实施工成本管理的组织机构和人员，明确各级施工成本管理人员的任务和职能分工、权利和责任。施工成本管理不仅是专业成本管理人员的工作，各级项目管理人员都负有成本控制责任。

组织措施的另一方面是编制施工成本控制工作计划，确定合理详细的工作流程。要做好施工采购规划，通过生产要素的优化配置、合理使用、动态管理，有效控制实际成本；加强施工定额管理和施工任务单管理，控制活劳动和物化劳动的消耗；加强施工调度，避免因施工计划不周和盲目调度造成窝工损失、机械利用率降低、物料积压等而使施工成本增加。成本控制工作只有建立在科学管理的基础之上，具备合理的管理体制，完善的规章制度，稳定的作业秩序，完整准确的信息传递，才能取得成效。组织措施是其他各类措施的前提和保障，而且一般不需要增加什么费用，运用得当可以收到良好的效果。

(2) 技术措施

施工过程中降低成本的技术措施，包括如进行技术经济分析，确定最佳的施工方案。结合施工方法，进行材料使用的比选，在满足功能要求的前提下，通过代用、改变配合比、使用添加剂等方法降低材料消耗的费用。确定最合适的施工机械、设备使用方案。结合项目的施工组织设计及自然地理条件，降低材料的库存成本和运输成本。先进的施工技术的应用，新材料的运用，新开发机械设备的使用等。在实践中，也要避免仅从技术角度选定方案而忽视对其经济效果的分析论证。

技术措施不仅对解决施工成本管理过程中的技术问题是不可缺少的，而且对纠正施工成本管理目标偏差也有相当重要的作用。因此，运用技术纠偏措施的关键，一是要能提出多个不同的技术方案，二是要对不同的技术方案进行技术经济分析。

(3) 经济措施

经济措施是最易为人们所接受和采用的措施。管理人员应编制资金使用计划，确定、分解施工成本管理目标。对施工成本管理目标进行风险分析，并制定防范性对策。对各种支出，应认真做好资金的使用计划，并在施工中严格控制各项开支。及时准确地记录、收集、整理、核算实际发生的成本。对各种变更，及时做好增减账，及时落实业主签证，及时结算工程款。通过偏差分析和未完工工程预测，可发现一些将引起未完工程施工成本增加的潜在问题，对这些问题应以主动控制为出发点，及时采取预防措施。由此可见，经济措施的运用绝不仅仅是财务人员的事情。

(4) 合同措施

采用合同措施控制施工成本，应贯穿整个合同周期，包括从合同谈判开始到合同终结的全过程。首先是选用合适的合同结构，对各种合同结构模式进行分析、比较，在合同谈判时，要争取选用适合于工程规模、性质和特点的合同结构模式。其次，在合同的条款中应仔细考虑一切影响成本和效益的因素，特别是潜在的风险因素。通过对引起成本变动的风险因素的识别和分析，采取必要的风险对策。如通过合理的方式，增加承担风险的个体数量，降低损失发生的比例，并最终使这些策略反映在合同的具体条款中。在合同执行期间，合同管理的措施既要密切注视对方合同执行的情况，以寻求合同索赔的机会；同时也要密切关注自己履行合同的情况，以防止被对方索赔。

学习单元 2　成本预测和成本计划

7.2.1　施工成本预测

7.2.1.1　施工项目成本预测的作用

1. 投标决策的依据

建筑施工企业在选择投标项目过程中，往往需要根据项目是否赢利、利润大小等诸因素确定是否对工程投标。这样在投标决策时就要估计项目施工成本的情况，通过与施工图预算的比较，才能分析出项目是否赢利、利润大小等。

2. 编制成本计划的基础

计划是管理的第一步。因此，编制可靠的计划具有十分重要的意义。但要编制出正确可靠的施工项目计划，必须遵循客观经济规律，从实际出发，对施工项目未来实施做出科学的预测。在编制成本计划之前，要在搜集、整理和分析有关施工项目成本、市场行情和施工消耗等资料基础上，对施工项目进展过程中的物价变动等情况和施工项目成本做出符合实际的预测。这样才能保证施工项目成本计划不脱离实际，切实起到控制施工项目成本的作用。

3. 成本管理的重要环节

成本预测是在分析项目施工进程中各种经济与技术要素对成本升降的影响基础上，推算其成本水平变化的趋势及其规律性，预测施工项目的实际成本。它是预测和分析的有机结合，是事后反馈与事前控制的结合。通过成本预测，有利于及时发现问题，找出施工项目成本管理中的薄弱环节，采取措施，控制成本。

7.2.1.2　成本预测的过程

科学的准确的预测必须遵循合理的预测程序。

1. 制定预测计划

制定预测计划是预测工作顺利进行的保证。预测计划的内容主要包括：组织领导及工作布置，配合的部门，时间进度，搜集材料范围等。如果在预测过程中发现新情况和发现计划有缺陷，则修订预测计划，以保证预测工作顺利进行，并获得较好的预测质量。

2. 搜集和整理预测资料

根据预测计划，搜集预测资料是进行预测的重要条件。预测资料一般有纵向和横向的两个方面数据。纵向资料是施工单位各类材料的消耗及价格的历史的数据，据以分析其发展趋势；横向资料是指同类施工项目的成本资料，据以分析所预测项目与同类项目的差异，并做出估计。预测资料必须完整、真实与准确。

3. 选择预测方法

预测方法一般分为定性与定量两类。定性方法有专家会议法、主观概率法和特尔菲法等，主要是根据各方面的信息、情报或意见，进行推断预测。定量方法主要有移动平均法、指数平滑法和回归分析法等。

4. 成本初步预测

主要是根据定性预测的方法及一些横向成本资料的定量预测，对施工项目成本进行初步估计。这一步的结果往往比较粗糙，需要结合现在的成本水平进行修正，才能保证预测成本结果的质量。

5. 影响成本水平的因素预测

影响工程成本水平因素主要有：物价变化，劳动生产率，物料消耗指标，项目管理办公费用开支等。可根据近期内其他工程实施情况、本企业职工及当地分包企业情况、市场行情等，推测未来哪些因素会对本施工项目的成本水平产生影响，其结果如何。

6. 成本预测

根据初步的成本预测以及对成本水平变化因素预测结果，确定该施工项目的成本情况，包括人工费、材料费、机械使用费和其他直接费等。

7. 分析预测误差

成本预测是对施工项目实施之前的成本预计和推断，这往往与实施过程中及其最后的实际成本有出入，而产生预测误差。预测误差的大小，反映预测的准确程度。如果误差较大，就应分析产生误差的原因，并积累经验。

7.2.2 施工成本计划的类型

施工成本计划是以货币形式编制施工项目在计划期内的生产费用、成本水平、成本降低率以及为降低成本所采取的主要措施和规划的书面方案，它是建立施工项目成本管理责任制、开展成本控制和核算的基础，它是该项目降低成本的指导文件，是设立目标成本的依据，是目标成本的一种形式。

对于一个施工项目而言，其成本计划的编制是一个不断深化的过程。在这一过程的不同阶段形成深度和作用不同的成本计划，按其作用可分为三类。

1. 竞争性成本计划

即工程项目投标及签订合同阶段的估算成本计划。这类成本计划是以招标文件中的合同条件、投标者须知、技术规程、设计图纸或工程量清单等为依据，以有关价格条件说明为基础，结合调研和现场考察获得的情况，根据本企业的工料消耗标准、水平、价格资料和费用指标，对本企业完成招标工程所需要支出的全部费用的估算。在投标报价过程中，虽也着力考虑降低成本的途径和措施，但总体上较为粗略。

2. 指导性成本计划

即选派项目经理阶段的预算成本计划，是项目经理的责任成本目标。它是以合同标书为依据，按照企业的预算定额标准制定的设计预算成本计划，且一般情况下只是确定责任总成本指标。

责任成本目标是企业对项目经理部提出的指令性成本目标，是以预算为依据对项目经理部进行详细施工组织设计、优化施工方案、制定成本降低对策和管理措施提出的要求。

3. 实施性计划成本

即项目施工准备阶段的施工预算成本计划，它以项目实施方案为依据，落实项目经理责任目标为出发点，不断优化施工技术方案和合理配置生产要素的基础上，通过工料消耗分析和制定降低成本措施之后确定的计划成本，也称现场目标成本。一般情况下，施工预算总额应控制在责任成目标的范围内，并留有余地。

以上三类成本计划互相衔接和不断深化，构成了整个工程施工成本的计划过程。其中，竞争性计划成本带有成本战略的性质，是项目投标阶段商务标书的基础，而有竞争力的商务标书又是以其先进合理的技术标书为支撑的。因此，它奠定了施工成本的基本框架和水平。指导性计划成本和实施性计划成本，都是战略性成本计划的进一步展开和深化，是对战略性成本计划的战术安排。此外，根据项目管理的需要，实施性成本计划又可按施工成本组成、按子项目组成、按工程进度分别编制施工成本计划。

【知识链接】施工预算和施工图预算的区别

（1）编制的依据不同

施工预算的编制以施工定额为主要依据，施工图预算的编制以预算定额为主要依据，而施工定额比预算定额划分得更详细、更具体，并对其中所包括的内容，如质量要求、施工方法以及所需劳动工日、材料品种、规格型号等均有较详细的规定或要求。

（2）适用的范围不同

施工预算是施工企业内部管理用的一种文件，与建设单位无直接关系；而施工图预算既适用于建设单位，又适用于施工单位。

（3）发挥的作用不同

施工预算是施工企业组织生产、编制施工计划、准备现场材料、签发任务书、考核功效、进行经济核算的依据，它也是施工企业改善经营管理、降低生产成本和推行内部经营承包责任制的重要手段；而施工图预算则是投标报价的主要依据。

7.2.3 成本计划的内容及编制依据

项目计划成本应在项目实施方案确定和不断优化的前提下进行编制，因为不同的实施方案将导致人、料、机费和企业管理费的差异。成本计划应在工程开工前编制完成，以便将计划成本目标分解落实，为各项成本的执行提供明确的目标、控制手段和管理措施。施工成本计划的具体内容如下：

1. 编制说明

指对工程的范围、投标竞争过程及合同条件、承包人对项目经理提出的责任成本目标、施工成本计划编制的指导思想和依据等的具体说明。

2. 施工成本计划的指标

施工成本计划一般情况下有以下三类指标：

（1）成本计划的数量指标，如：

按子项汇总的工程项目计划总成本指标；

按分部汇总的各单位工程（或子项目）计划成本指标；

按人工、材料、机械等各主要生产要素计划成本指标。

（2）成本计划的质量指标，如施工项目总成本降低率，可采用：

设计预算成本计划降低率＝设计预算总成本计划降低额/设计预算总成本

责任目标成本计划降低率＝责任目标总成本计划降低额/责任目标总成本

（3）成本计划的效益指标，如工程项目成本降低额：

设计预算成本计划降低额＝设计预算总成本－计划总成本

责任目标成本计划降低额＝责任目标总成本－计划总成本

3. 按工程量清单列出的单位工程计划成本汇总表，见表 7-2。

单位工程计划成本汇总表　　　　　　　　　　　　表 7-2

	清单项目编码	清单项目名称	合同价格	计划成本
1				
2				
……				

4. 按成本性质划分的单位工程成本汇总表

根据清单项目的造价分析，分别对人工费、材料费、机具费和企业管理费进行汇总，形成单位工程成本计划表。

施工成本计划应满足以下要求：

(1) 合同规定的项目质量和工期要求；

(2) 组织对施工成本管理目标的要求；

(3) 以经济合理的项目实施方案为基础的要求；

(4) 有关定额及市场价格的要求。

编制施工成本计划，需要广泛收集相关资料进行整理，以作为施工成本计划编制的依据。施工成本计划的编制依据包括：

(1) 投标报价文件；

(2) 企业定额、施工预算；

(3) 施工组织设计或施工方案；

(4) 人工、材料、机械台班的市场价；

(5) 企业颁布的材料指导价、企业内部机械台班价格、劳动力内部挂牌价格；

(6) 周转设备内部租赁价格、摊销损耗标准；

(7) 已签订的工程合同、分包合同（或估价书）；

(8) 结构件外加工计划和合同；

(9) 有关财务成本核算制度和财务历史资料；

(10) 施工成本预测资料；

(11) 拟采取的降低施工成本的措施；

(12) 其他相关资料。

7.2.4　成本计划的编制方法

施工总成本目标确定之后，还需通过编制详细的实施性施工成本计划把目标成本层层分解，落实到施工过程的每个环节，有效地进行成本控制。施工成本计划的编制方式有：

(1) 按施工成本组成编制施工成本计划；

(2) 按项目组成编制施工成本计划；

(3) 按工程进度编制施工成本计划。

1. 按施工成本组成编制施工成本计划

按照成本构成要素，建筑工程安装费由人工费、材料（包含工程设备）费、施工机具使用费、企业管理费、利润、规费和税金组成。其中人工费、材料费、施工机具使用费、企业管理费和利润包含在分部分项工程费、措施项目费及其他项目费中，如图 7-2 所示。

施工成本可以按照成本构成分解为人工费、材料费、施工机具使用费和企业管理费等，如图 7-3 所示。在此基础上，编制施工成本构成分解的施工成本计划。

图 7-2　按成本构成要素划分的建筑工程安装费用项目组成

图 7-3　按施工成本构成分解

2. 按项目组成编制施工成本计划的方法

大中型工程项目通常是由若干单项工程构成的，而每个单项工程包括了多个单位工程，每个单位工程又是由若干个分部分项工程所构成。因此，首先要把项目总施工成本分解到单项工程和单位工程中，再进一步分解为分部工程和分项工程，如图 7-4 所示。

图 7-4　按项目组成分解

在完成施工项目成本目标分解之后，接下来就要具体地分配成本，编制分项工程的成本支出计划，从而得到详细的成本计划表，见表 7-3。

分项工程成本计划表 　　　　　　　　　　　　　表 7-3

分项工程编码	工程内容	计量单位	工程数量	计划综合单价	本分项总计
(1)	(2)	(3)	(4)	(5)	(6)

在编制成本支出计划时，要在项目总的方面考虑总的预备费，也要在主要的分项工程中安排适当的不可预见费，避免在具体编制成本计划时，可能发现个别单位工程或工程量表中某项内容的工程量计算有较大出入，使原来的成本预算失实，并在项目实施过程中对其尽可能地采取一些措施。

3. 按工程进度编制施工成本计划的方法

编制按工程进度的施工成本计划，通常可利用控制项目进度的网络图进一步扩充而得。即在建立网络图时，一方面确定完成各项工作所需花费的时间，另一方面同时确定完成这一工作的合适的施工成本支出计划。在实践中，将工程项目分解为既能方便地表示时间，又能方便地表示施工成本支出计划的工作是不容易的，通常如果项目分解程度对时间控制合适的话，则对施工成本支出计划可能分解过细，以至于不可能对每项工作确定其施工成本支出计划。反之亦然。因此在编制网络计划时，应在充分考虑进度控制对项目划分要求的同时，还要考虑确定施工成本支出计划对项目划分的要求，做到二者兼顾。

通过对施工成本目标按时间进行分解，在网络计划基础上，可获得项目进度计划的横道图。并在此基础上编制成本计划。其表示方式有两种：一种是在时标网络图上按月编制的成本计划，如图 7-5 所示；另一种是利用时间—成本曲线（S 形曲线）表示，如图 7-6 所示。

时间—成本累积曲线的绘制步骤如下：

（1）确定工程项目进度计划，编制进度计划的横道图；

（2）根据单位时间内完成的实物工程量或投入的人力、物力和财力，计算单位时间（月或旬）的成本，在时标网络图上按时间编制成本支出计划，如图 7-5 所示。

图 7-5 时标网络图上按月编制的成本计划

（3）计算规定时间 t 计划累计支出的成本额，其计算方法为：各单位时间计划完成的成本额累加求和，可按下式计算：

$$Q_t = \sum q_n \qquad (7-1)$$

式中 Q_t——某时间 t 计划累计支出成本额；

  q_n——单位时间 n 的计划支出成本额；

  t——某规定计划时刻。

（4）根据计算的 Q_t 值；绘制 S 形曲线，如图 7-6 所示。

每一条 S 形曲线都对应某一特定的工程进度计划。因为在进度计划的非关键路线

图 7-6 时间成本累积曲线（S 形曲线）

中存在许多有时差的工序或工作，因而 S 形曲线（成本计划值曲线）必然包络在由全部工作都按最早开始时间开始和全部工作都按最迟必须开始时间开始的曲线所组成的"香蕉图"内。项目经理可根据编制的成本支出计划来合理安排资金，同时项目经理也可以根据筹措的资金来调整 S 形曲线，即通过调整非关键路线上的工序项目的最早或最迟开工时间，力争将实际的成本支出控制在计划的范围内。

　　一般而言，所有工作都按最迟开始时间开始，对节约资金贷款利息是有利的，但同时，也降低了项目按期竣工的保证率，因此项目经理必须合理地确定成本支出计划，达到既节约成本支出，又能控制项目工期的目的。

　　以上三种编制施工成本计划的方式并不是相互独立的。在实践中，往往是将这几种方式结合起来使用，从而可以取得扬长避短的效果。例如：将项目总施横向按施工成本构成分解，纵向按项目组成分解，或相反。这种分解方式有助于检查各分部分项工程施工成本构成是否完整，有无重复计算或漏算；同时还有助于检查各项具体的施工成本支出的对象是否明确或落实，并且可以从数字上校核分解的结果有无错误。或者还可以纵向按项目组成分解，横向按时间分解。

学习单元 3　施工成本控制与成本核算

7.3.1　施工成本控制的依据

　　1. 工程承包合同

　　施工成本控制要以工程承包合同为依据，围绕降低工程成本这个目标，从预算收入和实际成本两方面，努力挖掘增收节支潜力，以求获得最大的经济效益。

　　2. 施工成本计划

　　施工成本计划是根据施工项目的具体情况制定的施工成本控制方案，既包括预定的具体成本控制目标，又包括实现控制目标的措施和规划，是施工成本控制的指导文件。

　　3. 进度报告

　　进度报告提供了每一时刻工程实际完成量，工程施工成本实际支付情况等重要信息。施工成本控制工作正是通过实际情况与施工成本计划相比较，找出二者之间的差别，分析偏差产生的原因，从而采取措施改进以后的工作。此外，进度报告还有助于管理者及时发现工程实施中存在的问题，并在事态还未造成重大损失之前采取有效措施，尽量避免损失。

4. 工程变更

在项目的实施过程中，由于各方面的原因，工程变更是很难避免的。工程变更一般包括设计变更、进度计划变更、施工条件变更、技术规范与标准变更、施工次序变更、工程数量变更等。一旦出现变更，工程量、工期、成本都必将发生变化，从而使得施工成本控制工作变得更加复杂和困难。因此，施工成本管理人员就应当通过对变更要求当中各类数据的计算、分析，随时掌握变更情况，包括已发生工程量、将要发生工程量、工期是否拖延和支付情况等重要信息，判断变更以及变更可能带来的索赔额度等。

除了上述几种施工成本控制工作的主要依据以外，有关施工组织设计、分包合同等也都是施工成本控制的依据。

7.3.2　施工成本控制的步骤

在确定了施工成本计划之后，必须定期地进行施工成本计划值与实际值的比较，当实际值偏离计划值时，分析产生偏差的原因，采取适当的纠偏措施，以确保施工成本控制目标的实现。其步骤如下：

1. 比较

按照某种确定的方式将施工成本计划值与实际值逐项进行比较，以发现施工成本是否已超支。

2. 分析

在比较的基础上，对比较的结果进行分析，以确定偏差的严重性及偏差产生的原因。这一步是施工成本控制工作的核心，其主要目的在于找出产生偏差的原因，从而采取有针对性的措施，减少或避免相同原因的再次发生或减少由此造成的损失。

3. 预测

按照完成情况估计完成项目所需的总费用。

4. 纠偏

当工程项目的实际施工成本出现了偏差，应当根据工程的具体情况、偏差分析和预测的结果，采取适当的措施，以期达到使施工成本偏差尽可能小的目的。纠偏是施工成本控制中最具实质性的一步。只有通过纠偏，才能最终达到有效控制施工成本的目的。对偏差原因进行分析的目的是为了有针对性地采取纠偏措施，从而实现成本的动态控制和主动控制。纠偏首先要确定纠偏的主要对象，偏差原因有些是无法避免和控制的，如客观原因，充其量只能对其中少数原因做到防患于未然，力求减少该原因所产生的经济损失。在确定了纠偏的主要对象之后，就需要采取有针对性的纠偏措施。纠偏可采用组织措施、经济措施、技术措施和合同措施等。

5. 检查

它是指对工程的进展进行跟踪和检查，及时了解工程进展状况以及纠偏措施的执行情况和效果，为今后的工作积累经验。

7.3.3　施工成本控制的方法

7.3.3.1　施工成本的过程控制方法

施工阶段是控制建设工程项目成本发生的主要阶段，它通过确定成本目标并按计划成本进行施工资源配置，对施工现场发生的各种成本费用进行有效控制，其具体的控制方法如下：

1. 人工费的控制

人工费的控制实行"量价分离"的方法，将作业用工及零星用工按定额工日的一定比例综合确定用工数量与单价，通过劳务合同进行控制。

2. 材料费的控制

材料费控制同样按照"量价分离"原则，控制材料用量和材料价格。

(1) 材料用量的控制

在保证符合设计要求和质量标准的前提下，合理使用材料，通过定额管理、计量管理等手段有效控制材料物资的消耗，具体方法如下：

1) 定额控制。对于有消耗定额的材料，以消耗定额为依据，实行限额发料制度。在规定限额内分期分批领用，超过限额领用的材料，必须先查明原因，经过一定审批手续方可领料。

2) 指标控制。对于没有消耗定额的材料，则实行计划管理和按指标控制的办法。根据以往项目的实际耗用情况，结合具体施工项目的内容和要求，制定领用材料指标，据以控制发料。超过指标的材料，必须经过一定的审批手续方可领用。

3) 计量控制。准确做好材料物资的收发计量检查和投料计量检查。

4) 包干控制。在材料使用过程中，对部分小型及零星材料（如钢钉、钢丝等）根据工程量计算出所需材料量，将其折算成费用，由作业者包干控制。

(2) 材料价格的控制

材料价格主要由材料采购部门控制。由于材料价格是由买价、运杂费、运输中的合理损耗等所组成，因此控制材料价格主要是通过掌握市场信息，应用招标和询价等方式控制材料、设备的采购价格。

3. 施工机械使用费的控制

合理选择施工机械设备，合理使用施工机械设备对成本控制具有十分重要的意义，尤其是高层建筑施工。由于不同的起重运输机械各有不同的用途和特点，因此在选择起重运输机械时，首先应根据工程特点和施工条件确定采取何种不同起重运输机械的组合方式。在确定采用何种组合方式时，首先应满足施工需要，同时还要考虑到费用的高低和综合经济效益。

施工机械使用费主要由台班数量和台班单价两方面决定，为有效控制施工机械使用费支出，主要从以下几个方面进行控制：

(1) 合理安排施工生产，加强设备租赁计划管理，减少因安排不当引起的设备闲置；

(2) 加强机械设备的调度工作，尽量避免窝工，提高现场设备利用率；

(3) 加强现场设备的维修保养，避免因不正当使用造成机械设备的停置；

(4) 做好机上人员与辅助生产人员的协调与配合，提高施工机械台班产量。

4. 施工分包费用的控制

分包工程价格的高低，必然对项目经理部的施工项目成本产生一定的影响。因此，施工项目成本控制的重要工作之一是对分包价格的控制。项目经理部应在确定施工方案的初期就要确定需要分包的工程范围。决定分包范围的因素主要是施工项目的专业性和项目规模。对分包费用的控制，主要是要做好分包工程的询价、订立平等互利的分包合同、建立稳定的分包关系网络、加强施工验收和分包结算等工作。

7.3.3.2 用赢得值法控制成本

赢得值法作为一项先进的项目管理技术，最初是美国国防部于 1967 年首次确立的。到目前为止国际上先进的工程公司已普遍采用赢得值法进行工程项目的费用、进度综合分析控制。用赢得值法进行费用、进度综合分析控制，基本参数有三项，即已完工作预算费用、计划工作预算费用和已完工作实际费用。

1. 赢得值法的三个基本参数

(1) 已完工作预算费用

已完工作预算费用为 BCWP (Budgeted Cost for Work Performed)，是指在某一时间已经完成的工作（或部分工作），以批准认可的预算为标准所需要的资金总额，由于业主正是根据这个值为承包人完成的工作量支付相应的费用，也就是承包人获得（挣得）的金额，故称赢得值或挣值。

$$已完工作预算费用 (BCWP) =已完成工作量×预算单价$$

(2) 计划工作预算费用

计划工作预算费用，简称 $BCWS$ (Budgeted Cost for Work Scheduled)，即根据进度计划，在某一时刻应当完成的工作（或部分工作），以预算为标准所需要的资金总额，一般来说，除非合同有变更，$BCWS$ 在工程实施过程中应保持不变。

$$计划工作预算费用 (BCWS) =计划工作量×预算单价$$

(3) 已完工作实际费用

已完工作实际费用，简称 $ACWP$ (Actual Cost for Work Performed)，即到某一时刻为止，已完成的工作（或部分工作）所实际花费的总金额。

$$已完工作实际费用 (ACWP) =已完成工作量×实际单价$$

2. 赢得值法的四个评价指标

在这三个基本参数的基础上，可以确定赢得值法的四个评价指标，它们也都是时间的函数。

(1) 费用偏差 CV

费用偏差（CV）＝已完工作预算费用（BCWP）—已完工作实际费用（ACWP）

当费用偏差（CV）为负值时，即表示项目运行超出预算费用；当费用偏差（CV）为正值时，表示项目运行节支，实际费用没有超出预算费用。

（2）进度偏差 SV

进度偏差（SV）＝已完工作预算费用（BCWP）—计划工作预算费用（BCWS）

当进度偏差（SV）为负值时，表示进度延误，即实际进度落后于计划进度；当进度偏差（SV）为正值时，表示进度提前，即实际进度快于计划进度。

（3）费用绩效指数（CPI）

费用绩效指数（CPI）＝已完工作预算费用（BCWP）/已完工作实际费用（ACWP）

当费用绩效指数 $CPI < 1$ 时，表示超支，即实际费用高于预算费用；

当费用绩效指数 $CPI > 1$ 时，表示节支，即实际费用低于预算费用。

（4）进度绩效指数（SPI）

进度绩效指数（SPI）＝已完工作预算费用（BCWP）/计划工作预算费用（BCWS）

当进度绩效指数 $SPI < 1$ 时，表示进度延误，即实际进度比计划进度拖后；

当进度绩效指数 $SPI > 1$ 时，表示进度提前，即实际进度比计划进度快。

提示： 费用（进度）偏差反映的是绝对偏差，结果很直观，有助于费用管理人员了解项目费用出现偏差的绝对数额，并依此采取一定措施，制定或调整费用支出计划和资金筹措计划。但是，绝对偏差有其不容忽视的局限性。如同样是 10 万元的费用偏差，对于总费用 1000 万元的项目和总费用 1 亿元的项目而言，其严重性显然是不同的。因此，费用（进度）偏差仅适合于对同一项目作偏差分析。费用（进度）绩效指数反映的是相对偏差，它不受项目层次的限制，也不受项目实施时间的限制，因而在同一项目和不同项目比较中均可采用。

在实际执行过程中，最理想的状态是已完工作实际费用（ACWP）、计划工作预算费用（BCWS）、已完工作预算费用（BCWP）三条曲线靠得很近、平稳上升，表示项目按预定计划目标进行。如果三条曲线离散度不断增加，则预示可能发生关系到项目成败的重大问题。

【案例 7-1】 某建筑工程通过公开招标中标某商务中心工程。合同工期 10 个月，合同总价 4000 万元。项目经理部在第十个月时对该工程前 9 个月费用情况进行了统计检查，有关情况见表 7-4。

问题：

（1）计算各月的 BCWP 及 9 个月的 BCWP。

（2）计算 9 个月累计的 BCWS、ACWP。

（3）计算 9 个月的 CV 与 SV，并分析成本和进度状况。

（4）计算 9 个月的 CPI、SPI，并分析成本和进度状况。

检查记录表　　　　　　　　　　　　表7-4

月　份	计划完成工作预算费用（万元）	已完成工作量（%）	实际发生费用（万元）
1	220	100	215
2	300	100	290
3	350	95	335
4	500	100	500
5	660	105	680
6	520	110	565
7	480	100	470
8	360	105	370
9	320	100	310

解：（1）计算结果见表7-5。

结果分析表　　　　　　　　　　表7-5

月　份	计划完成工作预算费用（万元）	已完成工作量（%）	实际发生费用（万元）	已完成工作预算费用（万元）
1	220	100	215	220
2	300	100	290	300
3	350	95	335	332.5
4	500	100	500	500
5	660	105	680	693
6	520	110	565	572
7	480	100	470	480
8	360	105	370	378
9	320	100	310	320
合计	3710		3735	3795.5

（2）9个月累计的BCWS为3710万元，ACWP为3735万元。

（3）9个月的CV与SV

费用偏差 $CV = BCWP - ACWP = 3795.5 - 3735 = 60.5$ 万元，由于CV为正，说明费用节支。

进度偏差 $SV = BCWP - BCWS = 3795.5 - 3710 = 85.5$ 万元，由于SV为正，说明进度提前。

（4）9个月的CPI、SPI

费用绩效系数 $CPI = BCWP / ACWP = 3795.5 / 3735 = 1.016$，由于CPI大于1，说明费用节支。

进度绩效系数 $SPI = BCWP / BCWS = 3795.5 / 3710 = 1.023$，由于SPI大于1，说

明进度提前。

3. 偏差分析的方法

偏差分析可采用不同的方法，常用的有横道图法、表格法和曲线法。

(1) 横道图法

用横道图法进行费用偏差分析，是用不同的横道标识已完工作预算费用（BC-WP）、计划工作预算费用（BCWS）和已完工作实际费用（ACWP），横道的长度与其金额成正比，见图 7-7。

图 7-7　横道图法的费用偏差分析

横道图法具有形象、直观、一目了然等优点，它能够准确表达出费用的绝对偏差，而且能一眼感受到偏差的严重性。但这种方法反映的信息量少，一般在项目的较高管理层应用。

(2) 表格法

表格法是进行偏差分析最常用的一种方法。它将项目编号、名称、各费用参数以及费用偏差数综合归纳入一张表格中，并且直接在表格中进行比较。由于各偏差参数都在表中列出，使得费用管理者能够综合地了解并处理这些数据。

用表格法进行偏差分析具有如下优点：

1）灵活、适用性强。可根据实际需要设计表格，进行增减。

2）信息量大。可以反映偏差分析所需的资料，从而有利于费用控制人员及时采取针对性措施，加强控制。

3）表格处理可借助于计算机，从而节约大量数据处理所需的人力，并大大提高速度。

（3）曲线法

在项目实施过程中，BCWS、BCWP、ACWP 三条曲线绘制在一个坐标系中，参用赢得值法进行费用、进度综合控制，还可以根据当前进度，费用偏差情况，通过原因分析值对趋势进行预测项目进度、费用情况。如图 7-8 所示。

图 7-8　赢得值法评价曲线

4. 偏差原因分析与纠偏措施

（1）偏差原因分析

偏差分析的一个重要目的就是要找出引起偏差的原因，从而采取有针对性的措施，减少或避免相同原因的再次发生。在进行偏差原因分析时，首先应当将已经导致和可能导致偏差的各种原因逐一列举出来。导致不同工程项目产生费用偏差的原因具有一定共性，因而可以通过对已建项目的费用偏差原因进行归纳、总结，为该项目采用预防措施提供依据。一般来说，产生费用偏差的原因有以下几种，如图 7-9 所示。

（2）纠偏措施

通常要压缩已经超支的费用，而不损害其他目标是十分困难的，一般只有当给出的措施比原计划已选定的措施更为有利，或使工程范围减少，或生产效率提高，成本才能降低，例如：

1）寻找新的、更好更省的、效率更高的设计方案；

2）购买部分产品，而不是采用完全由自己生产的产品；

3）重新选择供应商，但会产生供应风险，选择需要时间；

图 7-9　费用偏差原因

4）改变实施过程；

5）变更工程范围；

6）索赔，例如向业主、承（分）包商、供应商索赔以弥补费用超支。

7.3.3.3　用价值工程原理控制工程成本

1. 用价值工程控制成本的原理

$$V = F/C \tag{7-2}$$

式中　V——价值（Value）；

　　　F——功能（Function）；

　　　C——成本（Cost）。

按价值工程的公式分析，提高价值的途径有 5 条：

（1）功能提高，成本不变。

（2）功能不变，成本降低。

（3）功能提高，成本降低。

（4）降低辅助功能，大幅度降低成本。

（5）成本稍有提高，大大提高功能。

其中（1）、（3）、（4）条途径是提高价值，同时也降低成本的途径。应当选择价值系数低，降低成本潜力大的工程作为价值工程的对象，寻求对成本的有效降低。

2. 价值分析的对象

（1）选择数量大，应用面广的构配件。

（2）选择成本高的工程和构配件。

（3）选择结构复杂的工程和配件。

（4）选择体积与重量大的工程和构配件。

（5）选择对产品功能提高起关键作用的构配件。

（6）选择在使用中维修费用高、耗能量大或使用期的总费用较大的工程和构配件。

（7）选择畅销产品，以保持优势，提高竞争力。

（8）选择在施工（生产）中容易保证质量的工程和构配件。

（9）选择施工（生产）难度大、多花费材料和工时的工程和构配件。

（10）选择可利用新材料、新设备、新工艺、新结构及科研上已有先进成果的工程和构配件。

【案例 7-2】 某施工单位承接了某项工程的总包施工任务，该工程由 A、B、C、D 四项工作组成，施工场地狭小。为了进行成本控制，项目经理部对各项工作进行了分析，其结果见表 7-6。

某项目价值评分表 　　　　　　　表 7-6

工作	功能评分	预算成本（万元）
A	15	650
B	35	1200
C	30	1030
D	20	720
合计	100	3600

问题：（1）计算表 7-7 中 A、B、C、D 四项工作的评价系数、成本系数和价值系数。

某项目价值评分表 　　　　　　　表 7-7

工作	功能评分	预算成本（万元）	评价（功能）系数	成本系数	价值系数
A	15	650			
B	35	1200			
C	30	1030			
D	20	720			
合计	100	3600			

（2）A、B、C、D 四项工作中，施工单位应首选哪项工作作为降低成本的对象？说明理由。

解：（1）评价系数、成本系数和价值系数计算见表 7-8。

某项目价值评分表 　　　　　　　表 7-8

工作	功能评分	预算成本（万元）	评价（功能）系数	成本系数	价值系数
A	15	650	0.15	0.18	0.83
B	35	1200	0.35	0.33	1.06
C	30	1030	0.30	0.29	1.03
D	20	720	0.20	0.20	1.00
合计	100	3600	1.00	1.00	

（2）施工单位应首选 A 工作作为降低成本的对象，因为 A 工作价值系数低，降低成本潜力大。

7.3.4 施工成本核算

施工项目成本核算在施工项目成本管理中的重要性体现在两个方面：一方面它是

施工项目进行成本预测，制订成本计划和实行成本控制所需信息的重要来源；另一方面它又是施工项目进行成本分析和成本考核的基本依据。施工项目成本核算是施工项目成本管理中最基本的职能，离开了成本核算，就谈不上成本管理，也就谈不上其他职能的发挥。

1. 施工成本核算对象的划分

成本核算对象，是指在计算工程成本中，确定归集和分配生产费用的具体对象，即生产费用承担的客体。一般来说有以下几种划分方法：

(1) 一个单位工程由几个施工单位共同施工时，各施工单位都应以同一单位工程为成本核算对象，各自核算自行完成的部分。

(2) 规模大、工期长的单位工程，可以将工程划分为若干部位，以分部位的工程作为成本核算对象。

(3) 同一建设项目，由同一施工单位施工，并在同一施工地点，属同一结构类型，开竣工时间相近的若干单位工程，可以合并作为一个成本核算对象。

(4) 改建、扩建的零星工程，可以将开竣工时间相接近，属于同一建设项目的各个单位工程合并作为一个成本核算对象。

(5) 土石方工程、打桩工程，可以根据实际情况和管理需要，以一个单项工程为成本核算对象，或将同一施工地点的若干个工程量较少的单项工程合并作为一个成本核算对象。

2. 施工成本核算的内容

人工费、材料费、周转材料费、结构构件费、机械使用费和其他措施费和分包工程费等。

3. 施工成本核算的要求

(1) 每一个月为一个核算期，在月末进行。

(2) 采取会计核算、统计核算、业务核算"三算结合"的方法。

(3) 在核算中做好实际成本与责任目标成本的对比分析、实际成本与计划成本对比分析。

(4) 核算对象按单位工程划分，并与责任目标成本的界定范围相一致。

(5) 坚持形象进度、施工产值统计、实际成本归集"三同步"。形象进度表达的工程量、统计施工产值的工程量和实际成本归集所依据的工程量均应是相同的数值。

(6) 编制月度项目成本报告上报企业，以接受指导、检查和考核。具体内容如下：

1) 人工费周报表

人工费用报表应该每周编制一份。项目经理部必须掌握人工费用的详细情况，了解该周某工程施工中的每个分项工程的人工单位成本和总成本，以及与之对应的预算数据。有了这些资料，就不难发现哪些分项工程的单位成本或总成本与预算存在差异，从而进一步找出症结所在。

2）工程成本月报表

工程成本月报表包括工程的全部费用，是针对每一个施工项目设立的。该报表的资料数据很多都来自工程成本分类账。工程成本月报表有助于项目经理评价本工程中各个分项工程的成本支出情况。

3）工程成本分析月报表

工程成本分析月报表将施工项目的分部分项工程成本资料和结算资料汇于一表，使得项目经理能够纵观全局。该报表一月一编报，也可以一季编报一次。工程成本分析月报表的资料来源于施工项目的成本日记账、成本分类账及应收账款分类账，起到报告工程成本现状的作用。

（7）每月末预测后期成本的变化趋势和状况，制定改善成本控制的措施。

（8）搞好施工产值和实际成本的归集。包括月工程结算收入，人工、材料、机械费及现场管理费等。

学习单元 4　施工成本分析与成本考核

7.4.1　施工成本分析依据

施工项目的成本分析，就是根据统计核算、业务核算和会计核算提供的资料，对项目成本的形成过程和影响成本升降的因素进行分析，以寻求进一步降低成本的途径（包括项目成本中的有利偏差的挖潜和不利偏差的纠正）；另一方面，通过成本分析，可从账簿、报表反映的成本现象看清成本的实质，从而增强项目成本的透明度和可控性，为加强成本控制，实现项目成本目标创造条件。由此可见，施工项目成本分析，也是降低成本，提高项目经济效益的重要手段之一。

施工项目成本分析，应该随着项目施工的进展，动态地、多形式地开展，而且要与生产诸要素的经营管理相结合。

1. 会计核算

会计核算主要是价值核算。会计是对一定单位的经济业务进行计量、记录、分析和检查，做出预测，参与决策，实行监督，旨在实现最优经济效益的一种管理活动。它通过设置账户、复式记账、填制和审核凭证、登记账簿、成本计算、财产清查和编制会计报表等一系列有组织、有系统的方法，来记录企业的一切生产经营活动，然后据以提出一些用货币来反映的有关各种综合性经济指标的数据。资产、负债、所有者权益、营业收入、成本和利润等会计六要素指标，是施工成本分析的主要依据。

2. 业务核算

业务核算是各业务部门以业务工作的需要而建立的核算制度，它包括原始记录和计算登记表，如单位工程及分部分项工程进度登记，质量登记，工效、定额计算登记，物资消耗定额记录，测试记录等。业务核算的范围比会计、统计核算还要广，因为前两种一般是对已经发生的经济活动根据原始记录进行核算，而业务核算，不但可以对已经发生的，而且还可以对尚未发生或正在发生的经济活动进行核算，判断是否可做，是否有经济效果。它的特点是对个别的经济业务进行单项核算，例如各种技术措施、新工艺等项目。业务核算的目的，在于迅速取得资料，在经济活动中及时采取措施进行调整。

3. 统计核算

统计核算是利用业务核算资料，会计核算资料，把企业生产经营活动客观现状的大量数据表现，按统计方法加以系统整理，表明其规律性。它的计量尺度比会计宽，可以用货币计算，也可以用实物或劳动量计量。它通过全面调查和抽样调查等特有的方法，不仅能提供绝对数指标，还能提供相对数和平均数指标，可以计算当前的实际水平，确定变动速度，可以预测发展的趋势。

提示： 通过会计核算，统计核算和业务核算三种方法，达到对施工企业经济活动的各种指标进行分行和综合核算的目的。形成三条线进行核算的工作格局，即以生产经营部门为核心的计划与统计核算，以财务部门为核心的会计核算，以技术部门为核心的业务技术核算线。在这一系列活动中，努力创造一种对施工企业生产经营活动的全过程，在企业一切部门中，对一切人员的全部经济活动，进行全面的核算。

7.4.2　成本分析的方法

7.4.2.1　成本分析的基本方法

成本分析的基本方法包括比较法、因素分析法、差额计算法和比率法4种。

1. 比较法

比较法的应用，通常有下列形式：

(1) 将实际指标与计划指标对比，以检查计划的完成情况，分析完成计划的积极因素和影响计划完成的原因，以便及时采取措施，保证成本目标的实现。

(2) 本期实际指标与上期实际指标对比。通过这种对比，可以看出各项技术经济指标的动态情况，反映施工项目管理水平的提高程度。

(3) 与本行业平均水平、先进水平对比。通过这种对比，可以反映本项目的技术管理和经济管理与其他项目的平均水平和先进水平的差距，进而采取措施赶超先进水平。

以上三种对比，可以在一张表上同时反映。

2. 因素分析法

因素分析法，又称连环替代法。这种方法，可用来分析各种因素对成本形成的影响程度。在进行分析时，首先要假定众多因素中的一个因素发生了变化，而其他因素则不变，然后逐个替换，并分别比较其计算结果，以确定各个因素的变化对成本的影响程度。

因素分析法的计算步骤如下：

（1）确定分析对象即所分析的技术经济指标，并计算出实际值与计划值之间的差异；

（2）确定该指标是由哪几个因素组成的，并按其相互关系进行排序；

（3）以计划预算数为基础，将各因素的计划预算数相乘，作为分析替代的基数；

（4）将各个因素的实际数按照上面的排列顺序进行替换计算，并将替换后的实际数保留下来；

（5）将每次替换计算所得的结果，与前一次的计算结果相比较，两者的差异即为该因素对成本的影响程度；

（6）各个因素的影响程度之和，应与分析对象的总差异相等。

提示： 在应用"因素分析法"时，各个因素的排列顺序应该固定不变。否则，就会得出不同的计算结果，也会产生不同的结论。排序规则一般是先实物量，后价值量；先绝对值，后相对值。

【案例7-3】 某种工程材料目标成为128万元，实际成本为143.22万元，比目标成本增加15.22万元，资料见表7-9。分析成本增加的原因。

材料成本情况表   表 7-9

项　目	单　位	计　划	实　际	差　异	差异率（%）
工程量	m³	100	110	+10	+10.0
单位材料耗量	kg	320	310	−10	−3.11
材料单价	元/kg	40	42	+2	+5
材料成本	元	1280000	1432200	+152200	+11.89

解：

（1）分析对象某工程材料的成本，实际成本与目标成本的实际差额为15.22万元，该指标是由工程量、单位材料损耗量、材料单价组成的，排序见表7-9。

（2）以目标数1280000元（=100×320×40）为分析替代的基础，具体计算见表7-10。

某工程材料成本影响因素分析法   表 7-10

计算顺序	替换因素	影响成本的变动因素			成本（元）	与前一次之差异（元）	差异原因
		工程量（m³）	单位材料耗量（kg）	单价（元）			
①替换基数		100	320	40	1280000		

续表

计算顺序	替换因素	影响成本的变动因素			成本（元）	与前一次之差异（元）	差异原因
		工程量（m³）	单位材料耗量（kg）	单价（元）			
②一次替换	工程量	110	320	40	1408000	128000	工程量增加
③二次替换	单耗量	110	310	40	1364000	−44000	单位耗量节约
④三次替换	单价	110	310	42	1432200	68200	单价提高
合　计						152200	

3. 差额计算法

差额计算法是因素分析法的一种简化形式，它利用各个因素的计划与实际的差额来计算其对成本的影响程度。

【案例 7-4】背景同上例，应用差额计算法分析成本增加的原因。

解：用于工程量增加时成本增加：

$$(110-100)\times320\times40=128000 \text{ 元}$$

由于单位损耗量节约使成本降低：

$$(310-320)\times110\times40=-44000 \text{ 元}$$

由于单价提高使成本增加：

$$(42-40)\times110\times310=68200 \text{ 元}$$

4. 比率法

比率法是指用两个以上的指标的比例进行分析的方法。它的基本特点是：先把对比分析的数值变成相对数，再观察其相互之间的关系。常用的比率法有以相关比率、构成比率和动态比率法。

7.4.2.2 项目成本偏差的数量分析

工程成本偏差的数量分析，就是对工程项目施工成本偏差进行分析，从承包成本、计划成本和实际成本的相互对比中找差距、找原因，从而推动工程成本分析，促进成本管理，提高成本降低水平。

$$计划偏差＝承包成本－计划成本$$

$$实际偏差＝计划成本－实际成本$$

这里的承包成本可分别指施工图承包成本、投标书合同承包成本和项目管理责任目标成本三个层次的预算成本。计划成本是指现场目标成本，即施工预算。承包成本与计划成本的计划偏差反映了计划成本与社会平均成本的差异、计划成本与竞争性标价成本的差异以及划成本与企业预期目标成本的差异。

实际偏差即计划成本与实际成本相比较的差额,反映施工项目成本控制的业绩,也是反映和考核项目成本控制水平的依据。分析实际偏差的目的在于检查计划成本的执行情况。实际偏差的反映计划成本控制中存在的缺点和问题,可以据此挖掘成本控制的潜力,缩小和纠正目标偏差,保证计划成本的实现。

1. 人工费偏差分析

人工费偏差分析包括人工费量差与人工费价差,其计算公式如下:

人工费量差=(定额工日数-实际工日数)×预算人工单价

人工费价差=实际耗用工日数×(预算人工单价-实际人工单价)

实行项目管理以后,工程施工的用工一般采用发包形式,其特点是:

(1)按承包的实物工程量和预算定额计算定额人工,作为计算劳务费用的基础。

(2)人工费单价由承发包双方协商确定,一般按技工和普工或技术等级分别规定工资单价。

(3)定额人工以外的估点工,有的按定额人工的一定比例一次包死,有的按实计算;估点工单价由双方协商确定。

(4)对在进度、质量上做出特殊贡献的班组和个人,进行随机奖励,由项目经理根据实际情况具体掌握。

2. 材料费分析

材料费包括主要材料费、结构件费和周转材料费。由于主要材料是采购来的,结构件是委托加工的,周转材料是租来的,情况各不相同,因而需要采取不同的分析方法。

(1)主要材料费的分析

量差对材料费影响的计算公式为:(定额用量-实际用量)×市场指导价;

价差对材料费影响的计算公式为:(市场指导价-实际采购价)×消耗数量。

1)材料采购价格分析:材料采购价格是决定材料采购成本和材料费升降的重要因素。分析材料采购获利情况的计算公式如下:

$$材料采购收益=(市场指导价-实际采购价)×采购数量$$

2)材料采购管理费分析:材料采购保管费也是材料采购成本的组成部分。一般情况下,材料采购保管费与材料采购数量同步增减,即材料采购数量越多,材料采购保管费也越多。材料采购保管费支用率的计算公式如下:

材料采购保管费支用率=(计算期实际发生的材料采购保管费/计算期实际采购的材料总值)×100%

3)材料计量验收分析:材料进场(入库),需要计量验收。在计量验收中,有可能发生数量不足或质量、规格不符合要求等情况。要分析因数量不足和质量、规格不符合要求对成本的影响。

4)材料消耗分析:材料消耗包括材料的生产耗用、操作损耗、管理损耗和盘盈盘亏,是构成材料费的主要因素。

5）现场材料管理效益分析：现场的工程材料要按照平面布置的规定堆放有序，防止材料浪费与丢失。

6）储备资金分析：根据施工需要合理储备材料，减少资金占用，减少利息支出。

（2）结构件分析

结构件的分析，主要有以下方面：

1）结构件损耗分析：包括结构件的运输损耗、堆放损耗、操作损耗等的分析。

2）结构件规格串换分析：包括钢筋规格串换分析，设计变更等原因造成某些构件规格（型号）发生变化的分析，由于自身原因造成的加工规格与实际规格不符（包括加工数量超过实际需要）的分析等。

（3）周转材料分析

周转材料分析的主要内容是：周转材料的周转利用率和周转材料的赔损率。

1）周转材料的周转利用率分析：周转材料的特点是在施工中反复周转使用，周转次数越多，利用效率越高，经济效益也越好。对周转材料的租用单位来说，周转利用率是影响周转材料使用费的直接因素。

2）周转材料赔损率分析：周转材料的缺损要按原价赔偿，对企业经济效益影响很大。周转材料赔损率的计算公式为：

$$周转材料率 = \frac{进场数 - 退出数}{进场数} \times 100\%$$

3）机械使用费分析

影响机械使用费的主要因素是机械利用率；造成机械利用率不高的因素，则是机械调度不当和机械完好率不高。因此，在机械设备的使用过程中，必须充分发挥机械的效用，加强机械设备的平衡调度，做好机械设备平时的维修保养工作，提高机械的完好率，保证机械的正常运转。

（4）企业管理费分析

企业管理费就是施工项目经理部为管理施工而发生的现场经费。进行企业管理费分析需要应用计划与实际对比的方法。在具体核算中，如果是以单位工程作为成本核算对象的群体工程项目，应将所发生的企业管理费采取"先集合、后分配"的方法，合理分配给有关单位工程。

7.4.3　施工项目的成本考核

施工项目成本考核的目的，在于贯彻落实责权利相结合的原则，促进成本管理工作的健康发展，更好地完成施工项目的成本目标。

项目成本管理是一个系统工程，而成本考核则是系统的最后一个环节。如果对成本考核工作抓得不紧，或者不按正常的工作要求进行考核，前面的成本预测、成本控制、成本核算、成本分析都将得不到及时正确的评价。施工项目的成本考核，特别要强调施工过程中的中间考核。

施工项目的成本考核，可以分为两个层次：一是企业对项目经理的考核；二是项目经理对所属部门、施工队和班组的考核（对班组的考核，平时以施工队为主）。通过以上的层层考核，督促项目经理、责任部门和责任者更好地完成自己的责任成本，从而形成实现项目成本目标的层层保证体系。

1. 施工项目成本考核的要求

（1）企业对施工项目经理部进行考核时，应以确定的责任目标成本为依据。

（2）项目经理部应以控制过程的考核为重点，控制过程的考核应与竣工考核相结合。

（3）各级成本考核应与进度、质量、安全等指标完成情况相联系。

（4）项目成本考核的结果应形成文件，为奖惩责任人提供依据。

2. 施工项目成本考核的实施

（1）施工项目的成本考核采取评分制

具体方法为先按考核内容评分，然后按七与三的比例加权平均。即：责任成本完成情况的评分为七，成本管理工作业绩的评分三。这是一个假设的比例，施工项目可以根据自己的具体情况进行调整。

（2）施工项目的成本考核要与相关指标的完成情况相结合

具体方法为成本考核的评分是奖罚的依据，相关指标的完成情况为奖罚的条件。也就是在根据评分计奖的同时，还要参考相关指标的完成情况加奖或扣罚。

3. 强调项目成本的中间考核

项目成本的中间考核，可从两方面考虑：

（1）月度成本考核。一般是在月度成本报表编制以后，根据月度成本报表的内容进行考核。

（2）阶段成本考核。项目的施工阶段，一般可分为基础、结构、装饰、总体等四个阶段。如果是高层建筑，可对结构阶段的成本进行分层考核。

4. 正确考核施工项目的竣工成本

施工项目的竣工成本，是在工程竣工和工程款结算的基础上编制的，它是竣工成本考核的依据。

工程竣工，表示项目建设已经全部完成，并已具备交付使用的条件，竣工成本是项目经济效益的最终反映。它既是上缴利税的依据，又是进行职工分配的依据。由于施工项目的竣工成本关系到国家、企业、职工的利益，必须做到核算正确，考核正确。

5. 施工项目成本的奖罚

施工项目的成本考核，如上所述，可分为月度考核、阶段考核和竣工考核三种。对成本完成情况的经济奖罚，也应分别在上述三种成本考核的基础上立即兑现，不能只考核不奖罚，或者考核后拖了很久才奖罚。

施工项目成本奖罚的标准，应通过经济合同的形式明确规定。这就是说，经济合同规定的奖罚标准具有法律效力，任何人都无权中途变更，或者拒不执行。另一方面，通过经济合同明确奖罚标准以后，职工群众就有了争取目标，因而也会在实现项目成本目标中发挥更积极的作用。

在确定施工项目成本奖罚标准的时候，必须从本项目的客观情况出发，既要考虑职工的利益，又要考虑项目成本的承受能力。

此外，企业领导和项目经理还可对完成项目成本目标有突出贡献的部门、施工队、班组和个人进行随机奖励。这是项目成本奖励的另一种形式，不属于上述成本奖罚范围。而这种奖励形式，往往能起到立竿见影的效用。

学习单元 5　建筑安装工程费用结算

7.5.1　工程变更价款的确定方法

由于工程建设的周期长，涉及的经济关系和法律关系复杂，受自然条件和客观因素的影响大，导致项目的实际情况与项目招投标时的情况相比会发生一些变化。工程变更是指合同工程实施过程中由发包人提出或由承包人提出经发包人批准工程任何一项工作的增、减、取消或施工工艺、顺序、时间的改变；设计图纸的修改；工程条件的改变；招标工程量清单的错、漏从而引起合同条件的改变或工程量的增减变化。所有这些都可能使项目成本超出原来的承包成本，需要重新调整合同价款，根据《建设工程施工合同（示范文本）》GF—2013—0201 规定调整方法如下。

1. 分部分项工程费的调整

工程变更引起已标价工程量清单项目或其工程数量发生变化，应按照下列规定调整：

（1）已标价工程量清单中有适用于变更工程项目的，采用该项目的单价；但当工程变更导致该清单项目的工程数量发生变化，且工程量偏差超过 15%，此时，调整的原则为：当工程量增加 15% 以上时，其增加部分的工程量的综合单价应予调低；当工程量减少 15% 以上时，减少后剩余部分的工程量的综合单价应予调高。

（2）已标价工程量清单中没有适用、但有类似于变更工程项目的，可在合理范围内参照类似项目的单价。

（3）已标价工程量清单中没有适用也没有类似于变更工程项目的，由承包人根据变更工程资料、计量规则和计价办法、工程造价管理机构发布的信息价格和承包人报价浮动率提出变更工程项目的单价，报发包人确认后调整。承包人报价浮动率可按下列公式计算：

招标工程：承包人报价浮动率 $L=(1-$ 中标价 $/$ 招标控制价 $)\times100\%$

非招标工程：承包人报价浮动率 $L=(1-$ 报价值 $/$ 施工图预算 $)\times100\%$

（4）已标价工程量清单中没有适用也没有类似于变更工程项目，且工程造价管理机构发布的信息价格缺价的，由承包人根据变更工程资料、计量规则、计价办法和通过市场调查等取得有合法依据的市场价格提出变更工程项目的单价，报发包人确认后调整。

2. 措施项目费的调整

工程变更引起施工方案改变，并使措施项目发生变化的，承包人提出调整措施项目费的，应事先将拟实施的方案提交发包人确认，并详细说明与原方案措施项目相比的变化情况。拟实施的方案经发承包双方确认后执行，并应按照下列规定调整措施项目费：

（1）安全文明施工费按照实际发生变化的措施项目调整，不得浮动。

（2）采用单价计算的措施项目费，按照实际发生变化的措施项目按照前述已标价工程量清单项目的规定确定单价。

（3）按总价（或系数）计算的措施项目费，按照实际发生变化的措施项目调整，但应考虑承包人报价浮动因素，即调整金额按照实际调整金额乘以承包人报价浮动率（算法同上）计算。

如果承包人未事先将拟实施的方案提交给发包人确认，则视为工程变更不引起措施项目费的调整或承包人放弃调整措施项目费的权利。

3. 承包人报价偏差的调整

如果工程变更项目出现承包人在工程量清单中填报的综合单价与发包人招标控制价相应清单项目的综合单价偏差超过 15%，则工程变更项目的综合单价可由发承包双方协商调整。

4. 删减工程或工作的补偿

如果发包人提出的工程变更，因非承包人原因删减了合同中的某项原定工作或工程，致使承包人发生的费用或（和）得到的收益不能被包括在其他已支付或应支付的项目中，也未被包含在任何替代的工作或工程中，则承包人有权提出并得到合理的费用及利润补偿。

【案例 7-5】 某独立混凝土工程，招标文件中估计混凝土工程量为 5000m³，合同中规定：混凝土工程单价为 310 元 /m³，当实际工程量超过估计工程量 15% 时，调整单价调为 305 元 /m³。工程结束时实际完成混凝土工程量为 6000m³，则混凝土工程款为多少元？

解： 合同约定范围内（15% 以内）的工程款为：

$$5000\times(1+15\%)\times310=5750\times310=1782500 \text{ 元}$$

超过 15% 之后部分工程量的工程款为：

$$（6000-5750）×305＝76250 \text{ 万元}$$

则混凝土工程款合计＝1782500＋76250＝1858750 万元

7.5.2　建筑安装工程费用的结算

7.5.2.1　建筑安装工程费用的主要结算方法

合同价款的结算，是指发包人在工程实施过程中，依据合同中相关付款条款的规定已完成的工程量，按照规定的程序向承包人支付合同价款的一项经济活动。合同价款的结算主要有以下几种方式：

（1）按月结算。即先预付部分工程款，在施工过程中按月结算工程进度款，竣工后进行清算的办法。单价合同常采用按月结算的方式。

（2）分段结算。即按照工程的形象进度，划分不同阶段进行结算。形象进度一般划分：基础±0.000 以上的主体结构、装修、室外及收尾等。分段结算可以按月预支工程款。

（3）竣工后一次结算。建设项目或单项工程全部建筑安装工程建设期在 12 个月以内，或者工程承包合同价值在 100 万元以下的，可以实行开工前预付一定的预付款或加上工程款每月预支，竣工后一次结算的方式。

（4）结算双方约定的其他结算方式。

7.5.2.2　建筑安装工程费用的期中支付

1. 工程预付款

预付款是发包人为帮助承包人解决施工准备阶段的资金周转问题而提前支付的一笔款项，用于承包人为合同工程施工购置材料、机械设备、修建临时设施以及组建施工队伍等。工程是否实行预付款，取决于工程性质、承包工程量的大小及发包人在招标文件中的规定。工程实行预付款的，发包人应按合同约定的时间和比例（或金额）向承包人支付应付款。

《建设工程施工合同（示范文本）》GF—2013—0201 规定：

（1）预付款的支付按照专用合同条款约定执行，但最迟应在开工通知载明的开工日期 7 天前支付。

（2）除专用合同条款另有约定外，预付款在进度支付款中同比例扣回。在颁发工程接收证书前，提前解除合同的，尚未扣完的预付款应与合同价款一并结算。

（3）发包人逾期支付预付款超过 7 天的，承包人有权向发包人发出要求预付的催告通知，发包人收到通知后 7 天内仍未支付的，承包人有权暂停施工，并按发包人违约的情形执行。

预付款的额度：包工包料工程的预付款的支付比例不得低于签约合同价（扣除暂列金额）的 10%，不宜高于签约合同价（扣除暂列金额）的 30%。对重大工程项目，按年度工程计划逐年预付。实行工程量清单计价的工程，实体性消耗和非实体性消耗部分应在合同中分别约定预付款比例（或金额）。

2. 预付款的抵扣

发包人拨付给承包人的工程预付款属于预支的性质。随着工程进度的推进，拨付的工程进度款数额不断增加，工程所需主要材料、构件的储备逐步减少，原已支付的预付款应以抵扣的方式从工程进度款中予以陆续扣回，常用的扣回方式有以下几种：

（1）在承包人完成金额累计达到合同总价一定比例（双方合同约定）后，采用等比率或等额扣款的方式分期抵扣。也可针对工程实际情况具体处理，如有些工程工期较短、造价较低，就无需分期扣还；有些工期较长，如跨年度工程，其预付款的占用时间很长，根据需要可以少扣或不扣。

（2）从未完施工工程尚需的主要材料及构件的价值相当于工程预付款数额时起扣，从每次中间结算工程价款中，按材料及构件比重抵扣工程预付款，至竣工之前全部扣清；基本计算公式如下：

$$T = P - \frac{M}{N} \tag{7-3}$$

式中　T——起扣点，即工程预付款开始扣回的累计已完工程价值；

　　　P——承包工程合同总额；

　　　M——工程预付款数额；

　　　N——主要材料及构件所占比重。

【案例7-6】某工程合同总额500万元，工程预付款为50万元，主要材料、构件所占比重为50%，问：起扣点为多少万元？

解：按起扣点计算公式：$T = 500 - \dfrac{50}{50\%} = 400$万元

则当工程完成400万元时，本项工程预付款开始起扣。

3. 进度款的支付

发承包双方应按照合同约定的时间、程序和方法，根据工程计量结果，办理期中价款结算，支付进度款。进度款支付周期，应与合同约定的工程计量周期一致。已标价工程量清单中的单价项目，承包人应按工程计量确认的工程量与综合单价计算，如综合单价发生调整的，以发承包双方确认调整的综合单价计算进度款。已标价工程量清单中的总价目，承包人应按合同中约定的进度款支付分解，分别列入进度款支付申请中的安全文明施工费和本周期应支付的总价项目的金额中。发包人提供的甲供材料金额，应按照发包人签约提供的单价和数量从进度款支付中扣出，列入本周期应扣减的金额中。承包人现场签证和得到发包人确认的索赔金额列入本周期应增加的金额中。进度款的支付比例按照合同约定，按期中结算价款总额计，不低于60%，不高于90%。

（1）承包人支付申请的内容

承包人应在每个计量周期到期后的7天内向发包人提交已完工程进度款支付申

请，详细说明此周期内认为有权得到的款额，包括分包人已完工程的价款。支付申请的内容包括：

1) 累计已完成的合同价款。

2) 累计已实际支付的合同价款。

3) 本周期合计完成的合同价款，包括：

① 本周期已完成单价项目的金额；

② 本周期应支付的总价项目的金额；

③ 本周期已完成的计日工价款；

④ 本周期应支付的安全文明施工费；

⑤ 本周期应增加的金额。

4) 本周期合计应扣减的金额，包括：

① 本周期应扣回的预付款；

② 本周期应扣减的金额。

5) 本周期实际应支付的合同价款。

(2) 发包人支付进度款

发包人应在收到承包人进度款支付申请后的 14 天内根据计量结果和合同约定对申请内容予以核实，确认后向承包人出具进度款支付证书。若发承包双方对有的清单项目的计量结果出现争议，发包人应对无争议部分的工程计量结果向承包人出具进度款支付证书。发包人应在签发进度款支付证书后的 14 天内，按照支付证书列明的金额向承包人支付进度款。若发包人逾期未签发进度款支付证书，则视为承包人提交的进度款支付申请已被发包人认可，承包人可向发包人发出催告付款的通知。发包人应在收到通知后的 14 天内，按照承包人支付申请的金额向承包人支付进度款。发包人未按规定支付进度款的，承包人可催告发包人支付，并有权获得延迟支付的利息；发包人在付款期满后的 7 天内仍未支付的，承包人可在付款期满后的第 8 天起暂停施工。发包人应承担由此增加的费用和（或）延误的工期，向承包人支付合理利润，并承担违约责任。发现已签发的任何支付证书有错、漏或重复的数额，发包人有权予以修正，承包人也有权提出修正申请。经发承包双方复核同意修正的，应在本次到期的进度款中支付或扣除。

4. 安全文明施工费

安全文明施工费包括的内容和范围，应以国家现行计量规范以及工程所在地行政主管部门的规定为准。

发包人应在工程开工后的 28 天内预付不低于当年施工进度计划的安全文明施工费总额的 60%，其余部分按照提前安排的原则进行分解，与进度款同期支付。

发包人没有按时支付安全文明施工费的，承包人可催告发包人支付；发包人在付款期满后的 7 天内仍未支付的，若发生安全事故，发包人应承担连带责任。

承包人对安全文明施工费应专款专用，在财务账目中单独列项备查，不得挪作他用,否则发包人有权要求其限期改正;逾期未改正的,造成的损失和(或)延误的工期由承包人承担。

7.5.2.3 建筑安装工程费用的竣工结算与支付

1. 承包人提交竣工结算款支付申请

承包人应根据办理的竣工结算文件,向发包人提交竣工结算款支付申请。该申请应包括下列内容:

(1) 竣工结算合同价款总额;

(2) 累计已实际支付的合同价款;

(3) 应扣留的质量保证金;

(4) 实际应支付的竣工结算款金额。

2. 发包人签发竣工结算支付证书

发包人应在收到承包人提交竣工结算款支付申请后7天内予以核实,向承包人签发竣工结算支付证书。

3. 支付竣工结算款

发包人签发竣工结算支付证书后的14天内,按照竣工结算支付证书列明的金额向承包人支付结算款。

发包人在收到承包人提交的竣工结算款支付申请后7天内不予核实,不向承包人签发竣工结算支付证书的,视为承包人的竣工结算款支付申请已被发包人认可;发包人应在收到承包人提交的竣工结算款支付申请7天后的14天内,按照承包人提交的竣工结算款支付申请列明的金额向承包人支付结算款。

发包人未按规定支付竣工结算款的,承包人可催告发包人支付,并有权获得延迟支付的利息。发包人在竣工结算支付证书签发后或者在收到承包人提交的竣工结算款支付申请7天后的56天内仍未支付的,除法律另有规定外,承包人可与发包人协商将该工程折价,也可直接向人民法院申请将该工程依法拍卖。承包人就该工程折价或拍卖的价款优先受偿。

4. 质量保证金

(1) 发包人应按照合同约定的质量保证金比例从结算款中扣留质量保证金。

(2) 承包人未按照合同约定履行属于自身责任的工程缺陷修复义务的,发包人有权从质量保证金中扣留用于缺陷修复的各项支出。若经查验,工程缺陷属于发包人原因造成的,应由发包人承担查验和缺陷修复的费用。

(3) 在合同约定的缺陷责任期终止后的14天内,发包人应将剩余的质量保证金返还给承包人。剩余质量保证金的返还,并不能免除承包人按照合同约定应承担的质量保修责任和应履行的质量保修义务。

5. 最终结清

(1) 缺陷责任期终止后,承包人应按照合同约定向发包人提交最终结清支付申请。发包人对最终结清支付申请有异议的,有权要求承包人进行修正和提供补充资料。承包人修正后，应再次向发包人提交修正后的最终结清支付申请。

（2）发包人应在收到最终结清支付申请后的 14 天内予以核实，向承包人签发最终结清支付证书。

（3）发包人应在签发最终结清支付证书后的 14 天内，按照最终结清支付证书列明的金额向承包人支付最终结清款。

（4）若发包人未在约定的时间内核实，又未提出具体意见的，视为承包人提交的最终结清支付申请已被发包人认可。

（5）发包人未按期最终结清支付的，承包人可催告发包人支付，并有权获得延迟支付的利息。

（6）最终结清时，如果承包人被扣留的质量保证金不足以抵减发包人工程缺陷修复费用的，承包人应承担不足部分的补偿责任。

（7）承包人对发包人支付的最终结清款有异议的，按照合同约定的争议解决方式。

【案例 7-7】 某房地产开发公司与某施工单位签订了一份价款为 1000 万元的建筑工程施工合同，合同工期为 7 个月。工程价款约定如下：

（1）工程预付款为合同价的 10%；

（2）工程预付款扣回的时间及比例：自工程款（含工程预付款）支付至合同价款的 60% 后，开始从当月的工程款中扣回工程预付款，分两个月扣回；

（3）工程质量保修金为工程结算总价的 5%，竣工结算时一次性扣留；

（4）工程款按月支付，工程款达到合同总造价的 90% 停止支付，余款待工程结算完成后并扣除保修金后一次性支付。

每月完成的工作量见表 7-11。

各月份完成的工作量　　　　　　　　　　　表 7-11

月　份	3	4	5	6	7	8	9
实际完成工作量（万元）	80	160	170	180	160	130	120

工程施工过程中，双方签字认可因钢材涨价增补价差 5 万元，因施工单位保管不力罚款 1 万元。根据上述背景资料回答下列问题：

（1）列式计算本工程预付款及其起扣点分别是多少万元？工程预付款从几月份开始起扣？

（2）7、8 月份开发公司应支付工程款多少万元？截至 8 月末累计支付工程款多少万元？

（3）工程竣工验收合格后双方办理了工程结算。工程竣工结算之前累计支付工程款是多少万元？本工程竣工结算是多少万元？本工程保修金是多少万元（保留小数点后两位）？

解：

(1) 工程预付款：$1000 \times 10\% = 100$ 万。

工程预付款起扣点：$1000 \times 60\% = 600$ 万元。

因为：80（3月份）＋160（4月份）＋170（5月份）＋180（6月份）＋100（预付款）＝690 万元＞600，所以，从 6 月开始扣工程预付款。

(2) 7 月支付工程款：$160 - 50 = 110$ 万元（其中 50 万元为工程预付款）。

8 月应支付工程款：130 万元。

截至 8 月末累计应支付工程款：$1000 - 120 = 880$ 万元。

(3) 工程竣工结算之前累计应支付工程款：$1000 \times 90\% = 900$ 万。

竣工结算：$1000 + 5 - 1 = 1004.00$ 万元。

工程保修金：$1004 \times 5\% = 52.20$ 万元。

学习单元 6　建筑工程施工索赔和现场签证

在工程承包市场上，工程索赔是承包人和发包人保护自身正当权益、弥补工程损失的重要而有效的手段。

7.6.1　索赔及其分类

索赔是指在经济交易活动中，一方遭受损失时向对方提出的赔偿要求。索赔是合同双方的法定权利，也是维护自身经济效益的手段，它一般包括商务索赔和工程索赔。

建设工程索赔是指在工程合同履行过程中，合同当事人一方因对方不履行或未能正确履行合同或者由于其他非自身因素而受到经济损失或权利损害，通过合同规定的程序向对方提出经济或时间补偿要求的行为。索赔的主要分类方式如下：

1. 按索赔有关当事人分类

按索赔有关当事人分类，索赔分为：承包人与发包人之间的索赔；承包人与分包人之间的索赔；承包人或发包人与供货人之间的索赔；承包人或发包人与保险人之间的索赔。

2. 按照索赔目的和要求分类

(1) 工期索赔：一般指承包人向业主或分包人向承包人要求延长工期。

(2) 费用索赔：即要求补偿经济损失，调整合同价格。

3. 按照索赔事件的性质分类

(1) 工程延期索赔：因为发包人未按合同要求提供施工条件，或发包人指令工程暂停，或不可抗力事件等原因造成工期拖延的，承包人向发包人提出索赔；如果由于承包人原因导致工期拖延，发包人可以向承包人提出索赔；由于非分包人的原因导致工期拖延，分包人可以向承包人提出索赔。

（2）工程加速索赔：通常是由于发包人或工程师指令承包人加快施工进度，缩短工期，引起承包人的人力、物力、财力的额外开支，承包人提出索赔；承包人指令分包人加快进度，分包人也可以向承包人提出索赔。

（3）工程变更索赔：由于发包人或工程师指令增加或减少工程量或增加附加工程、修改设计、变更施工顺序等，造成工期延长和费用增加，承包人对此向发包人提出索赔，分包人也可以对此向承包人提出索赔。

（4）工程终止索赔：由于发包人违约或发生了不可抗力事件等造成工程非正常终止，承包人和分包人因蒙受经济损失而提出索赔；如果由于承包人或者分包人的原因导致工程非正常终止，或者合同无法继续履行，发包人可以对此提出索赔。

（5）不可预见的外部障碍或条件索赔：即承包商在施工现场遇到不能预见的外界障碍或条件，如地质条件与预计的（业主提供的资料）不同，出现未预见的岩石、淤泥或地下水等，导致承包人损失，这类风险通常应该由发包人承担，即承包人可以据此提出索赔。

（6）不可抗力事件引起的索赔：在新版 FIDIC 施工合同条件中，不可抗力通常是满足以下条件的特殊事件或情况：一方无法控制的，该方在签订合同前不能对之进行合理防备的，发生后该方不能合理避免或克服的，不主要归因于他方的。不可抗力事件发生导致承包人损失，通常应该由发包人承担，即承包人可以据此提出索赔。

（7）其他索赔：如货币贬值、汇率变化、物价变化、政策法令变化等原因引起的索赔。

4. 按照处理索赔的方式分类

（1）单项索赔：单项索赔只针对某一干扰事件提出，原因和责任较为单一。索赔的处理，在合同实施过程中、干扰事件发生时或者发生后立即进行。此项索赔由合同管理人员处理即可，在合同规定的索赔有效期内向业主提交索赔报告，处理起来比较简单。

（2）总索赔：又称为一揽子索赔。在工程建设过程中，某些单项索赔的原因和处理比较复杂，无法立刻解决；或发包人拖延答复单项索赔而使之得不到及时解决；或堆积至工程后期的工期索赔等；在这些情况下，承包人在工程竣工前把工程进行过程中未解决的单项索赔集中起来，提出一份总索赔报告，综合在一起解决。在实际工程中总索赔方式应尽量避免采用，因为它涉及的因素十分复杂，且纵横交错，不太容易索赔成功。

7.6.2 索赔证据

索赔证据是当事人用来支持其索赔成立或与索赔有关的证明文件和资料。索赔文件的组成部分，在很大程度上关系到索赔的成功与否。证据不全、不足或没有证据，索赔是很难获得成功的。

在工程项目实施过程中，会产生大量的工程信息和资料，这些信息和资料是开展索赔的重要证据。因此，在施工过程中应该自始至终做好资料积累工作，建立完善的资料记录和科学管理制度，认真系统地积累和管理合同、质量、进度以及财务收支等方面的资料。

工程常见的索赔证据主要有：

(1) 各种合同文件：包括施工合同协议书及其附件、中标通知书、投标书、标准和技术规范、图纸、工程量清单、工程报价单或者预算书、有关技术资料和要求、施工过程中的补充协议等。

(2) 工程各种往来函件、通知、答复等。

(3) 各种会谈纪要。

(4) 经过发包人或者工程师批准的承包人的施工进度计划、施工方案、施工组织设计和现场实施情况记录。

(5) 工程各项会议纪要。

(6) 气象报告和资料，如有关温度、风力、雨雪的资料。

(7) 施工现场记录：包括有关设计交底、设计变更、施工变更指令，工程材料和机械设备的采购、验收与使用等方面的凭证及材料供应清单、合格证书，工程现场水、电、道路等开通、封闭的记录，停水、停电等各种干扰事件的时间和影响记录等。

(8) 工程有关照片和录像等。

(9) 施工日记、备忘录等。

(10) 发包人或者工程师签认的签证。

(11) 发包人或者工程师发布的各种书面指令和确认书，以及承包人的要求、请求、通知书等。

(12) 工程中的各种检查验收报告和各种技术鉴定报告。

(13) 工地的交接记录（应注明交接日期，场地平整情况，水、电、路情况等），图纸和各种资料交接记录。

(14) 建筑材料和设备的采购、订货、运输、进场、使用方面的记录、凭证和报表等。

(15) 市场行情资料：包括市场价格、官方的物价指数、工资指数、中央银行的外汇汇率等公布材料。

(16) 投标前发包人提供的参考资料和现场资料。

(17) 工程结算资料、财务报告、财务凭证等。

(18) 各种会计核算资料。

(19) 国家法律、法令、政策文件。

上述索赔证据应该具有真实性、及时性、全面性、关联性及有效性。

7.6.3　索赔程序

由于索赔工作涉及双方的众多经济利益，因而是一项繁琐、细致、耗费精力和时间的过程。因此，合同双方必须严格按照合同规定办事，按合同规定的索赔程序工作，才能获得成功的索赔。我国《建设工程施工合同（示范文本）》对索赔的程序和时间要求有明确而严格。以下说明索赔的一般程序。

1. 索赔意向通知

工程实施过程中发生索赔事件后，或者承包人发现索赔机会，首先要提出索赔意向，即在合同规定时间内将索赔意向用书面形式及时通知发包人或者工程师，向对方表明索赔愿望求或者声明保留索赔权利，这是索赔工作程序的第一步。

索赔意向通知要简明扼要地说明索赔事由发生的时间、地点、简单事实情况描述和发展动态、索赔依据和理由、索赔事件的不利影响等。

2. 索赔资料的准备

在索赔资料准备阶段，主要工作有：

(1) 跟踪和调查干扰事件，掌握事件产生的详细经过；

(2) 分析干扰事件产生的原因，划清各方责任，确定索赔根据；

(3) 损失或损害调查分析与计算，确定工期索赔和费用索赔值；

(4) 搜集证据，获得充分而有效的各种证据；

(5) 起草索赔文件。

3. 索赔文件的提交

提出索赔的一方应在合同规定的时限内向对方提交正式的书面索赔文件。例如，FIDIC 合同条件和我国《建设工程施工合同示范文本》GF—2013—0201 都规定索赔意向通知后的 28 天内或经过工程师同意的其他合理时间内向工程师提交一份详细的索赔文件和有关资料。如果干扰事件对工程的影响持续时间长，承包人则应按工程师要求的合理间隔（一般为 28 天）提交中间索赔报告，并在干扰事件影响结束后的 28 天内提交一份最终索赔报告，否则将失去该事件请求补偿的索赔权利。

索赔文件的主要内容包括：

(1) 总述部分。概要论述索赔事项发生的日期和过程；承包人为该索赔事项付出的努力和附加开支；承包人的具体索赔要求。

(2) 论证部分。论证部分是索赔报告的关键部分，其目的是说明自己有索赔权，是索赔能否成立的关键。

(3) 索赔款项（和/或工期）计算部分。如果说索赔报告论证部分的任务是解决索赔权能否成立，则款项计算是为解决能得多少款项。

(4) 证据部分。

4. 索赔文件的审核

对于承包人向发包人的索赔请求，索赔文件首先应该交由工程师审核。工程师根据发包人的委托或授权，对承包人索赔的审核工作主要分为：判定索赔事件是否成立或审查承包人的索赔计算是否正确、合理，并可在授权范围内做出判断；初步确定补偿额度，或要求补充证据、修改索赔报告等。工程师对索赔的初步处理意见要提交发包人。

5. 发包人审查

对于工程师的初步处理意见，经发包人审查和批准后，工程师才可以签发有关证书。如果索赔额度超过了工程师权限范围时，应由工程师将审查的索赔报告报请发包人审批，并与承包人谈判解决。

6. 协商

对于工程师的初步处理意见，发包人和承包人不接受或其中的一方不接受时，三方可就索赔的解决进行协商，达成一致；如果经过努力无法就索赔事宜达成一致意见，则发包人可根据合同约定选择采用仲裁或诉讼方式解决。

图 7-10 为承包人的索赔程序。

7.6.4 索赔费用计算

工程索赔包括工期索赔和费用索赔，这里介绍费用索赔。

费用索赔都是以补偿实际损失为原则，实际损失包括直接损失和间接损失两个方面。

1. 费用索赔的组成

（1）人工费。包括增加工作内容的人工费、停工损失费和工作效率降低的损失费等累计，其中增加工作内容的人工费应按照计日工费计算，而停工损失费和工作效率降低的损失费按窝工费计算，窝工费的标准双方应在合同中约定。

（2）设备费。可采用机械台班费、机械折旧费、设备租赁费等几种形式。当工作内容增加引起的设备费索赔时，设备费的标准按照机械台班费计算。因窝工引起的设备费索赔，当施工机械属于施工企业自有时，按照机械折旧费计算索赔费用；当施工机械是施工企业从外部租赁时，索赔费用的标准按照设备租赁费计算。

（3）材料费。材料费的索赔包括：由于索赔事项材料实际用量超过计划用量而增加的材料费；由于客观原因材料价格大幅度上涨；由于非承包人责任工程延期导致的材料价格上涨和超期储存费用。材料费中应包括运输费、仓储费，以及合理的损耗费用。如果由于承包人管理不善，造成材料损坏失效，则不能列入索赔计价。

（4）管理费。此项又可分为现场管理费和企业管理费两部分。索赔款中的现场管理费是指承包人完成额外工程、索赔事项工作以及工期延长期间的现场管理费，包括管理人员工资、办公、通信、交通费等。索赔款中的企业管理费主要指的是工程延期期间所增加的管理费。包括总部职工工资、办公大楼、办公用品、财务管理、通信设

图 7-10　承包人的索赔程序

施以及企业领导人员赴工地检查指导工作等开支。这项索赔款的计算，目前没有统一的方法。

（5）利润。一般来说，由于工程范围的变更、文件有缺陷或技术性错误、业主未能提供现场等引起的索赔，承包商可以列入利润。

（6）迟延付款利息。发包人未按约定时间进行付款的，应按银行同期贷款利率支付迟延付款的利息。

2. 索赔费用的计算方法

费用索赔的计算方法主要有：实际费用法、总费用法和修正总费用法。

（1）实际费用法

实际费用法是工程索赔时最常用的一种方法。该方法是按照各索赔事件所引起损失的费用项目分别分析计算索赔值，然后将各个项目的索赔值汇总，即可得到总索赔费用值。这种方法以承包商为某项索赔工作所支付的实际开支为根据，但仅限于由于索赔事件引起的、超过原计划的费用，故也称额外成本法。在这种计算方法中，需要注意的是不要遗漏费用项目。

（2）总费用法

即发生了多起索赔事件后，重新计算该工程的实际费用，再减去原合同价，其差额即为承包人索赔的费用。计算公式为：

索赔金额＝实际总费用－投标报价估算费用

（3）修正总费用法

即在总费用计算的原则上，去掉一些不合理的因素，使其更合理。修正的内容包括：

1）将计算索赔款的时段局限于受到外界影响的时间，而不是整个施工期；

2）只计算受到影响时段内的某项工作所受影响的损失，而不是计算该时段内所有施工工作所受的损失；

3）对投标报价费用重新进行核算，按受影响时段内该项工作的实际单价进行核算，乘以完成的该项工作的工程量，得出调整后的报价费用。

按修正后的总费用计算索赔金额的公式为：

索赔金额 ＝ 某项工作调整后的实际总费用－该项工作的报价费用

修正的总费用法与总费用法相比，有了实质性的改进，它的准确程度已接近实际费用法。

7.6.5 现场签证

现场签证是指发包人现场代表（或其授权的监理人、工程造价咨询人）与承包人现场代表就施工过程中涉及的责任事件所作的签认证明。

1. 现场签证的范围

现场签证的范围一般包括：

（1）适用于施工合同范围以外零星工程的确认；

（2）在工程施工过程中发生变更后需要现场确认的工程量；

（3）非施工单位原因导致的人工、设备窝工及有关损失；

（4）符合施工合同规定的非施工单位原因引起的工程量或费用增减；

（5）确认修改施工方案引起的工程量或费用增减；

（6）工程变更导致的工程施工措施费增减等。

2. 现场签证的程序

（1）承包人应发包人要求完成合同以外的零星项目、非承包人责任事件等工作，发包人应及时以书面形式向承包人发出指令，提供所需的相关资料；承包人在收到指令后，应及时向发包人提出现场签证要求。

（2）承包人应在收到发包人指令后的 7 天内，向发包人提交现场签证报告，发包人应在收到承包人现场签证报告后的 48 小时内对报告内容进行核实，予以确认或提出修改意见。发包人在收到承包人现场签证报告后的 48 小时内未确认也未提出修改意见的，视为承包人提交的现场签证报告已被发包人认可。

（3）现场签证的工作如已有相应的计日工单价，则现场签证中应列明完成该类项目所需的人工、材料、工程设备和施工机械台班的数量。如现场签证的工作没有相应的计日工单价，应在现场签证报告中列明完成该签证工作所需的人工、材料设备和施工机械台班的数量及其单价。

（4）合同工程发生现场签证事项，未经发包人签证确认，承包人便擅自施工的，除非征得发包人书面同意，否则发生的费用由承包人承担。

（5）现场签证工作完成后的 7 天内，承包人应按照现场签证内容计算价款，报送发包人确认后，作为增加合同价款，与进度款同期支付。

（6）承包人在施工过程中，若发现合同工程内容因场地条件、地质水文、发包人要求等不一致时，应提供所需的相关资料，提交发包人签证认可，作为合同价款调整的依据。

3. 现场签证费用的计算

现场签证费用的计价方式包括两种：第一种是完成合同以外的零星工作时，按计日工作单价计算。此时提交现场签证费用申请时，应包括下列证明材料：

（1）工作名称、内容和数量；

（2）投入该工作所有人员的姓名、工种、级别和耗用工时；

（3）投入该工作的材料类别和数量；

（4）投入该工作的施工设备型号、台数和耗用台时；

（5）监理人要求提交的其他资料和凭证。

第二种是完成其他非承包人责任引起的事件，应按合同中的约定计算。

【案例 7-8】某建设工程项目，业主与施工单位订立了施工合同，合同工期为 150 天。在合同中规定：

（1）工期每提前 1 天，奖励 3000 元，拖后 1 天罚款 5000 元。

（2）分项工程发生工程变更后的工程实际数量超过（或少于）工程量清单中所列

数量的 25％时，该分项工程单价予以调整，调整系数为 0.9（1.1）。

（3）人工费为 160 元/工日，窝工人工费补偿标准为 25 元/工日，机械台班为 500 元/台班，台班折旧费为 50 元/台班，综合费率为 30％。

施工单位在开工前提交了施工进度计划并得到监理工程师的批准，计划工期为 150 天。在工程施工中发生了如下几项事件：

事件 1：因业主提供的场地未能准备好，使工作 A 和工作 B 的作业时间分别延长了 20 天和 10 天，由此造成人员窝工 80 个工日，机械闲置 30 个台班（其中：A 工作为关键工作，B 工作为非关键工作，总时差为 30 天）。

事件 2：为保证施工质量，施工单位将工作 C 原设计尺寸扩大，使其作业时间增加了 12 天，并由此造成增加人工 80 个工日，材料费 5 万元，机械台班增加 20 个（C 工作为非关键工作，总时差为 60 天）。

事件 3：因设计变更，工作 E 的工程量由工程量清单中所列的 3000m³ 增加到 4000m³，使其作业时间延长 10 天。该工作原综合单价为 55 元（E 工作为非关键工作，总时差为 30 天）。

事件 4：F 为一个基础工程，基坑开挖后，发现局部有原勘察报告中没有说明的较深的软土层，施工方按监理工程师的指示配合进行地质复查，配合用工 50 个工日，地质复查后，由设计单位对原基础设计方案进行了修改，施工方按批准的方案进行施工，由此增加直接成本 8 万元。因对 F 进行地质复查和处理，使其作业时间延长 10 天，人员窝工 60 个工日，机械闲置 15 个台班（F 工作为关键工作）。

事件 5：由于施工单位的施工机械出现了从未出现过的机械故障，使工作 D 的作业时间延长了 15 天，由此造成人员窝工 30 个工日，机械闲置 15 个台班（D 工作为关键工作）。

事件 6：鉴于该工程工期较紧，施工单位在征得监理工程师同意后采取了加快施工措施，使 I 工作的作业时间缩短了 12 天，由于加快施工的技术组织措施费为 3 万元。

最终工程完工，实际工期为 183 天。施工单位按规定程序提出了索赔要求。

问题：施工方可得到的索赔费用总额为多少？

解：

事件 1：工作 A 可以索赔工期 20 天，因为 A 为关键工作且属业主原因；工作 B 不可以得到工期补偿，因为 B 为非关键工作，工作总时差大于延长时间，不影响工期；

费用索赔：80×25＋30×50＝3500 元；

事件 2：工期索赔和费用索赔不成立，因为 C 为施工单位自身原因；

事件 3：工期索赔不成立，虽然由于设计变更使作业时间增加 10 天，但小于 E 工作的总时差，不影响工期。

费用索赔成立。按原单价结算的工程量为：3000×（1＋25％）＝3750m³

按调整后单价结算的工程量为：4000－3750＝250m³

该项结算价增加额为：（3750×55＋250×55×0.9）－3000×55＝53625 元

事件 4：工期索赔和费用索赔成立。因为是地质条件的变化且 F 为关键工作，工期索赔 10 天；费用索赔：（50×160＋80000）×130％＋60×25＋15×50＝116650；

事件 5：不能得到工期补偿和费用补偿，因为施工机械故障属于施工方自身原因；

事件 6：不能得到工期补偿和费用补偿，因为通过施工措施使工期提前，可按合同规定的工期奖罚办法处理。

综上：总工期补偿 20＋10＝30 天。

经工期补偿后的合同工期为 150（原合同工期）＋30（总工期补偿）＝180 天。所以，由于实际工期的变化，对施工单位的罚款为（183－180）×5000＝3×5000＝15000 元。

施工方可得到的费用索赔款为：3500＋53625＋116650＝173775 元

施工方可得到的实际费用补偿为：3500＋53625＋116650－15000＝158775 元

本 章 小 结

本章重点介绍了施工成本管理的任务和措施、建筑工程安装费用的结算、费用索赔和现场签证。主要阐述了成本计划的编制、成本控制方法的应用及建筑安装工程费用的期中支付和竣工结算。通过案例分析，可以了解和掌握成本控制、费用索赔的实际应用。

项 目 实 训

一、项目名称：编制某工程施工成本计划

二、时间安排：2 学时

三、任务内容：根据某工程基础施工阶段的资源供应情况及施工进度计划，按照成本组成编制基础施工阶段的施工成本计划。

四、任务要求：每位同学须独立完成，电子稿一份并打印文本一份。

习 题

一、单选题

1. 根据成本信息和施工项目的具体情况，在施工以前对成本进行估算，并作为施工项目成本决策依据的是（　　）。

A. 施工成本预测　　　　　　　　　B. 施工成本分析

C. 施工成本计划   D. 施工成本核算

2. 进行施工成本控制，工程实际完成量、成本实际支出等信息的获得，主要是通过（　　）。

A. 工程承包合同   B. 施工成本计划

C. 进度报告   D. 施工组织设计

3. 在施工成本控制的步骤中，控制工作的核心是（　　）。

A. 预测估计完成项目所需的总费用

B. 分析比较结果以确定偏差的严重性和原因

C. 采取适当措施纠偏

D. 检查纠偏措施的执行情况

4. 施工成本控制过程中，为了及时发现施工成本是否超支，应该定期进行（　　）的比较。

A. 施工成本计划值与实际值   B. 施工成本计划值与投标报价

C. 成本实际值与投标报价   D. 实际工程款支付与合同价

5. 建设工程索赔中，承包商建设索赔费用时最常用的方法是（　　）。

A. 总费用法   B. 修正的总费用法

C. 实际费用法   D. 修正的实际费用法

二、多选题

1. 施工成本分析的基本方法包括（　　）。

A. 对比分析法   B. 表格法

C. 差额法   D. 因素分析法

E. 比率法

2. 关于分部分项工程成本分析，下列说法正确的是（　　）。

A. 分部分项工程成本分析方法是进行概算成本与目标成本的比较

B. 分部分项工程成本分析的对象为已完成分部分项工程

C. 须对施工项目中的所有分部分项工程进行成本分析

D. 分部分项工程成本分析是施工项目成本分析的基础

E. 分析的方法是：进行预算成本、目标成本和实际成本的"三算"对比，分别计算实际偏差和目标偏差

3. 关于编制按时间进度的施工成本计划，下列说法中，正确的有（　　）。

A. 按时间进度的施工成本计划，通常可利用控制项目进度的网络图进一步扩充而得

B. 在建立网络图时，除确定完成各项工作所需花费的时间外，还要确定完成这一工作的施工成本支出计划

C. 在编制网络计划时，应充分考虑进度控制对项目划分要求，不必考虑施工成本支出计划对项目划分的要求

D. 在编制网络计划时，应在充分考虑进度控制对项目划分要求的同时，还要考虑确定施工成本支出计划对项目划分的要求，做到二者兼顾

E. 要求将按子项目分解项目总施工成本与按施工成本构成分解项目总施工成本两种方式相结合

4. 下列可作为施工成本控制依据的是（　　）。

A. 承包合同　　　　　　　　　B. 会计核算

C. 进度报告　　　　　　　　　D. 工程变更

E. 成本计划

5. 按索赔的目的分类，通常可将索赔分为（　　）。

A. 工期索赔　　　　　　　　　B. 时间索赔

C. 经济索赔　　　　　　　　　D. 利润索赔

E. 费用索赔

三、简答题

1. 施工项目成本有哪些形式？其构成内容有哪些？

2. 成本管理的任务有哪些？他们之间的关系如何？

3. 开展成本控制有哪些步骤？

4. 施工项目成本控制的方法有哪些？

5. 费用索赔包括哪些内容？

6. 现场签证的范围包括哪些？

四、案例题

某施工单位承包了某工程项目的施工任务，工期为10个月。业主（发包人）与施工单位（承包人）签订的合同中关于工程价款的内容有：

（1）建筑安装工程造价1200万元。

（2）工程预付款为建筑安装工程造价的20％。

（3）扣回预付工程款及其他款项的时间、比例为：从工程款（含预付款）支付至合同价款的60％后，开始从当月的工程款中扣回预付款，预付款分三个月扣回。预付款扣回比例为：开始扣回的第一个月，扣回预付款的30％，第二个月扣回预付款的40％，第三个月扣回预付款的30％。

（4）工程质量保修金（保留金）为工程结算价款总额的3％，最后一个月一次扣除。

（5）工程款支付方式为按月结算。

工程各月完成的建安工作量见表7-12。

工程各月完成建安工作量　　　　　　　　　　表 7-12

月　份	1～3	4	5	6	7	8	9	10
实际完成建安工作量（万元）	320	130	130	140	140	130	110	100

问题：

（1）该工程预付款为多少？该工程的起扣点为多少？该工程的工程质量保修金为多少？

（2）该工程各月应拨付的工程款为多少？累计工程款为多少？

施工项目质量管理

引 言

"百年大计，质量第一"是我国多年来在工程建设方面所贯彻的基本方针。建设工程质量不仅关系到建设工程的适用性、可靠性、耐久性和建设项目的投资效益，而且直接关系到人民群众生命和财产安全。加强质量管理，预防和正确处理可能发生的工程质量事故，保证工程质量达到预期目标，是建设工程施工管理的主要任务之一。

学习目标

1. 了解工程项目质量的特性、影响质量的因素、工程质量的特点及质量管理的方法；

2. 掌握项目施工质量控制的过程；

3. 熟悉质量控制的数理统计方法；

4. 熟悉施工质量事故预防与处理。

任务引入

某建筑公司承接一公寓工程，建筑面积 28466m²，地下 2 层为人防和车库，地上 12 层为高档住宅。基础为筏板基础，主体为剪力墙结构。结构形式复杂，钢筋主要采用 HRB335 和 HRB400 级，钢筋接头主要采用机械连接和电渣压力焊，混凝土主要采用 C40 和 C30。

问题：(1) 施工单位应对哪些影响质量的因素进行控制？

(2) 工序质量控制的原则是什么？

(3) 基础土方开挖施工质量的控制要点是什么？

学习单元 1　　建设工程项目质量管理概述

8.1.1　建设工程项目质量

建设工程项目质量是指通过工程项目实施形成的工程实体的质量，符合有关标准规定和合同约定的要求。包括在安全、使用功能、耐久性、环境保护等方面满足所有明示和隐含能力的特性总和。其质量特性主要体现在由施工形成的建筑工程的适用性、安全性、耐久性、可靠性、经济性及与环境的协调性等六个方面。

(1) 适用性。即功能，是指工程满足使用目的的各种性能。包括物理性能、化学性能、结构性能、使用性能和外观性能等。

(2) 耐久性。即寿命，是指工程在规定的条件下，满足规定功能要求使用的年限，也就是工程竣工后的合理使用寿命周期。

(3) 安全性。是指工程建成后在使用过程中保证结构安全、保证人身和环境免受危害的程度。建设工程产品的结构安全度、抗震、耐火及防火能力及抗辐射、抗核污染、抗爆炸波等能力。

(4) 可靠性。是指工程在规定的时间和规定的条件下完成规定功能的能力。工程不仅要求在交工验收时要达到规定的指标，而且在一定的使用时期内要保持应有的正常功能。

(5) 经济性。是指工程从规划、勘察、设计、施工到整个产品使用寿命周期内的成本和消耗的费用。工程的经济性具体表现为设计成本、施工成本和使用成本三者之和。

(6) 与环境的协调性。是指工程与其周围生态环境协调，与所在地区经济环境协调以及与周围已建工程相协调，以适应可持续发展的要求。

上述六个方面在质量特性彼此之间是相互依存的，都必须达到最基本的要求，缺一不可。

8.1.2　影响工程质量的主要因素

影响工程质量的因素主要有五个方面，即人 (Man)、材料 (Material)、机械 (Machine)、方法 (Method) 和环境 (Environment)，简称 4M1E 因素。

1. 人员素质

工程项目建设的决策者、管理者、操作者是生产经营活动的主体，人员的素质，将直接和间接地对规划、决策、勘察、设计和施工的质量产生影响。因此，建筑行业实行经营资质管理和各类专业从业人员持证上岗制度是保证人员素质的重要管理措施。

2. 工程材料

材料包括工程材料和施工用料，又包括原材料、半成品、成品、构配件和周转材料等。各类材料是工程施工的物质条件，材料质量是工程质量的基础，材料质量不符合要求，工程质量就不可能达到标准。所以加强材料的控制是保证工程质量的重要基础。

3. 机械设备

机械设备可分为两类：一是指组成工程实体及配套的工艺设备和各类机具，如各通风空调、电梯、消防环保设备等，它们构成了建筑设备安装工程或工业设备安装工程，形成完整的使用功能。它们是工程项目的重要组成部分，其质量的优劣，直接影响到工程使用功能的发挥。二是指施工过程中使用的各类施工机具设备，包括运输设备、吊装设备、操作工具、测量仪器等，它们是施工生产的手段，是所有施工方案和工法得以实施的重要物质基础，合理选择和正确使用施工机械设备是保证施工质量的重要措施。

4. 施工方法

施工方法包括施工技术、施工方案、施工工艺、工法和施工技术措施等。从某种程度上讲，技术工艺水平的高低，决定了施工质量的优劣。采用先进合理的工艺、技术，依据规范的工法和作业指导书进行施工，必将对组成质量因素的产品精度、强度、平整度、清洁度、耐久性等物理、化学特性等方面起到良好的推进作用。大力推进采用新技术、新工艺、新方法，提高工艺技术水平，是保证工程质量稳定提高的重要因素。

5. 环境条件

环境的因素主要包括施工现场的自然环境因素、施工质量管理环境因素和施工作业环境因素。环境因素对工程质量的影响，具有辅助多变和不确定性的特点。良好的环境对施工质量起着不可忽略的作用。

(1) 施工现场自然环境因素：主要指工程地质、水文、气象条件和周边建筑、地下障碍物以及其他不可抗力等施工质量的影响因素。

(2) 施工质量管理环境因素：主要指施工单位质量管理体系、质量管理制度和各参建施工单位之间的协调因素。

(3) 施工作业环境因素：主要指施工现场平面和空间环境条件，各种能源介质供应，施工照明、通风、安全防护设施，施工场地给水排水以及交通运输和道路条件等因素。

8.1.3　工程质量的特点

建设工程质量的特点是由建设工程本身和建设生产的特点决定的。建设工程（产品）及其生产的特点有：一是产品的固定性，生产的流动性；二是产品多样性，生产的单件性；三是产品形体庞大、高投入、生产周期长、具有风险性；四是产品的社会性，生产的外部约束性。正是由于上述建设工程的特点而形成了工程质量本身有以下特点：

1. 影响因素多

建设工程质量受到多种因素的影响，如决策、设计、材料、机具设备、施工方法、施工工艺、技术措施、人员素质、工期、工程造价等，这些因素直接或间接地影响工程项目质量。

2. 质量波动大

由于建筑生产的单件性、流动性，不像一般工业产品的生产那样，有固定的生产流水线、有规范化的生产工艺和完善的检测技术、有成套的生产设备和稳定的生产环境，所以工程质量容易产生波动且波动大。同时由于影响工程质量的偶然性因素和系统性因素比较多，其中任一因素发生变动，都会使工程质量产生波动。为此，要严防出现系统性因素的质量变异，要把质量波动控制在偶然性因素范围内。

3. 质量隐蔽性

建设工程在施工过程中，分项工程交接多、中间产品多、隐蔽工程多，因此质量存在隐蔽性。若在施工中不及时进行质量检查，事后只能从表面上检查，就很难发现内在的质量问题。

4. 终检的局限性

工程项目建成后不可能像一般工业产品那样依靠终检来判断产品质量，或将产品拆卸解体来检查其内在的质量，或对不合格零部件予以更换。而工程项目的终检（竣工验收）无法进行工程内在质量的检验，发现隐蔽的质量缺陷。因此，工程项目的终检存在一定的局限性。这就要求工程质量控制应以预防为主，防患于未然。

5. 评价方法的特殊性

工程质量的检查评定及验收是按检验批、分项工程、分部工程、单位工程进行的。工程质量是在施工单位按合格质量标准自行检查评定的基础上，由监理工程师（或建设单位项目负责人）组织有关单位、人员进行检验确认验收。这种评价方法体现了"验评分离、强化验收、完善手段、过程控制"的指导思想。

8.1.4 施工质量应达到的基本要求

工程项目施工是实现设计意图形成工程实体的阶段，是最终实现项目质量和项目使用价值的阶段。施工项目质量控制是整个项目质量控制的关键和重点。

施工质量要达到的最基本要求是：施工项目实体质量要经检查验收合格。

施工质量验收合格应符合下列要求：

（1）按图施工。符合工程勘察、设计文件的要求。工程勘察、设计单位针对本工程的水文地质条件，根据建设单位的要求，从技术和经济结合的角度，为满足工程的使用功能和安全性、经济性、与环境的协调性等要求，以图纸、文件的形式对施工提出要求，是针对每个工程项目的个性化要求。

（2）依法施工。符合《建筑工程施工质量验收统一标准》GB 50300—2013 和相关专业验收规范的规定。国家建设主管部门为了加强建筑工程质量管理，规范建筑工程施工质量的验收，保证工程质量，制订相应的标准和规范。这些标准、规范是主要从技术的角度，为保证房屋建筑各专业工程的安全性、可靠性、耐久性而提出的一般性要求。

（3）践约施工。符合施工承包合同的约定。施工承包合同的约定具体体现了建设单位的要求和施工单位的承诺，合同的约定全面体现了对施工形成的工程实体的适用性、安全性、耐久性、可靠性、经济性和与环境的协调性等六个方面质量特性的要求。

为了达到上述要求，施工单位必须建立完善的质量管理体系，实行严格的质量控制，努力提高施工质量管理体系的运行质量，对影响施工质量的各项因素实行有效的控制，以保证施工过程的工作质量来保证施工形成的工程实体的质量。

提示："合格"是对施工质量的最基本要求，施工单位可与建设单位商定更高的质量要求，或自行创造更好的施工质量。有的专业主管部门设置了"优良"的施工质量评定等级。全国和地方（部门）的建设主管部门或行业协会设立了"中国建筑工程鲁班奖（国家优质工程）"以及"金钢奖"、"白玉兰奖"、以"某某杯"命名的各种优质工程奖等，都是为了鼓励包括施工单位在内的项目建设单位创造更好的施工质量和工程质量。

8.1.5 施工质量管理

施工质量管理是指在项目实施过程中，指挥和控制施工组织关于质量的相互协调的活动，是围绕着使工程项目满足质量要求而开展的策划、组织、计划、实施、检查、监督和审核等所有管理活动的总和。它是工程项目施工各级职能部门领导的共同职责，而工程项目施工的最高领导即施工项目经理应负全责。

1. 全面质量管理

全面质量管理（Total Quality Management），就是强调在企业或组织的最高管理者质量方针的指引下，实行全企业、全过程和全员参与的质量管理。

（1）全企业的质量管理

质量管理一方面要求企业各管理层次都要有明确的质量管理内容，各层次的侧重点要突出，每个部门应有自己的质量计划、质量目标和对策，层层控制；另一方面就是要把分散在各部门的质量职能发挥出来。如建设工程中的"三检制"，就充分反映了这一观点。

（2）全过程的质量管理

工程（产品）的质量，都有一个产生、形成和实现的过程，整个过程是由多个相互影响的环节所组成，每一环节都或重或轻地影响着最终的质量状况。主要的过程有：项目策划与决策过程；勘察设计过程；施工采购过程；施工组织与准备过程；检测设备控制与计量过程；施工生产的检验试验过程；工程质量的评定过程；工程竣工验收与交付过程及工程回访维修服务过程等。因此要搞好工程质量管理，必须把形成质量的全过程和有关因素控制起来，形成一个综合的管理体系，做到以预防为主，防检结合，重在提高。

（3）全员的质量管理

按照全面质量管理的思想，组织内部的每个部门和工作岗位都承担有相应的质量职能，组织的最高管理者确定了质量方针和目标，就应组织和动员全体员工参与到实施质量方针的系统活动中去，发挥自己的角色作用。开展全员参与质量管理的重要手段就是运用目标管理方法，将组织的质量总目标逐级进行分解，使之形成自上而下的质量目标分解体系和自下而上的质量目标保证体系。发挥组织系统内部每个工作岗位、部门或团队在实现质量总目标过程中的作用。

2. 工程项目质量管理的原则

（1）质量第一

建设工程质量不仅关系到工程的适用性和建设项目投资效果，而且关系到人民群众生命财产的安全。所以，应坚持"百年大计，质量第一"，在工程建设中自始至终把"质量第一"作为对工程质量管理的基本原则。

（2）以人为核心

人是工程建设的决策者、组织者、管理者和操作者。工程建设中各单位、各部门、各岗位人员的工作质量水平和完善程度，都直接和间接地影响工程质量。在工程质量管理中，要以人为核心，重点控制人的素质和人的行为，充分发挥人的积极性和创造性，以人的工作质量保证工程质量。

（3）预防为主

工程质量管理应事先对影响质量的各种因素加以控制，如果出现质量问题后再进行处理，则已造成不必要的损失。所以，质量管理要重点做好质量的事先控制和事中控制，以预防为主，加强过程和中间产品的质量检查和控制。

（4）坚持质量标准

质量标准是评价产品质量的尺度，工程质量是否符合合同规定的质量标准要求，应通过质量检验并和质量标准对照，符合质量标准要求的才是合格，不符合质量标准要求的就是不合格，必须返工处理。

3. 质量管理本方法——PDCA 循环法

PDCA 计划循环法循环原理是质量管理的基本理论，如图 8-1 所示。PDCA 循外为计划→实施→检查→处置，以计划和目标控制为基础，通过不断

图 8-1　PDCA 循环图

循环，质量得到持续改进，质量水平得到不断提高。在 PDCA 循环的任一阶段内又可套用 PDCA 小循环，即循环套循环。

(1) 计划 P (Plan)

计划是质量管理的首要环节，通过计划，确定质量管理的方针、目标，以及实现方针、目标的措施和行动方案。计划包括质量管理目标和质量保证工作计划。质量管理目标的确定，就是根据项目自身特点，针对可能发生的质量问题、质量通病，以及与国家规范规定的质量标准的差距，或者用户提出的更新、更高的质量要求，确定项目施工应达到的质量标准。质量保证工作计划，就是为实现上述质量管理目标所采取的具体措施和实施步骤。质量保证工作计划应做到材料、技术、组织三落实。

(2) 实施 D (Do)

实施包含两个环节，即计划行动方案的交底和按计划规定的方法及要求展开的施工作业技术活动。首先，要做好计划的交底和落实。落实包括组织落实、技术和物资材料的落实。其次，在按计划进行的施工作业技术活动中，依靠质量保证工作体系，保证质量计划的执行。具体地说，就是要依靠思想工作体系，做好思想教育工作；依靠组织体系，完善组织机构，落实责任制、规章制度等；依靠产品形成过程的质量控制体系，做好施工过程的质量控制工作等。

(3) 检查 C (Check)

检查就是对照计划，检查执行的情况和效果，及时发现计划执行过程中的偏差和问题。检查一般包括两个方面：一是检查是否严格执行了计划的行动方案，检查实际条件是否发生了变化，总结成功执行的经验，查明没按计划执行的原因；二是检查计划执行的结果，即施工质量是否达到标准的要求，并对此进行评价和确认。

(4) 处理 A (Action)

处理是在检查的基础上，把成功的经验加以肯定，形成标准，以利于在以后的工作中以此成为处理的依据，巩固成果；同时采取措施，纠正计划执行中的偏差，克服缺点，改正错误，对于暂时未能解决的问题，可记录在案留到下一次循环加以解决。

学习单元 2　施工项目质量控制

8.2.1　施工质量计划

项目质量计划是指为确定项目应该达到的质量标准和如何达到这些项目质量标准而做的项目质量的计划与安排，是项目执行过程中的法规性文件，是进行施工管理，保证工程质量的管理性文件。

1. 施工质量计划的内容

（1）工程特点及施工条件分析（合同条件、法规条件和现场条件）；

（2）履行施工承包合同所必须达到的工程质量总目标及其分解目标，质量指标应具有可测量性；

（3）质量管理组织机构、人员，并明确职责；

（4）制定符合项目特点的技术保障和资源保障措施，通过可靠的预防控制措施，保证质量目标的实现；

（5）为确保工程质量所采取的施工技术方案、施工程序；

（6）材料设备质量管理及控制措施；

（7）工程检测项目计划及方法等；

（8）建立质量过程检查制度，并对质量事故的处理做出相应规定。

2. 施工质量计划的编制

施工质量计划不是一个孤立的文件，它与施工企业现行的各种管理文件有着密切的联系。在编制质量计划之前，需认真分析现有的质量文件，了解哪些文件可以直接接采用或引用，哪些需要补充。

（1）施工质量计划应由施工项目经理主持，技术负责人负责，由质量资源等有关人员参加编制。

（2）质量计划应使对施工项目的特殊质量要求能通过有效的措施得以满足，体现在从施工工序、分项工程、分部工程、单位工程到整个项目的施工过程控制，且应体现从资源投入到完成工程质量最终检验和试验的全过程控制。

（3）质量计划应成为对外质量保证和对内质量控制的依据。在合同情况下，施工单位通过质量计划可向业主证明其如何满足施工合同的特殊质量要求，并作为业主实施质量监督的依据；同时，也是企业内部实施过程质量控制的依据。

（4）在编制施工质量计划时应处理好与质量手册、质量管理体系、质量策划的关系。

（5）当企业的质量管理体系已经建立并有效运行时，质量计划仅需涉及与项目有关的那些活动。

（6）为满足顾客期望，应对项目或产出物的质量特性和功能进行识别、分类、衡量，以便明确目标值。

（7）应明确质量计划所涉及的质量活动，并对其责任和权限进行分配。

（8）保证质量计划与现行文件在要求上的一致性。

（9）质量计划应尽可能简明并便于操作。

施工质量计划编制完毕，应经企业技术领导审核批准，并按照施工承包合同的约定提交工程监理或建设单位批准确认后执行。

8.2.2 施工质量控制基本环节与一般方法

1. 施工质量控制的依据

(1) 共同性依据

指国家和政府有关部门颁布的与质量管理有关的法律和法规性文件等，如《建筑法》、《建设工程质量管理条例》等。

(2) 专业技术性依据

专业技术规范文件，即规范、规程、标准、规定等。如：《工程建设项目质量检验评定标准》；《混凝土结构工程施工质量验收规范》GB 50204—2002（2011 版）。

(3) 项目专用性依据

指本项目的工程建设合同、设计文件、设计交底及图纸会审记录、设计修改和技术变更等。

2. 施工质量控制的基本环节

为了保证工程项目的施工质量，应对施工全过程、全方位进行质量控制。运用动态控制原理，施工项目的质量控制可分为事前控制、事中控制和事后控制三个基本环节。

(1) 事前质量控制

即在正式施工前进行的事前主动质量控制，通过编制施工质量计划，明确质量目标，制定施工方案，设置质量控制点，落实质量责任，分析可能导致质量目标偏离的各种影响因素，针对这些影响因素制定有效的预防措施，防患于未然。

(2) 事中质量控制

即在施工质量形成过程中，对影响施工质量的各种因素进行全面的动态控制。事中控制首先是对质量活动的行为约束，其次是对质量活动过程和结果的监督控制。事中控制的关键是坚持质量标准，控制的重点是对工序质量、工作质量和质量控制点的控制。

(3) 事后质量控制

也称为事后质量把关，以使不合格的工序或最终产品（包括单位工程或整个工程项目）不流入下道工序。事后控制包括对质量活动结果的评价、认定和对质量偏差的纠正。控制的重点是发现施工质量方面的缺陷，并通过分析提出施工质量改进的措施，保持质量处于受控状态。

以上三大环节不是互相孤立和截然分开的，而是共同构成有机的系统过程，实质上也就是质量管理 PDCA 循环的具体化，在每一次滚动循环中不断提高，达到质量管理和质量控制的持续改进。

3. 施工质量控制的一般方法

(1) 质量文件审核

审核有关技术文件、报告或报表，是对工程质量进行全面管理的重要手段。这些文件包括：

　　1）施工单位的技术资质证明文件和质量保证体系文件；

　　2）施工组织设计和施工方案及技术措施；

　　3）有关材料和半成品及构配件的质量检验报告；

　　4）有关应用新技术、新工艺、新材料的现场试验报告和鉴定报告；

　　5）反映工序质量动态的统计资料或控制图表；

　　6）设计变更和图纸修改文件；

　　7）有关工程质量事故的处理方案；

　　8）相关方面在现场签署的有关技术签证和文件等。

　　(2) 现场质量检查

　　1）现场质量检查的内容包括：

　　① 开工前的检查：主要检查是否具备开工条件，开工后是否能够保持连续正常施工，能否保证工程质量。

　　② 工序交接检查：对于重要的工序或对工程质量有重大影响的工序，应产"三检"制度，即自检、互检、专检。未经监理工程师（或建设单位项目技术负责人）不得进行下道工序施工。

　　③ 隐蔽工程的检查：施工中凡是隐蔽工程必须检查认证后方可进行隐蔽掩盖。

　　④ 停工后复工的检查：因客观因素停工或处理质量事故等停工复工时，经检查认可复工。

　　⑤ 分项、分部工程完工后的检查：分项、分部工程完工后应经检查认可，并签署验收记录后，才能进行下一工程项目的施工。

　　⑥ 成品保护的检查：检查成品有无保护措施以及保护措施是否有效可靠。

　　2）现场质量检查的方法主要有目测法、实测法和试验法等。

　　① 目测法：即凭借感官进行检查，也称观感质量检验。其手段可概括为"看、摸、敲、照"四个字。看，就是根据质量标准要求进行外观检查。例如，清水墙面是否洁净，喷涂的密实度和颜色是否良好、均匀，工人的操作是否正常等；摸，就是通过触摸手感进行检查、鉴别，例如油漆的光滑度度，浆活是否牢固、不掉粉等；敲，就是运用敲击工具进行音感检查，例如，对地面工程、装饰工程中的水磨石、面砖、石材饰面等，均应进行敲击检查；照，就是通过人工光源或反射光照射，检查难以看到或光线较暗的部位，例如，管道井、电梯井等内部设备安装质量，装饰吊顶内连接及设备安装质量等。

　　② 实测法：就是通过实测，将实测数据与施工规范、质量标准的要求及允许偏差值进行对照，以此判断质量是否符合要求。其手段可概括为"靠、量、吊、套"四个字。靠，就是用直尺、塞尺检查诸如墙面、地面、路面等的平整度；量，就是指用测量工具和计量仪表等检查断面尺寸、轴线、标高、湿度、温度等的偏差，例如，大理石板拼缝尺寸与超差数量、摊铺沥青拌合料的温度、混凝土坍落度的检测等；吊，

就是利用托线板以及线锤吊线两线检查垂直度，例如，砌体、门窗安装的垂直度检查等；套，是以方尺套方，辅以塞尺检查。例如，对阴阳角的方正、踢脚线的垂直度、预制构件的方正、门窗口及构件的对角线检查等。

③ 试验法：是指通过必要的试验手段对质量进行判断的检查方法。主要包括：

理化试验。工程中常用的理化试验包括物理力学性能方面的检验和化学成分及其含量的测定等两个方面。力学性能的检验如各种力学指标的测定，包括抗拉强度、抗压强度、抗弯强度、抗折强度、冲击韧性、硬度、承载力等。各种物理性能方面的测定如密度、含水率、凝结时间、安定性及抗渗、耐磨及耐热性能等。化学成分及其含量的测定如钢筋中的磷、硫含量，混凝土中粗骨料中的活性氧化硅成分，以及耐酸、耐碱、抗腐蚀性等。此外，根据规定有时还需进行现场试验，例如，对桩或地基的静载试验、下水管道的通水试验、压力管道的耐压试验、防水层的蓄水或淋水试验等。

无损检测。利用专门的仪器、仪表从表面探测结构物、材料、设备的内部组织结构或损伤情况。常用的无损检测方法有超声波探伤、X 射线探伤、γ 射线探伤等。

8.2.3 质量因素的控制

1. 人的控制

人是生产过程的活动主体，其总体素质和个体能力决定一切质量活动的成果，因此，既要把人作为质量控制的对象，又要作为其他质量活动的控制能力。

人的控制内容包括：组织机构的整体素质和每一个体的知识、能力、生理条件、心理状态、质量意识、行为表现、组织纪律和职业道德等。目的是做到合理用人，发挥团队精神，调动人的积极性。

施工现场对人的控制，主要措施和途径有：

(1) 以项目经理的管理目标和职责为中心，合理组建项目管理机构，贯彻因事设岗，配备合适的管理人员。

(2) 严格实行分包单位的资质审查，控制分包单位的整体素质，包括技术素质、管理素质、服务态度和社会信誉等。

(3) 坚持作业人员持证上岗，特别是重要技术工种、特殊工种、高空作业等岗位。

(4) 加强现场管理、作业人员的质量意识教育及技术培训。适时开展作业过程质量保证的研讨交流活动。

(5) 严格现场管理制度和生产纪律，规范人的管理、作业行为。

(6) 加强激励、沟通活动，调动人的积极性。

2. 材料的控制

建筑工程采用的主要材料、半成品、成品、建筑构配件等（统称"材料"，下同）均进行现场验收。凡涉及工程安全及使用功能的有关材料，应按各专业工程质量验收规定进行复验，并应经监理工程师（建设单位技术负责人）检查认可。为了保证工程质量，施工单位应从以下几个方面把好原材料的质量控制关：

(1) 采购订货关

施工单位应制定合理的材料采购供应计划，在广泛掌握市场信息的基础上，优选材料生产单位或材料供货商，建立严格的合格供应方资格审查制度，确保采购订货的质量。

(2) 进场检验关

施工单位必须对水泥、钢筋、砂、石、混凝土强度、砂浆强度、混凝土外加剂、沥青、沥青混合料、防水涂料等材料进行进场抽样检验或试验，合格后才能使用。

(3) 存储和使用关

施工单位必须加强材料进场后的存储和使用管理，避免材料变质（如水泥的受潮结块、钢筋的锈蚀等）和使用规格、性能不符合要求的材料造成工程质量事故。同时施工单位既要做好对材料的合理调度，避免现场材料的大量积压，又要做好对材料的合理堆放，并正确使用材料，在使用材料时进行及时的检查和监督。

3. 设备的质量控制

施工机械设备的质量控制，就是要使施工机械设备的类型、性能、参数等与施工现场的实际条件、施工工艺、技术要求等因素相匹配，满足施工生产的实际要求。其质量控制主要从机械设备的选型、主要性能参数指标的确定和使用操作要求等方面进行。

(1) 机械设备的选型：机械设备的选择，应按照技术上先进、生产上适用、经济上合理、使用上安全、操作上方便的原则进行。选配的施工机械应具有工程的适用性，具有保证工程质量的可靠性，具有使用操作的方便性和安全性。

(2) 主要性能参数指标的确定：主要性能参数是选择机械设备的依据，其参数指标的确定必须满足施工的需要和保证质量的要求。只有正确确定主要的性能参数，才能保证正常的施工，不致引起安全质量事故。

(3) 使用操作要求：合理使用机械设备，正确地进行操作，是保证项目施工质量的重要环节。应贯彻"持证上岗"和"人机固定"原则，实行定机、定人、定岗位职责的使用管理制度，在使用中严格遵守操作规程和机械设备的技术规定，做好机械设备的例行保养，使机械保持良好的技术状态，防止出现安全质量事故，确保工程施工质量。

4. 工艺方案的质量控制

在工程项目质量控制系统中，制定和采用技术先进、经济合理、安全可靠的施工技术工艺方案，是工程质量控制的重要环节。对施工工艺方案的质量控制主要包括以下内容：

(1) 深入正确地分析工程特征、技术关键及环境条件等资料，明确质量目标、验收标准、控制的重点和难点；

(2) 制定合理有效的有针对性的施工技术方案和组织方案，前者包括施工工艺、施工方法，后者包括施工区段划分、施工流向及劳动组织等；

（3）合理选用施工机械设备和施工临时设施，合理布置施工总平面图和各阶段施工平面图；

（4）选用和设计保证质量和安全的模具、脚手架等施工设备；

（5）编制工程所采用的新材料、新技术、新工艺的专项技术方案和质量管理方案；

（6）针对工程具体情况，分析气象、地质等环境因素对施工的影响，制定应对措施。

5. 施工环境因素的控制

环境的因素主要包括施工现场自然环境因素、施工质量管理环境因素和施工作业环境因素。环境因素对工程质量的影响，具有复杂多变和不确定性的特点。主要是采取预测、预防的控制方法。

（1）对施工现场自然环境因素的控制

对地质、水文等方面影响因素，采取如基坑降水、排水、加固围护等技术控制方案。对天气气象方面的影响因素，应在施工方案中制定专项预案，落实人员、器材等。

（2）对施工质量管理环境因素的控制

施工质量管理环境因素主要指施工单位质量保证体系、质量管理制度和各参建施工单位之间的协调等因素。要根据工程承发包的合同结构，理顺管理关系，建立统一的现场施工组织系统和质量管理的综合运行机制，确保质量保证体系处于良好的状态，保证施工质量。

（3）对施工作业环境因素的控制

施工作业环境因素主要是指施工现场的给水、排水条件，各种能源介质供应，施工照明、通风、安全防护设施，施工场地空间条件和通道以及交通运输和道路条件等因素。

8.2.4 施工阶段的质量控制

施工阶段的质量控制包括：施工准备质量控制、施工过程质量控制和施工验收质量控制。

8.2.4.1 施工准备质量控制

1. 技术准备的质量控制

技术准备是指在正式开展施工作业活动前进行的技术准备工作。这类工作内容繁多，主要在室内进行，例如：熟悉施工图纸，进行详细的设计交底和图纸审查，细化施工技术方案和施工人员，机具的配置方案，编制施工作业技术指导书，绘制各种施工详图（如测量放线图、大样图及配筋、配板、配线图表等），进行必要的技术交底和技术培训。技术准备的质量控制，包括对上述技术准备工作成果的复核审查，检查这些成果有无错漏，是否符合相关技术规范、规程的要求和对施工质量的保证程度；制订施工质量控制计划，设置质量控制点，明确关键部位的质量管理点等。

2. 现场施工准备的质量控制

(1) 工程定位和标高基准的控制

工程测量放线是建设工程产品由设计转化为实物的第一步。施工测量质量的好坏，直接决定工程的定位和标高是否正确，并且制约施工过程有关工序的质量。因此，施工单位必须对建设单位提供的原始坐标点、基准线和水准点等测量控制点进行复核，并将复测结果上报监理工程师审核，批准后施工单位才能据此建立施工测量控制网，进行工程定位和标高基准的控制。

(2) 施工平面布置的控制

建设单位应按照合同约定并考虑施工单位施工的需要，事先划定并提供施工用地和现场临时设施用地的范围。施工单位要合理科学地规划使用好施工场地，保证施工现场的道路畅通、材料的合理堆放、良好的防洪排水能力、充分的临时给水和供电设施以及正确的机械设置。工程从施工准备开始到竣工交付使用，要经过若干工序、工种的配合施工，还要制订施工场地质量管理制度，并做好施工现场的质量检查记录。

8.2.4.2　施工过程质量控制

1. 技术交底

做好技术交底是保证施工质量的重要措施之一。项目开工前应由项目技术负责人向承担施工的负责人或分包人进行书面技术交底，技术交底资料应办理签字手续并归档保存。每一分部工程开工前均应进行作业技术交底。技术交底书应由施工项目技术人员编制，并经项目技术负责人批准实施。技术交底的内容主要包括：任务范围、施工方法、质量标准和验收标准，施工中应注意的问题，可能出现意外的预防措施及应急方案，文明施工和安全防护措施以及成品保护要求等。技术交底应围绕施工材料、机具、工艺、工法、施工环境和具体的管理措施等方面进行，应明确具体的步骤、方法、要求和完成的时间等。技术交底的形式有：书面、口头、会议、挂牌、样板和示范操作等。

2. 测量控制

项目开工前应编制测量控制方案，经项目技术负责人批准后实施。对相关部门提供的测量控制点应在施工准备阶段做好复核工作，经审批后进行施工测量放线，并保存测量记录。在施工过程中应对设置的测量控制点线妥善保护，不准擅自移动。施工过程中必须认真进行施工测量复核工作，这是施工单位应履行的技术工作职责，其复核结果应报送监理工程师复验确认后，方能进行后续相关工序的施工。常见的施工测量复核有：

(1) 工业建筑测量复核：厂房控制网测量、桩基施工测量、柱模轴线与高程检测、厂房结构安装定位检测、设备基础与预埋螺栓定位检测等。

（2）民用建筑测量复核：建筑物定位测量、基础施工测量、墙体皮数杆检测、楼层轴线检测、楼层间高程传递检测等。

（3）高层建筑测量复核：建筑场地控制测量、基础以上的平面与高程控制、建筑物中垂准检测和施工过程中沉降变形观测等。

（4）管线工程测量复核：管网或输配电线路定位测量、地下管线施工检测、架空管线施工检测、多管线交汇点高程检测等。

3. 计量控制

从工程质量控制的角度，施工计量管理主要是指施工现场的投料计量和施工测量、检验的计量管理。它是有效控制工程质量的基础工作，计量失真和失控，不但会造成工程质量隐患，而且也会造成经济损失。

（1）工程施工计量管理应按照计量工作的法制性、统一性、准确性等规定要求进行，增强计量意识、法制观念和监督机制。

（2）应正确选择各种计量器具、仪器仪表，并做好经常性的维护保养和定期校准计量器具的精度和灵敏度，防止因计量器具失真失控、计量误差超标造成工程质量隐患；应加强计量工作责任制，建立计量管理制度，做到专人管理计量器具，严格执行计量操作程序和规程，规范计量记录等，以保证各项计量的准确性。

4. 工序控制

工序是指一个（或一组）工人在一个工作地点对一个（或若干个）劳动对象连续完成的各项生产活动的总和。建设工程项目施工是由一系列相互关联的工序构成，因此施工质量控制必须对各道工序质量持续控制。

（1）工序质量的内容

工序质量控制主要包括：工序施工条件质量控制和工序施工效果质量控制。工序施工条件是指从事工序活动的各生产要素质量及生产环境条件。工序施工条件控制就是控制工序活动的各种投入要素质量和环境条件质量。控制的手段主要有：检查、测试、试验、跟踪监督等。控制的依据主要有：设计质量标准、材料质量标准、机械设备技术性能标准、施工工艺标准以及操作规程等。工序施工效果主要反映在工序产品的质量特征和特性指标。对工序施工效果的控制就是控制工序产品的质量特征和特性指标达到设计质量标准以及施工质量验收标准的要求。工序施工质量控制属于事后质量控制，其控制的主要途径是：实测获取数据、统计分析所获取的数据、判断认定质量等级和纠正质量偏差。

（2）工序质量控制的原理。采用数理统计方法，通过对工序样本数据进行统计、分析，来判断整个工序质量的稳定性。若工序不稳定，则应采取对策和措施予以纠正，从而实现对工序量的有效控制。其基本步骤是：

1）检测。采用必要的检测工具和手段，对工序样本进行检测。

2）分析。采用数理统计方法对所得数据进行分析，为正确判断工序质量状况提供依据。

3）判断。根据分析结果，判断工序状态。数据是否符合正态分布状态；是否在质量标准规定的范围之内；是否在控制图的控制界限之间；是属于正常状态还是异常状态；是偶然因素引起的质量变异还是系统因素引起的质量变异等。

4）对策。根据判断的结果，采取相应的对策。若出现异常情况，则应查找原因，予以纠正，并采取措施加以预防，以达到控制工序质量的目的。

（3）工序质量控制的原则

1）严格遵守工序作业标准或规程；

2）主动控制工序活动条件的质量；

3）及时控制工序活动效果的质量；

4）合理设置工序质量控制点。

5. 特殊过程的质量控制

特殊过程是指该施工过程或工序的施工质量不易或不能通过其后的检验和试验而得到充分的验证，或者万一发生质量事故则难以挽救的施工过程。特殊过程的质量控制是施工阶段质量控制的重中之重。对在项目质量计划中界定的特殊过程，应设置工序质量控制点，抓住影响工序施工质量的主要因素进行强化控制。

（1）选择质量控制点的原则

质量控制点的选择应以那些保证质量的难度大、对质量影响大或是发生质量问题时危害大的对象进行设置。选择的原则是：对工程质量形成过程产生直接影响的关键部位、工序或环节及隐蔽工程；施工过程中的薄弱环节，或者质量不稳定的工序、部位或对象；对下道工序有较大影响的上道工序；采用新技术、新工艺、新材料的部位或环节；施工上无把握的、施工条件困难的或技术难度大的工序或环节；用户反馈指出和过去有过返工的不良工序。

根据上述选择质量控制点的原则，一般建筑工程质量控制点的位置可参考表 8-1。

质量控制点设置位置　　　　　　　　　　　　　　　　表 8-1

分项工程	质量控制点
工程测量定位	标准轴线桩、水平桩、龙门板、标高
地基、基础（含设备基础）	基坑（槽）尺寸、标高、土质、地基承载力、基础垫层标高，基础位置、尺寸、标高，预埋件、预留洞孔的位置、标高、规格、数量，基础杯口弹线
砌体	砌体轴线，皮数杆，砂浆配合比，预留洞孔、预埋件的位置、数量，砌块排列
模板	位置、标高、尺寸，预留孔洞位置、尺寸，预埋件位置，模板的强度、刚度和稳定性，模板内部清理及润湿情况
钢筋混凝土	水泥品种、强度等级，砂石质量，混凝土配合比，外加剂比例，混凝土振捣，钢筋品种、规格、尺寸、搭接长度，钢筋焊接、机械连接，预留洞孔及预埋件规格、位置、尺寸、数量，预埋构件吊装或出厂（脱模）强度，吊装位置、标高、支承长度、焊缝长度

续表

分项工程	质量控制点
吊装	吊装设备的起重功能、吊具、锁具、地锚
钢结构	翻样图、放大样
焊接	焊接条件、焊接工艺
装修	视具体情况而定

(2) 质量控制点设置的对象

质量控制点的设置要正确、有效，要根据对重要质量特性进行重点控制的要求，选择施工过程的重点部位、重点工序和重点质量因素作为质量控制的对象，进行重点预控和过程控制，从而有效地控制和保证施工质量。质量控制点中重点控制的对象主要包括以下几个方面：

1) 人的行为。某些操作或工序，应以人作为重点控制对象，比如：高空、高温、水下、易燃易爆、重型构件吊装作业以及操作要求高的工序和技术难度大的工序等，都应从人的生理、心理、技术能力等方面进行控制。

2) 材料的质量与性能。这是直接影响工程质量的重要因素，在某些工程中应作为控制的重点。例如：钢结构工程中使用的高强螺栓、某些特殊焊接使用的焊条，都应重点控制其材质与性能；又如水泥的质量是直接影响混凝土工程质量的关键因素，施工中就应对进场的水泥质量进行重点控制，必须检查核对其出厂合格证，并按要求进行强度和安定性的复试等。

3) 施工方法与关键操作。某些直接影响工程质量的关键操作应作为控制的重点，如预应力钢筋的张拉工艺操作过程及张拉力的控制，是可靠地建立预应力值和保证预应力构件质量的关键过程。同时，那些易对工程质量产生重大影响的施工方法，也应列为控制的重点，如大模板施工中模板的稳定和组装问题、液压滑模施工时支承杆稳定问题、升板法施工中提升差的控制等。

4) 施工技术参数。如混凝土的外加剂掺量、水灰比，回填土的含水率，砌体的砂浆饱满度，防水混凝土的抗渗等级，钢筋混凝土结构的实体检测结果及混凝土冬期施工受冻临界强度等技术参数都是应重点控制的质量参数与指标。

5) 技术间歇。有些工序之间必须留有必要的技术间歇时间，例如砌筑与抹灰之间，应在墙体砌筑后留 6～10 天时间，让墙体充分沉陷、稳定、干燥，再抹灰；抹灰层干燥后，才能喷白、刷浆；混凝土浇筑与模板拆除之间，应保证混凝土有一定的硬化时间，达到规定拆模强度后方可拆除等。

6) 施工顺序。对于某些工序之间必须严格控制施工的先后顺序，比如对冷拉的钢筋应当先焊接后冷拉，否则会失去冷强；屋架的安装固定，应采取对角同时施焊方法，否则会由于焊接应力导致校正好的屋架发生倾斜。

7) 易发生或常见的质量通病。例如：混凝土工程的蜂窝、麻面、空洞，墙、地面、屋面防水工程渗水、漏水、空鼓、起砂、裂缝等，都与工序操作有关，均应事先研究对策，提出预防措施。

8）新技术、新材料及新工艺的应用。由于缺乏经验，施工时应将其作为重点进行控制。

9）产品质量不稳定和不合格率较高的工序应列为重点，认真分析、严格控制。

10）特殊地基或特种结构。对于湿陷性黄土、膨胀土、红黏土等特殊土地基的处理，以及大跨度结构、高耸结构等技术难度较大的施工环节和重要部位，均应予以特别的重视。

【知识链接】质量控制对象根据它们的重要程度和监督控制要求不同，可以设置"见证点"或"停止点"。"见证点"和"停止点"都是质量控制点，由于它们的重要性或其质量后果影响程度有所不同，它们的运作程序和监督要求也不同。

见证点的运作程序和监督要求：施工单位应在到达某个见证点之前的一定时间，书面通知监理工程师，说明将到达该见证点准备施工的时间，请监理人员届时现场进行见证和监督；监理工程师收到通知后，应在"施工跟踪档案"上注明收到该通知的日期并签字；监理人员应在约定的时间到现场见证，监理人员应对见证点实施过程进行监督、检查，并在见证表上作详细记录后签字；如果监理人员在规定的时间未能到场见证，施工单位可以认为已获监理工程师认可，有权进行该项施工；如果监理人员在此之前已到现场检查，并将有关意见写在"施工跟踪档案"上，则施工单位应写明已采取的改进措施，或具体意见。

停止点是重要性高于见证点的质量控制点，它通常是针对"特殊过程"或"特殊工艺"而言。凡列为停止点的控制对象，要求必须在规定的控制点到来之前通知监理方派人对控制点实施监控，如果监理方未能在约定的时间到现场监督、检查，施工单位应停止进入该控制点相应的工序，并按合同规定等待监理方，未经认可不能越过该点继续活动。通常用书面形式批准其继续进行，但也可以按商定的授权制度批准其继续进行。

见证点和停止点通常由工程承包单位在质量计划中明确，但施工单位应将施工计划和质量提交监理工程师审批。如果监理工程对见证点和停止的设置有不同意见，应书面通知施工单位，要求予以修改，再报监理工程审批后执行。

6. 成品保护的控制

所谓成品保护一般是指在项目施工过程中，某些部位已经完成，而其他部位还在施工，在这种情况下，施工单位必须负责对已完成部分采取妥善的措施予以保护，以免因成品缺乏保护或保护不善而造成损伤或污染，影响工程的实体质量。加强成品保护，首先要加强教育，提高全体员工的成品保护意识，同时要合理安排施工顺序，采取有效的保护措施。

8.2.4.3　施工验收质量控制

施工项目的质量验收是质量控制的重要环节，其内容包括施工过程的质量验收和项目竣工验收。

1. 建筑工程质量验收的划分

建筑工程质量验收应划分为单位（子单位）工程、分部（子分部）工程、分项工程和检验批。

(1) 单位工程的划分应按下列原则确定

1) 具备独立施工条件并能形成独立使用功能的建筑物或构筑物为一个单位工程；

2) 建筑规模较大的单位工程，可将其能形成独立使用功能的部分划为若干个子单位工程。

(2) 分部工程的划分应按下列原则确定

1) 分部工程的划分应按专业性质、建筑部位确定；

2) 当分部工程较大或较复杂时，可按材料种类、施工特点、施工程序、专业系统及类别等划分为若干子分部工程。

(3) 分项工程应按主要工种、材料、施工工艺、设备类别等进行划分

分项工程可由一个或若干个检验批组成，检验批可根据施工及质量控制和专业验收需要按楼层、施工段、变形缝等进行划分。

2. 施工过程的工程质量验收

施工过程的工程质量验收，是在施工过程中、在施工单位自行质量检查评定的基础上，参与建设活动的有关单位共同对检验批、分项、分部、单位工程的质量进行抽样复验，根据相关标准以书面形式对工程质量达到合格与否做出确认。

(1) 检验批质量验收合格应符合下列规定

1) 主控项目和一般项目的质量经抽样检验合格；

2) 具有完整的施工操作依据、质量检查记录。

检验批是工程验收的最小单位，是分项工程乃至整个建筑工程质量验收的基础。检验批是施工过程中条件相同并有一定数量的材料、构配件或安装项目，由于其质量基本均匀一致，因此可以作为检验的基础单位，并按批验收。

(2) 分项工程质量验收合格应符合下列规定

1) 分项工程所含的检验批均应符合合格质量的规定；

2) 分项工程所含的检验批的质量验收记录应完整。

分项工程的质量验收在检验批验收的基础上进行。一般情况下，两者具有相同或相近的性质，只是批量的大小不同而已。

(3) 分部（子分部）工程质量验收合格应符合下列规定

1) 分部（子分部）工程所含分项工程的质量均应验收合格；

2) 质量控制资料应完整；

3) 地基与基础、主体结构和设备安装等分部工程有关安全及使用功能的检验和抽样检测结果应符合有关规定；

4) 观感质量验收应符合要求。

分部工程的验收在其所含各分项工程验收的基础上进行。

（4）单位（子单位）工程质量验收合格应符合下列规定

1）单位（子单位）工程所含分部（子分部）工程的质量均应验收合格；

2）质量控制资料应完整；

3）单位（子单位）工程所含分部工程有关安全和使用功能的检测资料应完整；

4）主要功能项目的抽查结果应符合相关专业质量验收规范的规定；

5）观感质量验收应符合要求。

（5）在施工过程的工程质量验收中发现质量不符合要求的处理办法

1）经返工重做或更换器具、设备检验批，应重新进行验收。

2）经有资质的检测单位鉴定达到设计要求的检验批，应予以验收。

3）经有资质的检测单位鉴定达不到设计要求但经原设计单位核算认可能满足结构安全和使用功能的检验批，可予以验收。

4）经返修或加固的分项、分部工程，虽然改变外形尺寸但仍能满足安全使用要求，可按技术处理方案和协商文件进行验收。

5）通过返修或加固仍不能满足安全使用要求的分部工程、单位（子单位）工程，严禁验收。

3. 施工项目竣工质量验收

施工项目竣工质量验收是施工质量控制的最后一个环节，是对施工过程质量控制成果的全面检验，是从终端把关方面进行质量控制。未经验收或验收不合格的工程，不得交付使用。

（1）施工项目竣工质量验收的依据

施工项目竣工质量验收的依据主要包括：国家和有关部门颁发的施工、验收规范和质量标准；上级主管部门的有关工程竣工验收的文件和规定；批准的设计文件、施工图纸及说明书；双方签订的施工合同；设备技术说明书；设计变更通知书；有关的协作配合协议书等。

（2）施工项目竣工质量验收的要求

1）建筑工程施工质量应符合《建筑工程施工质量验收统一标准》GB 50300—2013 和相关专业验收规范的规定；

2）建筑工程施工应符合工程勘察、设计文件的要求；

3）参加工程施工质量验收的各方人员应具备规定的资格；

4）工程质量的验收均应在施工单位自行检查评定的基础上进行；

5）隐蔽工程在隐蔽前应由施工单位通知有关单位进行验收，并应形成验收文件；

6）涉及结构安全的试块、试件以及有关材料，应按规定进行见证取样检测；

7）检验批的质量应按主控项目和一般项目验收；

8）对涉及结构安全和使用功能的重要分部工程应进行抽样检测；

9）承担见证取样检测及有关结构安全检测的单位应具有相应资质；

10）工程的观感质量应由验收人员通过现场检查，并应共同确认。

（3）施工项目竣工质量验收程序和组织

1）检验批及分项工程应由监理工程师（建设单位项目技术负责人）组织施工单位项目专业质量（技术）负责人等进行验收。

2）分部工程应由总监理工程师（建设单位项目负责人）组织施工单位项目负责人和技术、质量负责人等进行验收；地基与基础、主体结构分部工程的勘察、设计单位工程项目负责人和施工单位技术、质量部门负责人也应参加相关分部工程验收。

3）单位工程完工后，施工单位应自行组织有关人员进行检查评定，并向建设单位提交工程验收报告。

4）建设单位收到工程报告后，应由建设单位（项目）负责人组织施工（含分包单位），设计、监理等单位（项目）负责人进行单位（子单位）工程验收。

5）单位工程有分包单位施工时，分包单位对所承包的工程按规定的程序检查评定，总包单位应派人参加。分包工程完成后，应将工程有关资料交总包单位。

6）当参加验收各方对工程质量验收意见不一致时，可请当地建设行政主管部门或工程质量监督机构协调处理。

7）单位工程质量验收合格后，建设单位应在规定时间内将工程竣工验收报告和有关文件报建设行政管理部门备案。

学习单元 3　质量控制的统计分析方法

8.3.1　排列图

排列图是根据"关键的少数和次要的多数"的基本原理，对产品质量的影响因素按影响程度大小主次排列，找出主要因素，采取措施加以解决。此法多用于废品分析。

排列图是由一个横坐标，两个纵坐标，n 个直方形和一条折线所组成。横坐标表示影响质量的各个因素，按影响程度大小从左至右排列；左边纵坐标表示影响因素的频数，右边纵坐标表示累计频率（％）；直方形高度表示因素影响的程度，由各影响因素累积百分数连成的折线称为排列图曲线或巴雷特曲线，下面举例分析说明。

【案例 8-1】某框架结构现浇混凝土柱施工中，经检验发现其超出允许偏差的点数（频数）如表 8-2 所列，试用排列图法分析其主要质量问题。

现浇混凝土柱超差点数表　　　　　　　　　　　　　　**表 8-2**

序号	项目	点数（频数）	频率（%）	累计频率（%）
1	轴线位移	80	53.3	53.3
2	柱高	30	20	73.3
3	截面尺寸	20	13.3	86.6
4	垂直度	10	6.7	93.3
5	其他	10	6.7	100

图 8-2　现浇混凝土柱质量问题排列图

解： 由表 8-2 可绘制排列图，如图 8-2 所示。

从图中可知，现浇混凝土柱的质量问题，主要存在于轴线位移及柱高两方面，若能将这两方面的质量提高，就能解决 73.3% 的质量问题。

在分析排列图时，一般将其中的累积频率分为 3 类：0～80% 为 A 类，是主要影响因素；80%～ 90% 为 B 类，是次要因素；90%～ 100% 为 C 类，是一般影响因素。

作排列图时应注意以下几点：

（1）主要因素不能太多，最好一或两个，否则将失去意义。

（2）将不太重要的因素合并在"其他"项内，以免横坐标太长。

（3）排列图可以连续使用，以求一步一步深入寻找原因。

8.3.2　质量控制的因果分析图法

因果分析图又称鱼刺图或树枝图。是一种用于寻找质量问题产生的主要原因、并分析原因与结果之间关系图。

因果分析图是由原因和结果两部分组成，结果是具体的质量问题，原因即影响质量的因素，一般有人、机器设备、工艺方法、原材料和环境等 5 大原因，每一大原因又可分为中原因、小原因等，如图 8-3 所示。通过原因的依次展开分析，就可找到产生质量问题的直接原因。

图 8-3　因果分析图的一般形式

因果分析图的绘制一般分 4 步进行：

（1）根据质量特性结果，画出质量问题主干线。

（2）确定影响质量特性的大原因（大枝），一般有如上所述的人、机、料、法、环等 5 个方面。

（3）进一步确定影响质量的中、小原因以至更小原因，画出各中、小细枝。

（4）结合生产实际情况，对重要的原因进行附注说明，并在图上用"♯"标出，以引起重视。

【案例 8-2】某工程混凝土强度不足的因果分析图，如图 8-4 所示。

图 8-4　混凝土强度不足的因果分析图

通过对因果分析图分析的结果为：影响混凝土强度不足的主要原因是砂子含泥量大、青工水平低、搅拌机失修和配比不当。针对这 4 种影响因素应采取相应对策并责任到人，以便尽快解决问题，保证混凝土强度这一质量目标的实现。

8.3.3　质量控制的直方图法

直方图又称频数分布直方图或质量分布图。是用于整理质量数据，并对质量波动分布状态及其特性值进行推断的图示方法。运用直方图可以判断生产过程是否正常，估计产品质量的优劣和推测工序的不合格情况，并根据质量特性的分布情况进行适当调整，达到质量控制的目的。

8.3.3.1　直方图的绘制方法

1. 数据的收集与整理

为使随机收集的数据更具有代表性，一般数据收集不少于 50 组。

【案例 8-3】某工地在一段时间内生产的 30MPa 混凝土，为检验其抗压强度共做试块 100 组，经过相同条件养护 28 天，测得其抗压强度见表 8-3，试绘制其抗压强度直方图。

混凝土试块强度统计表　　　　　　　表 8-3

序号	质　量　数　据（MPa）										最大值（MPa）	最小值（MPa）
1	32.2	31.5	31.9	30.2	32.5	31.2	32.7	31.8	29.8	32.4	32.7	29.8
2	30.2	32.6	27.8	32.4	31.9	33.3	32.0	32.1	33.8	30.8	33.8	27.8
3	31.0	30.7	32.6	31.8	32.5	30.0	31.5	31.9	34.1	30.6	34.1	30.0
4	31.3	32.7	32.8	32.3	31.8	33.2	31.2	30.1	34.5	32.4	34.5	30.1
5	31.6	32.9	33.2	29.1	32.4	31.4	32.1	31.8	31.5	32.3	33.2	29.1
6	31.8	31.7	32.9	32.4	31.9	31.6	32.5	32.4	35.5	31.2	35.5	31.2
7	32.4	31.5	33.1	32.1	29.4	33.1	31.9	32.5	31.4	32.1	33.1	29.4
8	32.5	33.2	31.2	31.9	34.2	31.5	29.6	31.5	31.7	31.9	34.2	29.6
9	30.5	33.1	32.8	31.4	31.6	33.2	32.3	31.6	32.1	32.3	33.2	30.5
10	30.9	32.8	33.2	31.7	32.4	33.5	31.6	33.4	31.9	31.5	33.5	30.9

从表中最大值栏中选出全体数据中的最大值 $X_{max}=35.5MPa$，从最小值栏中选出最小值 $X_{max}=27.8MPa$，最大值与最小值之差为 7.7MPa，即极差 $R=7.7MPa$。

2. 确定直方图的组数和组距

直方图的组数视数据多少而定，当数据为 50～200 个时可分为 8～12 组；当数据为 200 个以上时可分为 10～20 组；一般情况下常用 10 组。本例设组数 $K=10$ 组。组距用 h 表示，其近似计算公式为

$$h=\frac{X_{max}-X_{min}}{K}$$ （8-1）

用上式计算出本例 $h=0.8$。

3. 计算并确定组界值

确定组界值时，应注意各组界值相邻区间的数值应是连续的，即前一区间的上界值应等于后一区间的下界值。另外，为避免数据落在区间分界上，一般把区间分界值比数据值提高一级精度。本例第一区间下界值可取最小值减 0.05，即为 27.75，上界值则为其下界值加组距 h 即为 28.55。为保持分组连续，第二区间下界值取为 28.55，上界值取其下界值加组距，即 29.35，其他区间上、下界值的确定以此类推。

4. 编制频数分布统计表

根据所确定的组界值进行频数统计，并计算频率，编制出频数分布统计表见表 8-4。

频数分布统计表　　　　　　　表 8-4

序号	分组区间（MPa）	频数	频率（%）
1	27.55～28.55	1	1
2	28.55～29.35	1	1

续表

序号	分组区间（MPa）	频数	频率（%）
3	29.35～30.15	5	5
4	30.15～30.95	7	7
5	30.95～31.75	24	24
6	31.75～32.55	38	38
7	32.55～33.35	17	17
8	33.35～34.15	4	4
9	34.15～34.95	2	2
10	34.95～35.75	1	1
累计		100	100

5. 绘直方图

画直角坐标，横坐标表示质量统计数据分组区间，纵坐标代表各分组区间内质量数据出现的频数。本例的混凝土强度直方图如图 8-5 所示。

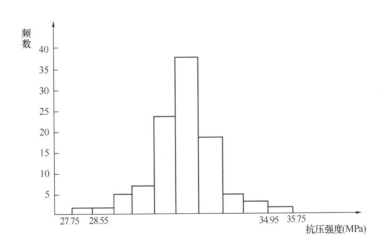

图 8-5　混凝土抗压强度频数分布直方图

8.3.3.2　频数分布直方图的观察分析

直方图是一种有效的现场分析工具，一般从两方面进行观察分析。

1. 判断质量数据分布状态

将直方图形状与各种典型直方图比较，大致看出产品质量的分布情况，若发现质量问题，就可以分析原因，采取有效措施。典型直方图有以下 6 种，如图 8-6 所示。

图 8-6（a）呈正常形，以中间为峰，大体上向左右两边对称分布，一般正常状态下的质量特性呈此分布；图 8-6（b）呈锯齿形，产生的原因往往是因为数据分组不当或测量方法、读数不准确所致；图 8-6（c）呈偏峰形（又称单侧缓坡形），产生的原因是操作时对另一侧界限控制太严所致；图 8-6（d）呈孤岛形，产生的原因一般是

由于少数原材料不合格或短时间内操作人员违反操作规程所致；图 8-6（e）呈双峰形，造成此形的原因一般是由于收集数据时分类工作做得不够好，使两个不同的分布（如不同的操作者或不同的操作方法）混淆在一起所造成的；图 8-6（f）呈绝壁形，产生的原因主要是由于操作者的主观因素（如考虑到返修余地），也有可能是由于收集质量数据时有意不收集废品的质量数据所致。

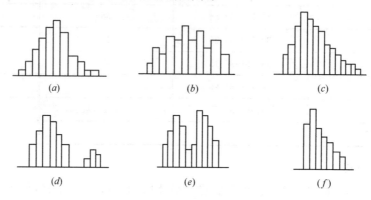

图 8-6　几种常见的典型直方图

（a）对称形；（b）锯齿形；（c）偏峰形；（d）孤岛形；（e）双峰形；（f）绝壁形

2. 判断质量保证能力

将直方图的实际数据分布范围 B 与公差界限 T（即质量标准要求的界限）比较，可以看出数据分布是否都在公差范围内，进而判断产品质量的波动情况和掌握工序质量情况。两者对比大致可分为如图 8-7 所示的 6 种情况。

图 8-7 中 μ 表示实际分布的中心值，B 和 T 比较一般可分为两种情况：

（1）B 包含在 T 内，实际中可碰到如下几种情况：

1）B 和 T 的分布中心重合，实际尺寸分布两边有一定余地，此为理想的质量保证能力状态，如图 8-7（a）所示；

2）中心稍有偏差，B 和 T 一端界限重合，有超差的可能，必须采取措施纠正偏差，如图 8-7（b）所示；

3）B 和 T 两端界限重合，质量数据太分散没有任何余地，稍一不慎就会超差，此时应采取对策提高加工或施工质量，减少数据分散，以提高质量保证能力，如图 8-7（c）所示；

4）T 过分大于 B，说明质量控制过于严格，质量虽好但却不够经济，此时应适当放松质量控制以提高生产率，降低成本，如图 8-7（d）所示。

（2）B 不包含在 T 内，有两种情况：

1）B 和 T 的界限交叉，中心过分偏移，产生单边超差出现不合格质量，此时应立即调整，使分布移至中心避免再出现废品，如图 8-7（e）所示。

2）B 大于 T，产生双边超差，必然出现废品，这说明质量保证能力不足，应立即采取措施提高质量保证能力，尽快消除系统性误差，不得已时也可放宽质量标准，如图 8-7（*f*）所示。

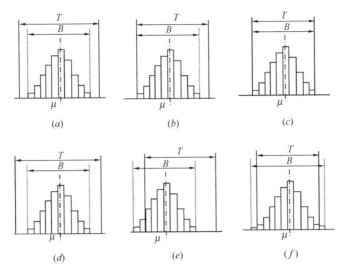

图 8-7　直方图分布范围与标准比较

8.3.4　质量控制的分层法和统计分析表法

1. 分层法（又称分类法）

分层法是把搜集的质量数据根据不同的目的，按一定的标志把性质相同的数据各自归类进行分析的方法。它既是加工整理数据的一种重要方法，又是分析问题的一种基本方法。层次分得越细，所搜集的数据分散性越小，从而使数据反映的事实、原因、责任等暴露得越明显，越便于找出问题、采取措施。还可与其他方法连用，做出分层排列图、分层直方图、分层控制图等，以解决质量问题。

这种方法没有规定的格式，在工程质量控制中，可根据实际情况进行如下分类：

（1）按施工单位或施工班数或操作者进行分类。

（2）按单位工程或分部分项工程进行分类。

（3）按质量问题的性质进行分类。

（4）按材料进行分类（不同产地、规格、成分等）。

（5）按操作方法分类（如不同的操作条件、环境、工艺等）。

（6）按操作手段分类（如不同的仪器、仪表等）。

（7）按数据发生的时间分类（如不同班次、不同作业时间等）。

（8）按设备分类（如不同型号、不同新旧程度的施工设备、工具等）。

（9）按其他方法进行分类。

【案例 8-4】钢筋焊接质量的调查分析，共检查了 50 个焊接点，其中不合格 19 个，不合格率为 38％。存在严重的质量问题，试用分层法分析质量问题的原因。

解：现已查明这批钢筋的焊接是由 A、B、C 三个师傅操作的，而焊条是由甲、乙两个厂家提供的。因此，分别按操作者和焊条生产厂家进行分层分析，即考虑一种因素单独的影响，见表 8-5 和表 8-6。

按操作者分层 表 8-5

操作者	不合格	合格	不合格率（%）
A	6	13	32
B	3	9	25
C	10	9	53
合计	19	31	38

按供应焊条厂家分层 表 8-6

工厂	不合格	合格	不合格率（%）
甲	9	14	39
乙	10	17	37
合计	19	31	38

由表 8-5 和表 8-6 分层分析可见，操作者 B 的质量较好，不合格率 25%；而不论用甲厂还是乙厂的焊条，不合格率都很高且相差不大。为了找出问题之所在，再进一步综合分层进行分析，即考虑两种因素共同影响的结果。见表 8-7。

从表 8-7 的综合分层法分析可知，在使用甲厂的焊条时，应采用 B 师傅的操作方法为好；在使用乙厂的焊条时，应采用 A 师傅的操作方法为好，这样会使合格率大大地提高。

分层法是质量控制统计分析方法中最基本的一种方法。其他统计方法一般都要与分层法配合使用，如排列图法、直方图法、控制图法、相关图法等，常常是首先利用分层法将原始数据分门别类，然后再进行统计分析的。

综合分层分析焊接质量 表 8-7

操作者	焊接质量	甲 厂		乙 厂		合 计	
		焊接点	不合格率(%)	焊接点	不合格率(%)	焊接点	不合格率(%)
A	不合格	6	75	0	0	6	32
	合格	2		11		13	
B	不合格	0	0	3	43	3	25
	合格	5		4		9	
C	不合格	3	30	7	78	10	53
	合格	7		2		9	
合计	不合格	9	39	10	37	19	38
	合格	14		17		31	

2. 质量控制的统计分析表法

统计分析表又称统计调查表，是用于数据整理、现场核实和粗略分析影响工程或产品质量原因的各种现行统计表。它同分层法一样，也没有固定的格式。一般情况下可根据统计项目的不同，设计出不同的表格，质量监督和管理中常用的统计分析表有如下几类：

(1) 产品质量缺陷部位统计分析表。

(2) 影响工程产品质量的主要原因的统计分析表。

(3) 质量检查评定的统计分析表。

(4) 分部分项工程质量特征统计分析表。

【案例 8-5】分析 200 块混凝土预制空心板外观质量问题，见表 8-8。

混凝土空心板外观质量问题调查表 表 8-8

检查方式	全数检查	检查员	
项目名称	检查记录		合　计
露筋	正正		10
蜂窝	正正一		11
孔洞	丅		2
裂缝	一		1
其他	正		5
总计			29

应当指出，统计调查表往往同分层法结合起来应用，可以更好、更快地找出问题的原因，以便采取改进的措施。

学习单元 4 施工质量事故预防与处理

8.4.1 工程质量事故分类

1. 工程质量事故的概念

(1) 质量不合格

凡工程产品未满足某个规定的要求，就称之为质量不合格；而未满足与预期或规定用途有关的要求，称为质量缺陷。

(2) 质量问题

凡是工程质量不合格，必须进行返修、加固或报废处理，由此造成直接经济损失低于规定限额的称为质量问题。

(3) 质量事故

由于项目参建单位违反工程质量有关法律、法规和工程建设标准，使工程产生结构安全、重要使用功能等方面的质量缺陷，必须进行返修、加固或报废处理，由此造成直接经济损失在规定限额以上的称为质量事故。

2. 工程质量事故的分类

由于工程质量事故具有复杂性、严重性、可变性和多发性的特点，所以建设工程质量事故的分类有多种方法，但一般可按以下条件进行分类：

(1) 按事故造成损失的程度分级

按照住房和城乡建设部《关于做好房屋建筑和市政基础设施工程质量事故报告和调查处理工作的通知》(建质 [2010] 111 号)，根据工程质量事故造成的人员伤亡或者直接经济损失，工程质量事故分为特别重大事故、重大事故、较大事故、一般事故 4 个等级：

1) 特别重大事故，是指造成 30 人以上死亡，或者 100 人以上重伤，或者 1 亿元以上直接经济损失的事故；

2) 重大事故，是指造成 10 人以上 30 人以下死亡，或者 50 人以上 100 人以下重伤，或者 5000 万元以上 1 亿元以下直接经济损失的事故；

3) 较大事故，是指造成 3 人以上 10 人以下死亡，或者 10 人以上 50 人以下重伤，或者 1000 万元以上 5000 万元以下直接经济损失的事故；

4) 一般事故，是指造成 3 人以下死亡，或者 10 人以下重伤，或者 100 万元以上 1000 万元以下直接经济损失的事故。

该等级划分所称的"以上"包括本数，所称的"以下"不包括本数。

上述质量事故等级划分标准与国务院令第 493 号《生产安全事故报告和调查处理条例》规定的生产安全事故等级划分标准相同。工程质量事故和安全事故往往会互为因果地连带发生。

(2) 按事故责任分类

1) 指导责任事故：指由于工程指导或领导失误而造成的质量事故。例如，由于工程负责人不按规范指导施工，强令他人违章作业，或片面追求施工进度，放松或不按质量标准进行控制和检验，降低施工质量标准等而造成的质量事故。

2) 操作责任事故：指在施工过程中，由于操作者不按规程和标准实施操作，而造成的质量事故。例如，浇筑混凝土时随意加水，或振捣疏漏造成混凝土质量事故等。

3) 自然灾害事故：指由于突发的严重自然灾害等不可抗力造成的质量事故。例如地震、台风、暴雨、雷电及洪水等造成工程破坏甚至倒塌。这类事故虽然不是人为责任直接造成，但事故造成的损害程度也往往与事前是否采取了预防措施有关，相关责任人也可能负有一定的责任。

(3) 按质量事故产生的原因分类

1) 技术原因引发的质量事故：指在工程项目实施中由于设计、施工在技术上的失误而造成的质量事故。例如，结构设计计算错误，对地质情况估计错误，采用了不适宜的施工方法或施工工艺等引发质量事故。

2) 管理原因引发的质量事故：指管理上的不完善或失误引发的质量事故。例如，施工单位或监理单位的质量管理体系不完善，检验制度不严密，质量控制不严格，质量管理措施落实不力，检测仪器设备管理不善而失准，材料检验不严等原因引起的质量事故。

3）社会、经济原因引发的质量事故：是指由于经济因素及社会上存在的弊端和不正之风导致建设中的错误行为，而发生质量事故。例如，某些施工企业盲目追求利润而不顾工程质量；在投标报价中恶意压低标价，中标后则采用随意修改方案或偷工减料等违法手段而导致发生的质量事故。

4）其他原因引发的质量事故：指由于其他人为事故（如设备事故、安全事故等）或严重的自然灾害等不可抗力的原因，导致连带发生的质量事故。

8.4.2　施工质量事故的预防

建立健全施工质量管理体系，加强施工质量控制，都是为了预防施工质量问题和质量事故，在保证工程质量合格的基础上，不断提高工程质量。所以，所有施工质量控制的措施和方法，都是预防施工质量问题和质量事故的手段。具体来说，施工质量事故的预防，可以从分析常见的质量通病入手，深入挖掘和研究可能导致质量事故发生的原因，抓住影响施工质量的各种因素和施工质量形成过程的各个环节，采取针对性的有效预防措施。

1. 常见的质量通病

房屋建筑工程常见的质量通病有：

(1) 基础不均匀下沉，墙身开裂；

(2) 现浇钢筋混凝土工程出现蜂窝、麻面、露筋；

(3) 现场浇钢筋混凝土阳台、雨篷根部开裂或倾覆、坍塌；

(4) 砂浆、混凝土配合比控制不严，任意加水，强度得不到保证；

(5) 屋面、厨房、卫生间渗水、漏水；

(6) 墙面抹灰起壳、裂缝、起麻点、不平整；

(7) 地面及楼面起砂、起壳、开裂

(8) 门窗变形，缝隙过大，密封不严；

(9) 水暖电工安装粗糙，不符合使用要求；

(10) 结构吊装就位偏差过大；

(11) 预制构件裂缝，预埋件移位，预应力张拉不足；

(12) 砖墙接槎或预留脚手眼不符合规范要求；

(13) 金属栏杆、管道、配件锈蚀；

(14) 墙纸粘贴不牢，空鼓、折皱，压平起光；

(15) 饰面砖拼缝不平、不直，空鼓，脱落；

(16) 喷浆不均匀，脱色、掉粉等。

2. 施工质量事故发生的原因

施工质量事故发生的原因大致有：

(1) 非法承包，偷工减料

由于社会腐败现象对施工领域的侵袭，非法承包，偷工减料，"豆腐渣"工程，成为近年重大施工质量事故的首要原因。

(2) 违背基本建设程序

《建设工程质量管理条例》规定，从事建设工程活动，必须严格执行基本建设程序，坚持先勘察、后设计、再施工的原则。但是现实情况是，违反基本建设程序的现象屡禁不止，无立项、无报建、无开工许可、无招投标、无资质、无监理、无验收的"七无"工程，边勘察、边设计、边施工的"三边"工程屡见不鲜，几乎所有的重大施工质量事故都能从这个方面找到原因。

(3) 勘察设计的失误

地质勘察过于疏略，勘察报告不准不细，致使地基基础设计采用不正确的方案；或结构设计方案不正确，计算失误，构造设计不符合规范要求等。这些勘察设计的失误在施工中显现出来，导致地基不均匀沉降，结构失稳、开裂甚至倒塌。

(4) 施工的失误

施工管理人员及实际操作人员的思想、技术素质差，是造成施工质量事故的普遍原因。缺乏基本业务知识，不具备上岗的技术资质，不懂装懂瞎指挥，胡乱施工盲目干；施工管理混乱，施工组织、施工工艺技术措施不当；不按图施工，不遵守相关规范，违章作业；使用不合格的工程材料、半成品、构配件；忽视安全施工，发生安全事故等，所有这一切都可能引发施工质量事故。

(5) 自然条件的影响

建筑施工露天作业多，恶劣的天气或其他不可抗力都可能引发施工质量事故。

3. 施工质量事故预防的具体措施

(1) 严格依法进行施工组织管理

认真学习、严格遵守国家相关政策法规和建筑施工强制性条文，依法进行施工组织管理，是从源头上预防施工质量事故的根本措施。

(2) 严格按照基本建设程序办事

建设项目立项首先要做好可行性论证，未经深入调查分析和严格论证的项目不能盲目拍板定案；要彻底搞清工程地质水文条件方可开工；杜绝无证设计、无图施工；禁止任意修改设计和不按图纸施工；工程竣工不进行试车运转、不经验收不得交付使用。

(3) 认真做好工程地质勘察

地质勘察时要适当布置钻孔位置和设定钻孔深度。钻孔间距过大，不能全面反映地基实际情况；钻孔深度不够，难以查清地下软土层、滑坡、墓穴、孔洞等有害地质构造。地质勘察报告必须详细、准确，防止因根据不符合实际情况的地质资料而采用错误的基础方案，导致地基不均匀沉降、失稳，使上部结构及墙体开裂、破坏、倒塌。

(4) 科学地加固处理好地基

对软弱土、冲填土、杂填土、湿陷性黄土、膨胀土、岩层出露、熔岩、土洞等不均匀地基要作科学的加固处理。要根据不同地基的工程特性，按照地基处理与上部结构相结合使其共同工作的原则，从地基处理与设计措施、结构措施、防水措施、施工措施等方面综合考虑处理。

(5) 进行必要的设计审查复核

要请具有合格专业资质的审图机构对施工图进行审查复核，防止因设计考虑不周、结构构造不合理、设计计算错误、沉降缝及伸缩缝设置不当、悬挑结构未通过抗倾覆验算等原因，导致质量事故的发生。

(6) 严格把好建筑材料及制品的质量关

要从采购订货、进场验收、质量复验、存储和使用等几个环节，严格控制建筑材料及制品的质量，防止不合格或是变质、损坏的材料和制品用到工程上。

(7) 对施工人员进行必要的技术培训

通过技术培训使施工人员掌握基本的建筑结构和建筑材料知识，理解并认同遵守施工验收规范对保证工程质量的重要性，从而在施工中自觉遵守操作规程，不蛮干，不违章操作，不偷工减料。

(8) 加强施工过程的管理

施工人员首先要熟悉图纸，对工程的难点和关键工序、关键部位应编制专项施工方案并严格执行；施工中必须按照图纸和施工验收规范、操作规程进行；技术组织措施要正确，施工顺序不可错，脚手架和楼面不可超载堆放构件和材料；要严格按照制度进行质量检查和验收。

(9) 做好应对不利施工条件和各种灾害的预案

要根据当地气象资料的分析和预测，事先针对可能出现的风、雨、高温、严寒、雷电等不利施工条件，制定相应的施工技术措施；还要对不可预见的人为事故和严重自然灾害做好应急预案，并有相应的人力、物力贮备。

(10) 加强施工安全与环境管理

许多施工安全和环境事故都会连带发生质量事故，加强施工安全与环境管理，也是预防施工质量事故的重要措施。

8.4.3　施工质量事故的处理方法

1. 施工质量事故处理的依据

(1) 质量事故的实况资料

包括质量事故发生的时间、地点；质量事故状况的描述；质量事故发展变化的情况；有关质量事故的观测记录、事故现场状态的照片或录像；事故调查组调查研究所获得的第一手资料。

（2）有关的合同文件

包括工程承包合同、设计委托合同、设备与器材购销合同、监理合同及分包合同等。

（3）有关的技术文件和档案

主要是有关的设计文件（如施工图纸和技术说明）、与施工有关的技术文件、档案和资料（如施工方案、施工计划、施工记录、施工日志、有关建筑材料的质量证明资料、现场制备材料的质量证明资料、质量事故发生后对事故状况的观测记录、试验记录或试验报告等）。

（4）相关的建设法规

主要包括《中华人民共和国建筑法》、《建设工程质量管理条例》和《关于做好房屋建筑和市政基础设施工程质量事故报告和调查处理工作的通知》（建质 [2010] 111号）等与工程质量及质量事故处理有关的法规，勘察、设计、施工、监理等单位资质管理方面的法规，从业者资格管理方面的法规，建筑市场方面的法规，建筑施工方面的法规，以及标准化管理方面的法规等。

2. 施工质量事故的处理程序

施工质量事故发生后，按照建质 [2010] 111 号文的规定，事故现场有关人员人应立即向工程建设单位负责人报告。工程建设单位负责人接到报告后，应于 1 小时内向事故发生地县级以上人民政府住房和城乡建设主管部门及有关部门报告。同时，施工项目有关负责人应根据事故现场实际情况，及时采取必要措施抢救人员和财产，保护事故现场，防止事故扩大。房屋市政工程生产安全和质量较大及以上事故的查处督办，按照住房和城乡建设部建质 [2011] 66号文《房屋市政工程生产安全和质量事故查处督办暂行办法》规定的程序办理。施工质量事故处理的一般程序如图 8-8 所示。

（1）事故调查

事故调查应力求及时、客观、全面，以便为事故的分析与处理提供正确的依据。调查结果，要整理撰写成事故调查报告，其主要内容包括：工程项目和参建单位概况；事故基本情况；事故发生后所采取的应急防护措施；事故调查中的有关数据、资料；对事故原因和事故性质的初步判断，对事故处理的建议；事故涉及人员与主要责任者的情

图 8-8　施工质量事故处理的一般程序

况等。

(2) 事故的原因分析

要建立在事故调查的基础上，避免情况不明就主观推断事故的原因。特别是对涉及勘察、设计、施工、材料和管理等方面的质量事故，往往事故的原因错综复杂，因此，必须对调查所得到的数据、资料进行仔细的分析，去伪存真，找出造成事故的主要原因。

(3) 制订事故处理的方案

事故的处理要建立在原因分析的基础上，并广泛地听取专家及有关方面的意见，经科学论证，决定事故是否进行处理和怎样处理。在制订事故处理方案时，应做到安全可靠，技术可行，不留隐患，经济合理，具有可操作性，满足结构安全和使用功能要求。

(4) 事故处理

根据制订的质量事故处理的方案，对质量事故进行认真处理。处理的内容主要包括：事故的技术处理，以解决施工质量不合格和缺陷问题；事故的责任处罚，根据事故的性质、损失大小、情节轻重对事故的责任单位和责任人做出相应的行政处分直至追究刑事责任。

(5) 事故处理的鉴定验收

质量事故的处理是否达到预期的目的，是否依然存在隐患，应当通过检查鉴定和验收做出确认。事故处理的质量检查鉴定，应严格按施工验收规范和相关的质量标准的规定进行，必要时还应通过实际量测、试验和仪器检测等方法获取必要的数据，以便准确地对事故处理的结果做出鉴定，最终形成结论。

(6) 提交处理报告

事故处理结束后，必须尽快向主管部门和相关单位提交完整的事故处理报告，其内容包括：事故调查的原始资料、测试的数据；事故原因分析、论证；事故处理的依据；事故处理的方案及技术措施；实施质量处理中有关的数据、记录、资料；检查验收记录；事故处理的结论等。

3. 施工质量事故处理的基本要求

(1) 质量事故的处理应达到安全可靠、不留隐患、满足生产和使用要求、施工方便、经济合理的目的；

(2) 重视消除造成事故的原因，注意综合治理；

(3) 正确确定处理的范围和正确选择处理的时间和方法；

(4) 加强事故处理的检查验收工作，认真复查事故处理的实际情况；

(5) 确保事故处理期间的安全。

4. 施工质量事故处理的基本方法

(1) 修补处理

当工程的某些部分的质量虽未达到规定的规范、标准或设计的要求，存在一定的缺陷，但经过修补后可以达到要求的质量标准，又不影响使用功能或外观的要求时，可采取修补处理的方法。例如，某些混凝土结构表面出现蜂窝、麻面，经调查分析，该部位经修补处理后，不会影响其使用及外观；对混凝土结构局部出现的损伤，如结构受撞击、局部未振实、冻害、火灾、酸类腐蚀、碱骨料反应等，当这些损伤仅仅在结构的表面或局部，不影响其使用和外观，可进行修补处理。再比如对混凝土结构出现的裂缝，经分析研究后如果不影响结构的安全和使用时，也可采取修补处理。例如，当裂缝宽度不大于 0.2mm 时，可采用表面密封法；当裂缝宽度大于 0.3mm 时，可采用嵌缝密闭法；当裂缝较深时，则应采取灌浆修补的方法。

（2）加固处理

主要是针对危及承载力的质量缺陷的处理。通过对缺陷的加固处理，使建筑结构恢复或提高承载力，重新满足结构安全性及可靠性的要求，使结构能继续使用或改作其他用途。例如，对混凝土结构常用加固的方法主要有：增大截面加固法、外包角钢加固法、粘钢加固法、增设支点加固法、增设剪力墙加固法和预应力加固法等。

（3）返工处理

当工程质量缺陷经过修补处理后仍不能满足规定的质量标准要求，或不具备补救可能性，则必须实行返工处理。例如，某防洪堤坝填筑压实后，其压实土的干密度未达到规定值，经核算将影响土体的稳定且不满足抗渗能力的要求，须挖除不合格土，重新填筑，进行返工处理；某公路桥梁工程预应力按规定张拉系数为 1.3，而实际仅为 0.8，属严重的质量缺陷，也无法修补，只能返工处理。再比如某工厂设备基础的混凝土浇筑时掺入木质素磺酸钙减水剂，因施工管理不善，掺量多于规定 7 倍，导致混凝土坍落度大于 180mm，石子下沉，混凝土结构不均匀，浇筑后 5 天仍然不凝固硬化，28 天的混凝土实际强度不到规定强度的 32%，不得不返工重浇。

（4）限制使用

当工程质量缺陷按修补方法处理后无法保证达到规定的使用要求和安全要求，而又无法返工处理的情况下，不得已时可做出诸如结构卸荷或减荷以及限制使用的决定。

（5）不做处理

某些工程质量问题虽然达不到规定的要求或标准，但其情况不严重，对工程或结构的使用及安全影响很小，经过分析、论证、法定检测单位鉴定和设计单位等认可后可不专门作处理。一般可不作专门处理的情况有以下几种：

1）不影响结构安全、生产工艺和使用要求的。例如，有的工业建筑物出现放线定位的偏差，且严重超过规范标准规定，若要纠正会造成重大经济损失，但经过分析、论证其偏差不影响生产工艺和正常使用，在外观上也无明显影响，可不做处理。又如，某些部位的混凝土表面的裂缝，经检查分析，属于表面养护不够的干缩微裂，不影响使用和外观，也可不做处理。

2）后道工序可以弥补的质量缺陷。例如，混凝土结构表面的轻微麻面，可通过后续的抹灰、刮涂、喷涂等弥补，也可不做处理。再比如，混凝土现浇楼面的平整度偏差达到10mm，但由于后续垫层和面层的施工可以弥补，所以也可不做处理。

3）法定检测单位鉴定合格的。例如，某检验批混凝土试块强度值不满足规范要求，强度不足，但经法定检测单位对混凝土实体强度进行实际检测后，其实际强度达到规范允许和设计要求值时，可不做处理。对经检测未达到要求值，但相差不多，经分析论证，只要使用前经再次检测达到设计强度，也可不做处理，但应严格控制施工荷载。

4）出现的质量缺陷，经检测鉴定达不到设计要求，但经原设计单位核算，仍能满足结构安全和使用功能的。例如，某一结构构件截面尺寸不足，或材料强度不足，影响结构承载力，但按实际情况进行复核验算后仍能满足设计要求的承载力时，可不进行专门处理。这种做法实际上是挖掘设计潜力或降低设计的安全系数，应谨慎处理。

(6) 报废处理

出现质量事故的工程，通过分析或实践，采取上述处理方法后仍不能满足规定的质量要求或标准，则必须予以报废处理。

本　章　小　结

建设工程质量控制是建设工程项目管理的重要任务之一，它贯穿于建设项目决策阶段和实施阶段的全过程。施工质量控制是建设工程项目全过程质量控制的关键阶段。本章简要介绍了项目质量及项目质量管理的概念及工程质量事故的预防及处理；详细阐述了施工项目的质量控制和质量控制的数量统计方法。通过案例分析，可以了解和掌握质量控制的数理统计方法在工程中的实际应用。

项　目　实　训

一、项目名称：质量验收

二、时间安排：3 学时

三、资料背景

1. 工程名称：×××大学图文信息中心（图书馆）工程

2. 建设地点：×××大学南湖校区内

3. 结构类型及层数：主体结构框架 8 层，并设有人防地下室

4. 建筑面积：设计施工图面积 46735m²

5. 承包方式：施工总承包

6. 要求质量标准：合格

7. 要求工期：508 日历天

8. 招标范围：工程量清单中所含项目施工图内容

9. 基础形式：独立基础、条型基础、整板基础

10. 结构层高及总高：4.80m 和 3.90m，总高 42.80m。

11. 柱梁板截面：最大方柱 900mm×900mm，圆柱 Φ1200，梁 300mm×900mm，板厚 100、120、150、200mm。

12. 砌体及混凝土等级：硅酸盐空心砌块，黏土烧结空心砌块墙体。最高标号为 C50 的混凝土，同层梁板混凝土强度等级相同，柱比梁、板高不超过一个等级。

13. 结构特点：圆柱和弧形结构，造型丰富。

14. 建筑立面装饰：铝合金窗、玻璃幕墙、石材幕墙、粉刷涂料外立面。

15. 建筑内装饰：地砖地面、部分石材墙柱面、粉刷涂料内墙面、木门。

16. 屋面：SBS 卷材防水屋面，刚性屋面上铺贴广场砖。

四、任务要求

1. 根据工程情况编写施工准备阶段质量控制的工作内容；

2. 结合工程情况和相关规范编写施工阶段质量控制的工作内容；

3. 以表格形式分别列出以下分项工程（检验批）质量验收标准和各检查项目的检查方法：土方开挖，土方回填，混凝土灌注桩，CFG 桩复合地基，钢筋原材与加工，钢筋连接与安装，模板安装，模板拆除，混凝土施工，混凝土现浇结构外观及尺寸偏差，填充墙砌体。

习　题

一、单选题

1. 施工质量控制的基本出发点是控制（　　）。

A. 人的因素　　　　　B. 材料的因素　　C. 机械的因素　　D. 方法的因素

2. 某工程在施工的过程中，地下水位比较高，若在雨季进行基坑开挖，遇到连续降雨或排水困难，就会引起基坑塌方或地基受水浸泡影响承载力，这属于（　　）对工程质量的影响。

A. 现场自然环境因素　　　　　　　B. 施工质量管理环境因素

C. 施工作业环境因素　　　　　　　D. 方法的因素

3. 在施工质量的因素中，保证工程质量的重要基础是加强控制（　　）。

A. 人的因素　　　　B. 材料的因素　　C. 机械的因素　　D. 方法的因素

4. 施工质量保证体系运行的 PDCA 循环原理是（　　）。

A. 计划、检查、实施、处理　　　　B. 计划、实施、检查、处理

C. 检查、计划、实施、处理　　　　D. 检查、计划、处理、实施

5. 在施工现场质量检查过程中，通常用"靠、吊、量、套"等方法进行实测检查，其中，对于地面平整度的检查通常采用的手段是（　　）。

A. 靠　　　　　　　B. 吊　　　　　　C. 量　　　　　　D. 套

6. 根据《生产安全事故报告和调查处理条例》，下列安全事故中，属于重大事故的是（　　）。

A. 3 人死亡，10 人重伤，直接经济损失 2000 万元

B. 12 人死亡，直接经济损失 960 万元

C. 6 人死亡，50 人重伤，直接经济损失 6000 万元

D. 2 人死亡，100 人重伤，直接经济损失 1.2 亿元

二、多选题

1. 在施工质量的五大因素影响因素中，方法的因素主要包括（　　）。

A. 施工技术方案　　　　　　　　B. 施工工艺

C. 施工技术措施　　　　　　　　D. 施工技术标准

E. 施工检验方法

2. 施工机械设备是指施工过程中使用的各类机具设备，包括（　　）等。

A. 运输设备和操作工具　　　　　B. 测量仪器和计量器具

C. 工程实体配套的工艺设备　　　D. 电梯、泵机、通风空调设备

E. 施工安全设施

3. 建筑施工企业现有的检测方法，基本上分为（　　）。

A. 物理检验　　　　　　　　　　B. 化学检验

C. 感官检验　　　　　　　　　　D. 全数检验

E. 抽样检验

三、简答题

1. 何谓施工项目质量、施工项目质量管理和控制？控制施工项目质量的基本要求是什么？

2. 影响施工项目质量的因素有哪些？如何进行控制？

3. 施工项目质量控制分几个阶段？各阶段控制内容是什么？

4. 工序质量控制的程序和要点是什么？

5. 质量控制点设置的原则是什么？

6. 工程质量事故的处理的基本要求是什么？

四、案例题

某建筑公司承接一项综合楼任务，建筑面积 100828m²，地下 3 层，地上 26 层，箱型基础，主体为框架结构。该项目地处城市主要街道交叉路口，是该地区的标志性建筑物。因此，施工单位在施工过程中加强了对工序质量的控制。在第 5 层楼板钢筋隐蔽工程验收时发现整个楼板受力钢筋的型号不对、位置放置错误，施工单位非常重视，及时进行了返工处理。在第 10 层混凝土部分试块检测时，发现强度达不到设计要求，但实体经有资质的检测单位检测鉴定，强度达到了要求。由于加强了预防和检查，没有再发生类似情况。该楼最终顺利完工，达到验收条件后，建设单位组织了竣

工验收。

问题：

(1) 工序质量控制的内容有哪些？

(2) 说出第 5 层钢筋隐蔽工程验收的要点。

(3) 第 10 层的质量问题是否需要处理？请说明理由。

(4) 如果第 10 层混凝土强度经检测达不到要求，施工单位应如何处理？

参 考 文 献

[1] 中华人民共和国国家标准 . GB/T 50502—2009，建筑施工组织设计规范[S]. 北京：中国建筑工业出版社 . 2009.

[2] 中华人民共和国国家标准 . GB/T 50326—2006，建设工程项目管理规范[S]. 北京：中国建筑工业出版社 . 2006.

[3] 中华人民共和国行业标准 . JGJ 59—2011，建筑施工安全检查标准[S]. 北京：中国建筑工业出版社 . 2011.

[4] 中华人民共和国行业标准 . JGJ/T 188—2009，施工现场临时建筑物技术规范[S]. 北京：中国建筑工业出版社 . 2011.

[5] 范红岩，宋岩丽 . 建筑工程项目管理[M]. 北京：北京大学出版社 . 2011.

[6] 李源清 . 建筑工程施工组织设计 [M]. 北京：北京大学出版社 . 2011.

[7] 易斌 . 建筑工程施工组织与实训 [M]. 武汉：武汉理工大学出版社 . 2011.

[8] 李红立 . 建筑工程施工组织编制与实施[M]. 天津：天津大学出版社 . 2010.

[9] 胡兴国，王逸鹏 . 单位工程施工组织编写指南[M]. 武汉：武汉大学出版社 . 2013.

[10] 危道军 . 工程项目管理[M]. 武汉：武汉理工大学出版社 . 2014.

[11] 《建筑施工手册》(第五版)编写组 . 建筑施工手册[M]. 北京：中国建筑工业出版社 . 2015.

[12] 全国一级建造师执业资格考试用书编写委员会，建筑工程项目管理[M]. 北京：中国建筑工业出版社 . 2014.

[13] 全国一级建造师执业资格考试用书编写委员会 . 建筑工程管理与实物[M]. 北京：中国建筑工业出版社 . 2014.

[14] 唐忠平，符德军 . 建筑施工组织设计[M]. 北京：中国水利水电出版社 . 2012.

[15] 王利文 . 土木工程施工组织与管理[M]. 北京：中国建筑工业出版社 . 2014.

[16] 林梦杰，彭仁娥，刘孟良 . 建筑施工组织[M]. 长沙：中南大学出版社 . 2014.